新工科暨卓越工程师教育培养计划电子信息类专业系列教材

丛书顾问/郝 跃

WEIBO YU TIANXIAN GONGCHENG JICHU

微波与天线工程基础

U0180163

■ 主 编/郑宏兴 姜 霞

华中科技大学出版社
http://www.hustp.com
中国·武汉

内 容 简 介

本书为普通高等教育"新工科暨卓越工程师教育培养计划电子信息类专业系列教材"之一,共分为七章,分别阐述了微波应用系统、均匀传输线、波导和集成传输线、微波网络基础、微波器件、天线原理与设计基础相关知识,最后介绍了分析微波工程问题的全波三维电磁仿真软件 HFSS。

本书从新工科教学改革对本科生的培养要求出发,内容尽量避免繁杂的数学推导,强调理论与工程实际相结合。每章均精选了大量和工程实践相关的例题,涵盖核心内容,难易适中。为便于自主学习,每章附有相应的习题作为巩固练习。

本书可作为高等学校本科电子信息类相关专业的教材,也可作为"微波技术与天线"专业相关工作人员的自学参考书。

图书在版编目(CIP)数据

微波与天线工程基础/郑宏兴,姜霞主编. —武汉:华中科技大学出版社,2020.9
ISBN 978-7-5680-6580-1

Ⅰ.①微… Ⅱ.①郑… ②姜… Ⅲ.①微波天线 Ⅳ.①TN82

中国版本图书馆 CIP 数据核字(2020)第 166127 号

微波与天线工程基础
Weibo yu Tianxian Gongcheng Jichu

郑宏兴 姜 霞 主编

策划编辑:祖 鹏 王红梅
责任编辑:余 涛
封面设计:秦 茹
责任监印:徐 露
出版发行:华中科技大学出版社(中国·武汉)　　电话:(027)81321913
　　　　　武汉市东湖新技术开发区华工科技园　　邮编:430223
录　排:武汉市洪山区佳年华文印部
印　刷:武汉科源印刷设计有限公司
开　本:787mm×1092mm　1/16
印　张:15.25
字　数:366 千字
版　次:2020 年 9 月第 1 版第 1 次印刷
定　价:39.80 元

编 委 会

前言

微波技术是近代科学技术研究的重要成果之一,几十年来,它已经发展成为一门比较成熟的学科,从用于国防的雷达技术到惠及大众的广播、电视、卫星通信,再到居家用的微波炉,微波技术已经融入每一个人的生活之中。微波的传播离不开天线和无线电波传播,微波技术与天线目前已成为无线电电子工程的专业基础课之一,成为尖端科学发展中不可缺少的现代技术。把微波技术和天线技术合二为一,既考虑到内容的连续性,又适应目前教学课时压缩的需求。

本书从实际工程应用出发,通过对集总参数的"路"和分布参数的"场"的比较,注重帮助读者建立对于工程问题的理论分析方法和解决问题的思路。全书共分七章,第 1 章介绍了微波及其特点、微波作为信息载体的应用系统以及天线在其中的作用,为进一步学习和研究此类系统给出了较为明晰的轮廓。第 2 章从传输线方程出发,分析了均匀传输线的特性参数、状态参量以及工作状态,传输线的传输功率、效率和损耗,以及史密斯圆图的使用方法。第 3 章讲述了规则金属波导的传输特性和场结构,并介绍了几种集成传输线以及近年来出现的新技术——基片集成波导。第 4 章在等效传输线的基础上分析了各种网络参量及不同网络参量之间的相互转换关系。第 5 章阐述了各种微波器件,它们和微波传输线一起构成了微波系统。第 6 章研究了天线辐射和接收的基本原理和相关参数,并对工程中常见的线天线、面天线和天线阵进行了说明。第 7 章介绍了电磁仿真软件 HFSS 的使用方法并给出设计实例,便于读者进行后续学习和微波器件设计。

本书配有电子课件,欢迎选用本书作为教材的老师使用,具体请联系出版社。

由于时间仓促,加上作者学识水平有限,书中难以避免不足、错误和疏漏之处,热诚欢迎广大读者给予批评和指正。

编　者
2018 年 11 月于天津

教学建议

为应对新技术、新产业、新模型的挑战，深化工程教育改革，推进"新工科"的建设与发展，加快培养新兴领域工程科技人才，改造升级传统工科专业，编者在多年积累的教学讲义基础上精心编写此书。本书在编写的过程中，尽可能将学科发展的新思想、新概念、新成果以及编者的科研成果，融入理论教学与实践教学中。本书以工程技术领域的需求为出发点，以现在工程上应用较为广泛的技术为主要内容，章节编排上加入大量和工程实践相关的内容、例题和习题，力争做到理论和工程应用相结合，将学生工程能力、创新思维与创新能力培养贯穿到学习的各个环节中，在满足相关专业学科理论的基本要求的基础上，更趋向于针对性、实用性，旨在提高学生实践能力和创新能力。

本书可作为高等学校本科电子信息类相关专业的教材，也可作为相关学科及有关专业技术人员的参考书。使用本书作教材时可根据不同的教学要求对每章的教学内容进行取舍。为满足高校普遍学时缩减的要求，本书计划学时数为 64 学时，全书共分为七章。

第 1 章微波应用系统概述，主要介绍了微波的特点、发展和应用。微波作为信息载体的应用系统，包括雷达系统、微波无线通信系统、辐射计系统，主要介绍了各系统的组成框图以及工作原理，明确了微波作为载体所起的作用。此外还介绍了微波传输受大气、大地、等离子体效应的影响，以及微波的功率传输和大众关注的微波生物效应、安全性等问题。本章内容建议学时为 4 学时，教师可结合本专业具体学时情况进行适当删减。建议微波应用系统部分可以不用全部介绍，可挑选几个代表性的应用介绍微波应用系统的内容，其余内容留给学生自学，增强学生自主学习能力。

第 2 章均匀传输线，首先给出了微波传输线的定义、类别及其分析方法。接着讨论了均匀传输线的方程、特性参数、状态参量（如输入阻抗、反射系数及驻波比）以及工作状态（行波、纯驻波、行驻波），着重讨论了无耗传输线的状态参量之间的关系、不同负载与工作状态的关系以及在三种状态下传输线上电压和电流的分布、阻抗性质等变化规律，得到了无耗传输线具有 $\lambda/4$ 的变换性和 $\lambda/2$ 的重复性的重要性质。然后介绍了传输线的传输功率和效率，给出了工程上常用的回波损耗和插入损耗的定义和计算公式，明确了回波损耗和插入损耗与反射系数的关系。随后讨论了阻抗匹配的意义和含义，并对常用的负载阻抗匹配的方法——串联 $\lambda/4$ 阻抗变换器法和支节调配器法进行了讨论。之后介绍了史密斯圆图的构成以及使用方法，特别介绍了工程上如何利用史密斯圆图评估匹配性能和确定匹配方案。最后介绍了典型均匀传输线——同轴线，分析了同轴线的阻抗、功率以及不同工程应用条件下同轴线的分类。本章内容培养学生在掌握数学基础知识的基础上，用"路"的观点对微波传输系统进行分析和判断的初步能力。本章建议学时为 10 学时，如学时不足，可适当删减史密斯圆图和同轴线部分内容。

第 3 章波导和集成传输线，首先利用场分析法分析了规则金属波导的中场分布的一般规律,得到了均匀金属波导中只存在 TE 波和 TM 波,不存在 TEM 波的结论;给出了描述传输特性的相移常数、截止波数、相速、波导波长、群速、波阻抗和传输功率等参数,接着从波导中的场分布出发,给出了矩形波导中 TE 波和 TM 波的场表达。分析了模式传输条件(工作波长小于对应模式的截止波长),着重对矩形波导的主模 TE_{10} 模及传输特性(包括截止波数及截止波长、波导波长、波阻抗、相速和群速及传输功率)等进行了讨论,并分析了矩形波导的尺寸选择原则。讨论了圆形金属波导的简并问题和三种常用模式。分别对圆形介质波导、介质镜像线和 H 形介质波导进行了分析,重点讨论了圆形介质波导的主要传播模式,并对其他两种结构的传播原理进行了定性分析;讨论了光纤的结构、分类、基本参数以及主要传输特性,重点讨论了光纤的传输原理、三种基本光纤结构(阶梯多模光纤、阶梯单模光纤、渐变多模光纤)以及光纤的损耗、色散等。介绍了各种微波集成传输线的结构,分别讨论了带状线、微带线、耦合微带线和共面波导等四种常用的平面传输线,讨论了其各自的结构特点、传输特性与结构参数的关系,重点对微带线的准 TEM 特性、微带线的有效介电常数以及微带线的设计原则进行了讨论,分析了耦合微带线中的奇偶模特性、共面波导有效介电常数,并给出了其计算的表达式。最后介绍了波导的激励与耦合的三种基本方法——电激励、磁激励和孔缝激励,指出了激励和耦合的互易性。本章内容培养学生学会用"场"的概念去分析和解决微波器件的工程问题,引导学生在掌握知识的基础上,以自主学习的方法,拓展知识和提高能力,培养学生具有自我发展的规划和目标,进而自觉学习新知识、新思想和新技术以适应技术的不断发展。本章建议学时为 12 学时,如学时不足,基片集成波导可不讲,光纤部分和波导激励部分可不讲或少讲。

第 4 章微波网络基础,以二端口网络为例,首先介绍了两种基本的网络参量:阻抗参量和导纳参量,这两种参量的分析对象是端口上的电压和电流。然后介绍了混合参量,这种参量在晶体管电路分析中特别有用。接着介绍了传输参量,这种参量形式适用于求解多个二端口网络相级联的形式,并给出了这三种参量之间的相互转换公式。之后介绍了一种重要的参量形式——散射参量,给出了散射参量的定义、表达式、参量具体的物理含义以及和反射系数之间的关系,重点强调了端口处参考面的选择对网络参量值的影响,以及不同网络形式下网络参量的特点,最后给出了散射参量与其他几种参量之间的相互转换关系。本章内容培养学生将数学与传输线理论的基本概念、基本原理与分析方法用于识别、判断和分析相关实际工程问题的意识。本章配备有大量例题,建议学时为 8 学时,如学时不足,教师可对例题部分进行适当删减。

第 5 章微波器件,首先介绍了微波阻抗匹配网络,包括短截线匹配网络、双短截线匹配网络和集总元件的匹配网络,集总元件的匹配网络又包括 L 形电阻匹配电路和 L 形电抗匹配电路。然后介绍了定向耦合器,包括波导定向耦合器、正交(90°)混合网络、耦合线定向耦合器、Lange 耦合器、180°混合网络、Moreno 正交波导耦合器、Schwinger 反向耦合器、Riblet 短缝耦合器、对称渐变耦合线耦合器、平面线上有孔的耦合器等。其次介绍了射频和微波电路中比较常见的滤波器,包括阶跃阻抗低通滤波器和耦合谐振滤波器,给出了滤波器的设计方法和过程。再次介绍了功率分配器,包括 T 型接头功分器和微带功分器,给出了功分器的结构特点、工作原理和网络参数。最后介绍了低噪声放大器和各种功率放大器。这些微波器件和微波电路共同构成了微波系统。本章内容是前面所学理论知识的实际应用,培养学生利用所学知识能够对射频和微波有源电路进行分析,对微波传输系统具有进一步认识,具备设计和实施本专业工程实验的基本能力。本章建议学时为 10 学时,教师可对介绍的定向耦合器的种类进行适当删减,亦可结合"高频电子线路"课程对低噪声放大器和功率放大器部分内容进行调整。

第 6 章天线原理与设计基础,首先介绍了天线的方向特性和相关参数,包括主瓣宽度、旁瓣电平、前后向抑制比、方向性系数、辐射效率、增益系数、输入阻抗、有效长度、极化特性、频带宽度。接着讨论了接收天线的工作原理、等效电路、相关参数以及天线的滞后位。接着分别介绍了电流元天线辐射和磁流元天线辐射,对电流元天线辐射又分为近区场和远区场两方面讨论,对磁流元天线辐射主要结合对偶原理进行分析。然后介绍了基本的线天线种类,包括环天线、对称天线、双锥天线、对数周期天线,以及天线阵中二元阵与方向图相乘定理、均匀直线阵。最后介绍了面天线的等效原理与惠更斯元、平面口径辐射,并给出了常见的面天线类型,如喇叭天线、旋转抛物面天线、卡塞格伦天线。本章内容培养学生能够运用电磁波辐射和接收的基本原理和方法分析天线理论中的发射、传输与接收问题。本章建议学时为 12 学时,在使学生掌握天线的方向特性和相关参数,电流元与磁流元辐射的基本概念、基本理论及主要分析计算方法的基础上,教师可对具体天线的种类部分进行适当删减和调整。

第 7 章电磁仿真软件 HFSS 应用,主要介绍了基于电磁场有限元法分析微波工程问题的全波三维电磁仿真软件 HFSS,该软件可以为天线及天线系统设计提供全面的解决方案,精确仿真计算出天线的各种性能,被广泛地应用于航空、航天、电子等多个领域。本章首先以倒 F 天线的设计和分析为例,讲述倒 F 天线的 HFSS 设计过程,并仿真分析倒 F 天线的谐振长度 L、高度 H 以及两条竖直臂之间的距离 S 对天线性能的实际影响。然后通过一个圆柱形介质谐振腔的分析设计实例,详细讲解如何使用 HFSS 中的本征模求解器分析设计谐振腔体一类的问题。本章内容在于引导学生从教材出发,理论联系实际,积极探索新知识、新技术,拓宽学生的知识面,提升学生的创新和动手能力,培养学生利用所学知识对实际工程设计中的复杂问题进行模拟、分析与研究。本章建议学时为 8 学时,教师可根据本专业具体学时要求、科研方向、实验条件、学生掌握情况自行调整。

随着新型教学方法和手段的不断提高,教师在讲授的过程中可以考虑:

(1) 在理论教学内容顺序安排上,根据实际教学需要,合理安排教学内容。

(2) 在教学方法手段方面,采用传统板书结合多媒体课件讲授;根据学生的实际接受能力,安排习题课、讨论课,鼓励开展翻转课堂等新型教学活动。

(3) 在实验训练方面,除了传统的微波测量实验内容外,可适当扩展与教学内容相关的实验项目,利用 HFSS 仿真软件,多开展综合型和设计型实验,培养学生利用现代工具并结合专业知识解决实际问题的能力。

目 录

1

微波应用系统概述

使用射频能量的无线通信开始于麦克斯韦的理论研究,接着赫兹做了电磁波传播的实验证明,20 世纪早期马可尼发展了实际的商用无线系统。如今,无线系统包括无线广播和电视系统、蜂窝电话系统、直接广播卫星电视系统、无线局域网、呼叫系统、全球定位系统和射频识别系统等,这些系统允许提供世界范围内的音频、视频和数据通信。微波技术是近代工程科学研究的重大成就之一,已经发展成为一门比较成熟的学科,从最初的无线电广播到目前的通信、导航、雷达、电子对抗以及气象预报等领域,这种技术得到了广泛应用。尤其是当前的无线通信和移动互联网正是微波技术的典型应用,本章讨论微波及其特点以及它的主要应用实例。

1.1 微波及其特点

目前把波长为 0.1 mm～1 m 的电磁波称为微波,对应的频率为 300 MHz～3000 GHz,可见微波是指波长很短的波,从 Microwave 一词中就可以看出。从频率上来看则恰好相反,微波频率高,因此在微波研究的早期,称其为超高频技术。为了方便起见,常把微波波段简单地分为:分米波段(频率为 300 MHz～3000 MHz)、厘米波段(频率为 3 GHz～30 GHz)、毫米波段(频率为 30 GHz～300 GHz)及亚毫米波段(频率为 300 GHz～3000 GHz)。在通信、雷达等微波技术中,常用英文字母来表示更为详细的微波分波段,如表 1-1 所示。表 1-2 给出了常用家用电器的频段。

表 1-1 常用微波分波段代号表

波 段 代 号	标称波长/cm	频率范围/GHz	波长范围/cm
L	22	1～2	30～15
S	10	2～4	15～7.5
C	5	4～8	7.5～3.75
X	3	8～12	3.75～2.5
Ku	2	12～18	2.5～1.67
K	1.25	18～27	1.67～1.11
Ka	0.8	27～40	1.11～0.75
U	0.6	40～60	0.75～0.5
V	0.4	60～80	0.5～0.375
W	0.3	80～100	0.375～0.3

表 1-2　家用电器的频段

名　称		频率范围
收音机	调幅（AM）	$0.535 \sim 1.605$ MHz
	短波（SW）	$3 \sim 30$ MHz
	调频（FM）	$88 \sim 108.5$ MHz
电视机 （频道）	$1 \sim 3$	$48.5 \sim 72.5$ MHz
	$4 \sim 5$	$76 \sim 92$ MHz
	$6 \sim 12$	$167 \sim 223$ MHz
	$13 \sim 24$	$470 \sim 566$ MHz
	$25 \sim 68$	$606 \sim 968$ MHz
微波炉		2.45 GHz

微波波段之所以要从射频频谱中分离出来单独进行研究，是由于微波波段有着不同于其他波段的重要特点。

（1）似光性和似声性。

微波波段的波长与无线电设备的线长度及地球上的一般物体（如飞机、舰船、火箭、导弹、建筑物等）的尺寸相当或小得多，这样当微波照射到这些物体上时，将产生显著的反射、折射，与光线的反射、折射一样。同时微波传播的特性也与几何光学相似，能像光线一样直线传播和容易集中，即具有似光性，这样利用微波就可以获得方向性强、体积小的天线，用于接收地面或宇宙空间各种物体反射回来的微弱信号，从而确定该物体的方位与距离，这就是雷达及导航技术的基础。微波的波长与无线电设备尺寸相当的特点，使得微波又表现出与声波相似的特征，即具有似声性。例如，微波波导类似于声学中的传声筒；喇叭天线和缝隙天线类似于声学喇叭、箫和笛，微波谐振腔类似于声学共鸣箱，等等。

（2）分析方法的独特性。

由于微波的频率很高，波长很短，使得在低频电路中被忽略的一些现象和物理效应（如相位滞后现象、趋肤效应和辐射效应等）在微波波段不可忽略，在低频电路中常用的集总参数元件如电阻、电感和电容已不再适用，电压、电流在微波波段甚至失去了唯一性意义。因此用它们已无法对微波传输系统进行完整地描述，而要求建立一套新的能够描述这些现象及效应的理论分析方法——电磁场理论的"场"与"波"传输的分析方法，用新的装置（如传输线、波导、谐振腔等）代替那些我们已习惯了的电容、电感、电阻等，这些装置起着与它们相似的作用。

（3）共度性。

电子在真空管内的渡越时间（10^{-9} s 左右）与微波的振荡周期（$10^{-13} \sim 10^{-9}$ s）相当的这一特点称为共度性，该特性对微波电子学影响巨大，利用这种共度性可以做成各种微波电真空器件，得到微波振荡源。而这种渡越效应在静电控制的电子管中是忽略不计的。

（4）穿透性。

微波照射介质体时，能深入其内部的特点称为穿透性。例如，微波是射频波谱中唯一能穿透电离层的电磁波（光波除外），因而成为人类探测外层空间的"宇宙窗口"。微波能穿透云、雾、雨、植被、积雪和地表层，具有全天候和全天时工作的能力，成为遥感技术的重要波段。微波能穿透生物体，成为医学透热疗法的重要手段。它还能穿透等离子体（毫米波），是远程导弹和航天器重返大气层时实现通信和末端制导的重要手段。

（5）信息性。

微波波段可载的信息容量巨大，即使是很小的相对带宽，可用的频带也是很宽的，可达数百甚至上千兆赫兹，所以现代多路通信系统，包括卫星通信系统，几乎都工作在微波波段。此外微波信号还可提供相位信息、极化信息以及多普勒频移信息等，这些信息在目标探测、遥感和目标特征分析等应用中是十分重要的。

（6）非电离性。

微波的量子能量较低，因而不会改变物质分子的内部结构或破坏其分子的化学键，所以微波和物体之间的作用是非电离的。由物理学可知，分子、原子和原子核在外加电磁场的周期力作用下所呈现的共振现象大多发生在微波范围，因此微波为探索物质的内部结构提供了有效的手段，利用这一原理可研制出许多适用于微波波段的器件。

1.2 无线通信系统

无线通信涉及没有直接连线的两个点之间的信息传递。虽然它可以用声、红外、光和射频等能量实现，但是大多数现代无线系统更依赖于射频或微波信号，通常在超高频到毫米波频率范围，由于频谱拥挤和高数据率的要求，采用的频率越来越高，当前大多数无线系统工作于 800 MHz～9 GHz。它的一种分类方法是根据用户的性质和分布来分类。在点到点无线系统中，单个发射机和单个接收机通信系统采用固定位置的高增益天线，以使接收功率最大，并使邻近存在的、工作于同一频率范围的其他无线系统的干扰最小，通常应用于公用事业公司的专用数据通信和蜂窝电话与中心交换局之间的连接。点到多点系统将一个中心站和大量接收机连接，最普通的例子是商用广播与电视，其中的中心发射机使用宽波束天线以使信号达到覆盖范围内的听众和观众。多点到多点系统允许各个不在固定位置的用户之间同时通信，它不是将两个用户直接连接，而是依靠网格分布的基站提供用户之间所需要的交叉连接，蜂窝电话系统和无线局域网正是这类应用的例子。

另一种表征无线系统的方法是依据通信的方向特性。在单工系统中，仅仅从发射机到接收机的一个方向上实现通信，如无线广播、电视和呼叫系统。在半双工系统中，通信可以在两个方向上实现，但不能同时进行，早期的移动无线系统和民用频段的无线系统是半双工系统，依靠按钮操纵通话功能以使单个信道能够被用来在不同时间间隔内实现发送和接收。全双工系统允许同时两路发送和接收，如蜂窝电话和点到点无线系统，显然这种传输需要避免发射和接收信号之间干扰的技术，可以用不同频率进行发送和接收（频分双工），或者允许用户在某个预定的时间间隔内发送和接收（时分双工）。

大多数无线系统是陆基系统，但是人们同样有兴趣采用卫星系统进行音频、视频和数据通信，这种系统提供了包括整个地球等广泛区域大量用户进行通信的可能性。在同步地球轨道上的卫星近似定位在地球上空 36000 km 处，并保持相对于地面固定的位置，它可用做广泛散布的地面站之间点到点无线链路进行遍布全球的电视广播和数据通信。越洋电话业务曾经依靠这种卫星系统,目前海底光缆已经大量代替了这种跨洋连接,应用光缆不仅经济,并且避免了卫星和地球之间的往返路径引起的延迟。同步卫星的另一个缺点是它们所处的高度较高,从而大大减弱了接收信号的强度,使得双工通信比较困难。低轨道卫星一般在地面上方 500 km～2000 km,较短的路径使得卫星与手持无线电话之间可以通信,但是在给定的地点,仅有大约 20 min 的时间可以看到这颗卫星,因而整个系统需要在不同轨道平面上分布大量卫星进行有效覆盖,从而实现不间断通信。

1.2.1 Friis 公式

一般的无线系统链路如图 1-1 所示,其中发射功率是 P_t,发射天线增益是 G_t,接收天线增益是 G_r,匹配负载上的接收功率是 P_r。发射和接收天线是分置的,相距 R,则由

$$U(\theta,\varphi)=r^2 \mid S_{\text{avg}} \mid = \frac{r^2}{2}\text{Re}(E_\theta \hat{\theta} \times H_\varphi^* \hat{\varphi} + E_\varphi \hat{\varphi} \times H_\theta^* \hat{\theta})$$

$$=\frac{r^2}{2\eta_0}\big[\mid E_\theta \mid^2 + \mid E_\varphi \mid^2\big]=\frac{1}{2\eta_0}\big[\mid F_\theta \mid^2 + \mid F_\varphi \mid^2\big] \tag{1.2.1}$$

和

$$P_{\text{rad}}=\int_{\varphi=0}^{2\pi}\int_{\theta=0}^{\pi} S_{\text{avg}} \cdot \hat{r} r^2 \sin\theta \mathrm{d}\theta \mathrm{d}\varphi$$

$$=\int_{\varphi=0}^{2\pi}\int_{\theta=0}^{\pi} U(\theta,\varphi)\sin\theta \mathrm{d}\theta \mathrm{d}\varphi \tag{1.2.2}$$

可得各向同性天线辐射的平均功率密度为

$$S_{\text{avg}}=\frac{P_t}{4\pi R^2} \ (\text{W/m}^2) \tag{1.2.3}$$

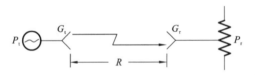

图 1-1 基本的无线系统

这一结果表明,在环绕天线半径为 R 的球面上积分,一定能够恢复所有的辐射功率,因为功率是各向同性分布的,并且球面面积为 $4\pi R^2$。若发射天线有损耗,则引入效率因子。因此,由任一发射天线辐射的平均功率密度表示为

$$S_{\text{avg}}=\frac{G_t P_t}{4\pi R^2} \ (\text{W/m}^2) \tag{1.2.4}$$

若这个功率密度入射到接收天线上,则能够用 $P_r = A_e S_{\text{avg}}$ 定义的有效孔径面积的概念求出接收功率:

$$P_r = A_e S = \frac{G_t P_t A_e}{4\pi R^2} \ (\text{W}) \tag{1.2.5}$$

接着,能够用式 $A_e = \dfrac{D\lambda^2}{4\pi}$ 求得接收天线的有效面积与方向性的关系。再一次用接收天线的增益(而不是用方向性)来考虑接收天线存在损耗的可能性,所以接收功率的最后结果为

$$P_r = \frac{G_t G_r \lambda^2}{4\pi R^2} P_t \text{(W)} \tag{1.2.6}$$

该结果是 Friis 无线链路公式,它强调了天线接收功率的基本问题。实际上,式(1.2.6)给出的值应该解释为最大可能的接收功率,因为存在许多因素降低了实际无线系统接收的功率。这些因素包括:在任一天线处的阻抗失配、在天线之间的偏振失配、导致衰减和去偏振的传输效应,以及引起接收场部分相消的多径效应。

由式(1.2.6)可以看到,接收功率随着发射机和接收机之间距离的增加按 $1/R^2$ 规律减小。这是能量守恒的结果。对于长距离传输,这一衰减看起来太大,但实际上 $1/R^2$ 的空间衰落比有线通信中链路损耗引起的功率衰减要小得多,这是因为在传输线上的功率衰减是按 $e^{-2\alpha z}$ 规律变化的(其中 α 是传输线的衰减常数)。在长距离情况下,指数函数比 $1/R^2$ 那样的减小要快得多,因此对于长距离通信,无线链路优于有线链路。这一结论适合于任一种传输线,包括同轴线、波导甚至光纤线路。然而,若通信链路是陆基或海基的情况,可以沿着链路插入中继站以恢复损失的信号功率,则这一结论不适用。

从 Friis 公式可以看到,接收功率正比于 $P_t G_t$,这两个因子即发射功率和发射天线增益,表征了发射机的特性,且在天线的主波束中,$P_t G_t$ 等效地解释为输入功率为 $P_t G_t$ 的各向同性天线辐射的功率。因此,这一乘积定义为有效各向同性辐射功率(EIRP):

$$\text{EIRP} = P_t G_t \tag{1.2.7}$$

对于给定频率、距离和接收机天线增益,接收功率正比于发射机的 EIRP,并且能用增加 EIRP 的方式来提高接收功率,因此需要增加发射功率或提高发射天线增益,或者两者都增大。

与 Friis 公式有关的最后一个问题是,要在发射机和接收机之间实现最大的传输,则要求两个天线偏振(极化)在同一方向。例如,若发射天线在垂直方向偏振,则垂直方向偏振的接收天线将接收到最大功率,而水平方向偏振的接收天线的接收功率将为零。因而,为了得到最佳通信系统性能,天线的偏振匹配将是一个重要问题。

1.2.2　无线接收机结构

为了从传送来的源信号、干扰和噪声的宽频谱中可靠地恢复需要的信号,接收机通常是无线系统中最重要的部件,性能优良的无线接收机必须提供以下功能。

(1) 高增益:增益约为 100 dB,将接收信号的低功率恢复到接近它的原始基带值的电平;

(2) 选择性:为了在接收所希望信号的同时阻断相邻的信道、镜像频率和干扰;

(3) 下变频:由接收到的射频频率下变频到中频频率以便处理;

(4) 检测:检测接收到的模拟或数字信息;

(5) 隔离:和发射机隔离。

因为从接收天线来的典型信号功率电平可以低到 $-120 \sim -100$ dBm,因而可能要求接收机提供高达 $100 \sim 120$ dB 的增益。这样大的增益应该分散到射频、中频和基带级,以避免不稳定性和可能的振荡。实践经验是在单一频带内避免增益超过 $50 \sim 60$ dB,由于放大器的价格通常随着频率升高而增加,这也是将增益分散到不同频率级的主要原因。

在接收机的射频级采用窄带的带通滤波器能够获得选择性,但是在射频频率实现这一滤波器的带宽和截止频率的要求通常是不切实际的。实现选择性的更有效方法是,把需要的信号周边一个相当宽的频带进行下变频,并在中频级采用陡峭截止的带通滤波器,只选出需要的频带。此外许多无线系统应用很多窄带的紧密排列的信道,必须用一个可调谐本振将它们选择出来,而中频通带是固定的。

最早的接收电路是可调谐射频接收机,如图 1-2 所示,应用多级射频放大器和可调谐带通滤波器提供高增益和选择性。另一种方法是用可调谐带通响应的放大器将滤波和放大集合在一起,在相对低的广播射频频率处,采用机械的可变电容和电感实现滤波和放大器调谐,但是需要并行地调谐多级电路,由于这样的滤波器通带相当宽,因而选择性也不好。此外,由于都是在射频频率处实现接收机的全部增益,这就限制了自激振荡出现前能够获得的增益量,并且增加了接收机的价格和复杂性。由于这些缺点,现在可调谐接收机很少用于微波频率。

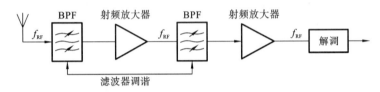

图 1-2 可调谐射频接收机的方框图

图 1-3 中的直接变频接收机应用混频器和本振实现中频频率为零的下变频,设定本振频率和接收的射频信号相同,因此射频信号直接变换到基带。直接变频接收机有时也称为零差接收机,对于调幅制(AM)接收,基带信号不需要任何进一步的检测。直接变频接收机相对于可调谐射频接收机具有一些优点,如能够用低通基带滤波器控制选择性,虽然在很低的频率处很难获得稳定的增益,但是增益可以分散到射频和基带级。因为直接变频接收机没有中频的放大器、带通滤波器和最后下变频的本机振荡器,因此比超外差接收机简单,价格低。直接变频的另一个重要优点是没有镜像频率,因为混频器的差频实际上是零,和频是本振频率的 2 倍,容易被滤除。但是一个严重的缺点是本振频率必须具有高精确度和稳定性,以避免接收信号频率的漂移。这种形式的接收机常常用于多普勒雷达,其中精确的本振频率能够从发射机获得。

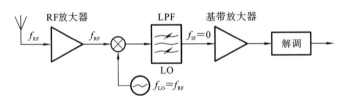

图 1-3 直接变频接收机的方框图

当前最普遍的接收机是超外差的,如图 1-4 所示,类似于直接变频接收机,但是频率差不是零,而是选择在射频频率和基带之间。中频范围可以使用陡峭截止的滤波器,以改善选择性,并且应用中频放大器得到足够高的中频增益,改变本振频率可方便地改变频带以使中频频率保持不变。超外差接收机代表了接收机发展的顶峰,用于大多数无线广播、电视、雷达、蜂窝电话和数据通信系统。

在微波和毫米波频率,常常需要应用两级下变频,以避免由于本振不稳定带来的问

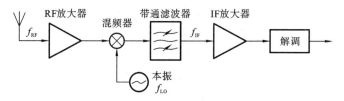

图 1-4 单变频超外差接收机的方框图

题。这样的双变频超外差接收机应用两个本振、两个混频器和两个中频频率以实现下变频到基带。

1.2.3 微波接收机的噪声特性

天线、传输线、接收机前端的噪声特性如图 1-5 所示,这一系统中接收机输出处的总噪声功率 N_o 是由天线辐射、天线的损耗、传输线的损耗以及来自接收机元件的损耗引起的,这一噪声功率决定接收机的可检测信号电平,对于给定的发射机功率,它将决定通信链路的最大传输距离。

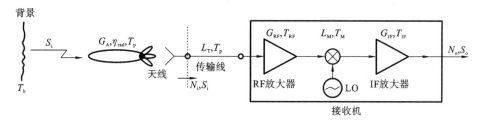

图 1-5 微波接收机前端的噪声分析,包括天线和传输线的贡献

图 1-5 中接收机部件包括增益为 G_{RF} 和噪声温度为 T_{RF} 的射频放大器,射频到中频的变换损耗因子为 L_M、噪声温度为 T_M 的混频器,以及增益为 G_{IF} 和噪声温度为 T_{IF} 的中频放大器,后面几级的噪声影响可以忽略,因为总噪声系数主要取决于前几级的特性。连接天线和接收机的传输线具有损耗 L_T,并处于物理温度 T_p 的环境,所以,由

$$T_e = \frac{1-G}{G}T = (L-1)T \tag{1.2.8}$$

得到它的等效噪声温度为

$$T_{REC} = T_{RF} + \frac{T_M}{G_{RF}} + \frac{T_{IF}L_M}{G_{RF}} \tag{1.2.9}$$

应用公式

$$T_{cas} = T_{e1} + \frac{T_{e2}}{G_1} + \frac{T_{e3}}{G_1 G_2} + \cdots \tag{1.2.10}$$

传输线和接收机级联的噪声温度为

$$T_{TL+REC} = T_{TL} + L_T T_{REC} = (L_T-1)T_p + L_T T_{REC} \tag{1.2.11}$$

这一噪声温度定义在天线的终端(传输线的输入处)。

在第 1.1 节中指出,天线在整个辐射方向上都能够收集噪声功率。若天线具有适当高的增益,并具有相当低的旁瓣,则能够假定所有噪声功率都来自于主瓣,已知天线的噪声温度由

$$T_A = \frac{T_b}{L} + \frac{(L-1)}{L}T_p = \eta_{rad}T_b + (1-\eta_{rad})T_p \tag{1.2.12}$$

给出。其中，η_{rad}是天线效率，T_p是它的物理温度，T_b是主波束对着的背景的等效亮度温度。若旁瓣正对着一个热的背景，则很可能从旁瓣收集的噪声功率会超过从主波束收集的噪声功率。在天线终端的噪声功率也是传送给传输线的噪声功率，定义为

$$N_i = kBT_A = kB\left[\eta_{rad}T_b + (1 - \eta_{rad})T_p\right] \qquad (1.2.13)$$

其中，B是系统带宽。若S_i是天线终端接收的功率，则天线终端的输入信噪比为S_i/N_i。输出信号功率为

$$S_o = \frac{S_i G_{RF} G_{IF}}{L_T L_M} = S_i G_{SYS} \qquad (1.2.14)$$

其中，G_{SYS}已经定义为系统的功率增益。输出噪声功率为

$$\begin{aligned} N_o &= (N_i + kBT_{TL+REC})G_{SYS} = kB(T_A + T_{TL+REC})G_{SYS} \\ &= kB\left[\eta_{rad}T_b + (1 - \eta_{rad})T_p + (L_T - 1)T_p + L_T T_{REC}\right]G_{SYS} \\ &= kBT_{SYS}G_{SYS} \end{aligned} \qquad (1.2.15)$$

其中，T_{SYS}已经定义为整个系统的噪声温度。输出信噪比为

$$\frac{S_o}{N_o} = \frac{S_i}{kBT_{SYS}} = \frac{S}{kB\left[\eta_{rad}T_b + (1 - \eta_{rad})T_p + (L_T - 1)T_p + L_T T_{REC}\right]} \qquad (1.2.16)$$

通常可采用各种信号处理技术来改善这一信噪比。注意，用总系统噪声系数计算上述系统输入到输出信噪比变差的情况是比较方便的，但是必须小心对待这一方法，因为噪声系数是对于$N_i = kT_0 B$的情况定义的，此处不属于这种情况。为了减少混淆，可以直接应用噪声温度和噪声功率进行处理。

1.3 无线应用系统

本节简要叙述一下当前应用的无线系统，表 1-3 列出了无线应用系统的常用频带。

表 1-3　无线应用系统的频率（T/R＝移动单元的发射/接收频率）

无 线 系 统	工 作 频 率
现代移动电话业务(美国 AMPS)	T:869~894 MHz,　R:824~849 MHz
全球系统移动业务(欧洲 GSM)	T:880~915 MHz,　R:925-960 MHz
个人通信业务(PCS)	T:710-1785 MHz,　R:1805-1880 MHz
美国寻呼	931~932 MHz
全球定位系统(GPS)	L1:1575.42 MHz,　L2:1227.60 MHz
直接广播卫星(DBS)	11.7~12.5 MHz
无线局域网(WLAN)	902~928 MHz, 2.400~2.484 GHz, 5.725~5.850 GHz
局域多点分配业务(LMDS)	28 GHz
美国工业、医药和科学频段(ISM)	902~928 MHz, 2.400~2.484 GHz, 5.725~5.850 GHz

1. 蜂窝电话系统

蜂窝电话系统是在 20 世纪 70 年代提出的，该方案将一个地理区域分成不同的"蜂窝"，每个蜂窝都有自己的发射机和接收机(基站)与工作于该蜂窝的移动用户通信。每个蜂窝地段允许多达几百个用户同时与其他移动用户通信，被分配给某个特定蜂窝的

频带能在其他非相邻的蜂窝中重用,解决了射频频谱有效利用的问题。最早一批蜂窝电话系统于 1979 年和 1981 年分别在日本和欧洲建成,1983 年在美国建成了现代移动电话系统(AMPS),这些系统采用模拟频率调制,并将分配的频带分成几百个信道,每一个信道能够用于单个会话。

由于建设基站等基础设施和手机的初始费用昂贵,早期的业务增长缓慢,到了 20 世纪 90 年代,随着数字技术的发展,消费者对无线电话服务的需求也快速增长,在美国、欧洲和亚洲制定了多个第二代标准。这些标准都应用了数字调制方法,与模拟系统相比,它们可提供更好的服务质量并且更有效地利用无线频谱。例如,美国的系统应用 IS-136 时分多址(TDMA)标准、IS-95 码分多址(CDMA)标准或欧洲的全球通移动 (GSM)系统。在美国,许多新的个人通信系统(PCS)采用与 AMPS 系统相同的频带, 以有效利用现有的基础设施。美国联邦通信委员会(FCC)已经把 1.8 GHz 附近的频带也作为新增加的无线通信频谱,一些较新的 PCS 系统就应用这一频带。除美国以外,全球通移动(GSM)TDMA 系统是应用最广泛的标准,有超过 100 个国家采用。许多欧洲和亚洲国家的无线电话采用同一标准,这种一致性使得旅行者可以在这一区域内应用单一手机。

2. 卫星系统

应用于无线语音和数据的卫星系统的最大优点是使用很少的卫星就能够为任何位置的用户提供服务,包括海洋、沙漠和山区。原则上,只要三颗地球同步卫星就能够实现全球的完全覆盖,但由于地球同步轨道非常高,信号强度很弱使得与手持终端的通信很困难。较低轨道的卫星能够提供可用的信号功率电平,但要提供全球覆盖则需要更多的卫星。

目前,有大量用于无线通信的商用卫星系统,有些正在使用,有些处在开发阶段。这些系统的工作频率通常都在 1 GHz 以上,因为在此频带内存在可用频谱,也考虑到数据率提高的可能性,以及这样的频率容易通过大气层和电离层。例如,NMARSAT 和 MSANT 的 GEO 卫星系统为具有 12 英寸(1 英寸=2.54 厘米)和 18 英寸天线的用户提供语音和低数据率的通信,这些系统常常称为甚小孔径终端。还有其他工作于中等或低地球轨道卫星系统,为全世界范围的用户提供移动电话和数据业务。

以 Motorola 牵头的一些公司组成的国际财团资助的铱星(lridium)计划,是第一个提供手持无线电话业务的商用卫星系统。它包括在近极地轨道上的 66 颗 LEO 卫星,并通过一系列卫星间的中继链路和陆基网关终端将无线电话和寻呼用户与公共电话系统连接起来。它于 1998 年开始服务。卫星用于电话服务的一个缺点是信号电平低,要求从移动用户到卫星的路径在视线范围内,这就意味着卫星电话通常不能在建筑物、汽车内应用,甚至不能在有很多树木或城市的区域应用。它使得卫星电话业务相对于陆基蜂窝和 PCS 无线电话业务存在明显的性能缺陷。但是,无线电话业务的一个更大的问题是由于采用和维护 LEO 卫星,使得它在经济上很难和陆基蜂窝或 PCS 业务竞争。1999 年 8 月,Iridium LLC 公司宣布破产,一些其他卫星电话业务也存在类似的问题。

3. 全球定位卫星系统

应用 24 颗中等地球轨道卫星为陆上、空中和海上的用户提供精确的位置信息(纬度、经度和高度)。最初它是由美国军方开发的,现在已经迅速成为全世界消费者和企业应用最广泛的一种无线技术,在许多商用和私人飞机、舰船、地面车辆中都能找到全球定位卫星系统(GPS)接收机。技术的进步使得该接收机的尺寸和价格下降,精度提高,如徒步旅行者和运动员应用的最小型手持 GPS 接收机精度能够达到 1 cm,使地面测量产生革命性的变化。

GPS 定位系统采用三角测量法工作,最少需要四颗卫星,在地球上空 20200 km 的轨道上,轨道周期为 12 小时。用卫星和接收机之间的传播时延可以求得从用户接收机到这些卫星的距离,从星历表可以很精确地知道卫星的位置,并且每一颗卫星都带有一个极精确的时钟,以提供同一系列的定时脉冲。接收机将这一定时信息解码,并完成必要的计算,以求出接收机的位置和速度。接收机必须在 GPS 星座内至少四颗卫星的视线上,即使在纬度位置已知(如在海上的船舶)的情况下三颗卫星就足够了。因为要求工作于低增益的天线,因此从一颗 GPS 卫星接收的信号电平是很低的,一般在 130 dBm 量级(对于接收天线增益为 0 dB 的情况)。这一信号电平通常低于接收机的噪声功率,但可用扩频技术改善接收机信噪比。

GPS 工作在两个频带:中心频率在 1575.42 MHz 的 L1 频带和中心频率在 1227.60 MHz 的 L2 频带,发送带有二元相移键控调制的扩频信号。使用 L1 频率发送每颗卫星的星历表数据和定时码,它们可用于任意商用或公共用户。这种工作模式称为导向/接收(C/A)码。与此相对照,L2 频率保留给军事应用,它应用加密定时码,称为保护(P)码(在 L1 频率也发送 P 码信号),P 码给出的精度比 C/A 码高得多。用 L1 接收机能够达到的典型精度大约是 100 英尺(1 英尺=30.48 厘米),卫星和接收机中的时钟定时误差以及 GPS 卫星位置的误差,限制了其精度。通常,最重要的误差来源于大气和电离层的影响,在信号从卫星传送到接收机时它引起了小的且可变的延时。

4. 无线局域网

提供了短距离内计算机之间的连接,典型的室内如医院、办公大楼和工厂等,在这些地方,覆盖的距离通常小于几百英尺。在室外有障碍物并且采用高增益天线的情况下,工作距离可以高达几英里(1 英里≈1.6 千米)。这种方式适用于当建筑物内或建筑物之间无法设置有线线路,或者仅仅需要在计算机之间设置临时接口的情况。当然,汽车内的计算机用户只能通过无线链路和计算机网络连接。

当前,美国的大多数商用无线局域网(WLAN)产品可工作于工业、科学和医疗(ISM)频带,并且采用跳频或直接序列扩频技术,它们符合 IEEE 标准 802.11a、802.11b、802.11g 或者蓝牙标准,最大比特率为 1~11 Mb/s。

5. 直接广播卫星

提供从地球同步卫星直接到家庭用户的电视业务,家庭只需具有 18 英寸直径的天线。在这之前,卫星电视业务需要的天线直径达到 6 英尺。与以前应用模拟调制技术的系统相比,数字技术降低了必需的接收信号电平。美国直接广播卫星(DBS)系统采用了具有数字复用和纠错能力的正交相移键控(QPSK),发送 40 Mb/s 速率的数字信号,两颗卫星 DBS-1 和 DBS-2 定位于经度 101.2°和 100.8°,每颗卫星提供 16 个信道,每个信道辐射 120 W 的功率。这些卫星采用圆极化天线以减小由于雨、雪引起的损耗,并避免相互之间的干扰(偏振双工)。

6. 点到点无线系统

提供两个固定点之间的专用数据连接,如电力公共事业公司应用点到点无线系统在发电厂和变电站之间传送电能的生产、传输和分配等遥测信息。点到点无线系统也用来连接蜂窝基站和公用电话网,通常比掩埋在地下的同轴线或光纤线路系统便宜许多。这样的无线系统通常工作于 18 GHz、24 GHz 或 38 GHz,并且应用各种数字调制方法以提供超过 10 Mb/s 的数据传输速率,采用高增益天线以减小发射功率,以及避免与其他用户的干扰。

1.4　雷达系统

雷达或者称为无线探测和测距,是微波技术最普遍的应用之一。它的基本工作原理是,发射机发送探测信号,它被远距离的目标反射,然后被高灵敏接收机接收。若应用窄波束天线,则目标的方向由天线的位置精确给出,目标的距离由信号到达目标并返回所需的时间决定,目标的径向速度与返回信号的多普勒频移有关。

雷达系统的应用非常广泛,在民用方面有机场监视、海洋导航、气象雷达、高度测量、飞行器着陆、防盗报警、速度测量(警用雷达)、绘制地图等;在军用方面有空中和海上导航,飞行器、导弹、航天器的探测和跟踪,导弹制导,导弹和火炮的点火控制等;在探测中的应用如天文、制图和成像、精密距离测量、自然资源遥感等。

雷达研究工作开始于 20 世纪 30 年代,采用甚高频(VHF)信号源,到 40 年代初期有了重大突破,即英国科学家发明了可用做高功率微波源的磁控管,使用较高的频率就可以实现高增益,采用合理尺寸的天线可以提高机械跟踪目标时的角分辨率。在第二次世界大战期间,雷达技术得到了快速发展并发挥了重要的作用。

1.4.1　雷达方程

图 1-6 所示的为两种基本的雷达系统。在单站雷达中,同一个天线被用于发射和接收,而在双站雷达中,两个分开的天线分别用于发射和接收。大多数雷达是单站型的,但是在某些应用(如导弹点火控制)中,目标需要采用分开的发射天线,有时也利用分开的天线以实现发射机和接收机之间必要的隔离。

以单站雷达为例,发射机通过增益为 G 的天线辐射功率 P_t,则由式(1.2.4)得到入射到目标上的功率密度为

$$S_t = \frac{P_t G}{4\pi R^2} \tag{1.4.1}$$

其中,R 是发射天线到目标的距离。假定目标在天线的主波束方向,目标将对各个方向入射的信号产生散射。在一个给定方向上的散射功率与入射功率密度之比定义为目标的雷达散射截面 σ,即

$$\sigma = \frac{P_s}{S_t} \tag{1.4.2}$$

其中,P_s 是目标散射的总功率。因 σ 具有面积的量纲,并且反映目标本身的特性,它依赖于入射角和反射角,以及入射波的极化状态。按照惠更斯原理,因目标起着尺寸有限的源的作用,二次辐射场的功率密度离开目标后按 $\frac{1}{4\pi R^2}$ 规律衰落,返回到接收天线的

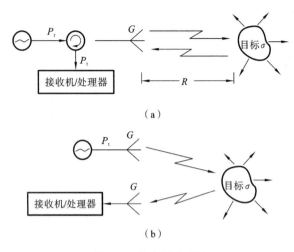

图 1-6 基本雷达系统

(a) 单站雷达系统；(b) 双站雷达系统

散射场的功率密度为

$$S_r = \frac{P_t G \sigma}{(4\pi R^2)^2} \tag{1.4.3}$$

然后，应用表示天线有效面积的公式 $A_e = \dfrac{D\lambda^2}{4\pi}$，给出接收功率为

$$P_r = \frac{P_t G^2 \lambda^2 \sigma}{(4\pi^3) R^4} \tag{1.4.4}$$

这就是雷达方程。由此可以看出接收功率按 $1/R^4$ 变化，这意味着为了检测远距离目标需要高功率发射机和灵敏的低噪声接收机。

考虑天线接收的噪声和接收机产生的噪声，将存在一个接收机能够识别的最小可检测功率 P_{min}，通过式(1.4.4)就可以得到最大探测距离为

$$R_{max} = \left[\frac{P_t G^2 \sigma \lambda^2}{(4\pi)^3 P_{min}} \right]^{1/4} \tag{1.4.5}$$

信号处理技术能够有效降低最小可检测信号，因此增加了雷达作用距离。脉冲雷达普遍采用的处理技术是脉冲积分，即把 N 个接收脉冲序列在时间上进行积分，其效果是降低了噪声电平(相对于返回脉冲电平，它有零均值)，得到的改善因子近似为 N。

当然，上面的结果很难说明实际雷达系统的性能。许多因素，诸如传输效应、检测过程的统计性质以及外部干扰，常常会减小雷达系统的作用距离。

1.4.2 脉冲雷达

脉冲雷达通过测量微波脉冲信号来回传输的时间来确定目标距离。图 1-7(a) 是一个典型的脉冲雷达系统方框图。发射机部分包括一个单边带混频器，用以将频率为 f_0 的微波振荡器频率偏移，使之等于中频频率。在功率放大后，这一信号脉冲由天线发射出去。发射/接收开关由脉冲发生器控制，给出发射脉冲宽度为 τ，脉冲重复频率 (PRF) 为 $f_r = 1/T_r$，因此发射脉冲由频率为 $f_0 + f_{IF}$ 的短突发脉冲组成。典型的脉冲持续时间为 50 ns～100 ms，较短的脉冲具有较好的距离分辨率，而较长的脉冲经接收机处理后得到较好的信噪比。典型的脉冲重复频率为 100 Hz～100 kHz。较高的 PRF

可以在单位时间有更多的返回脉冲数,而较低的 PRF 可以避免当 $R > cT_r/2$ 时出现的距离模糊。

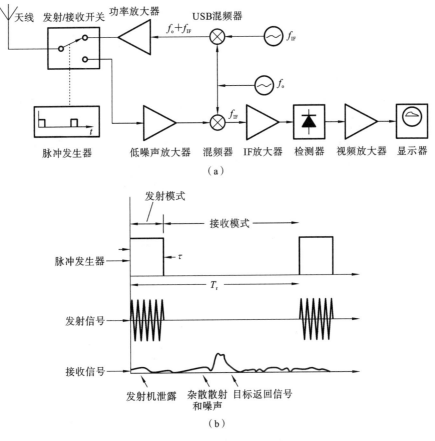

图 1-7 脉冲雷达系统和定时图

(a) 脉冲雷达系统;(b) 定时图

在接收状态下,返回的信号被放大,并与频率为 f_o 的本振信号混频以产生需要的 IF 信号。在发射机中本振信号用于上变频,而在接收机中本振信号用于下变频,这样做简化了系统,并避免了其频率漂移的问题。如果采用分开的两个本振,就要考虑这一问题。IF 信号被放大、检测并被馈送到视频放大器/显示器。搜索雷达常常使用能够覆盖 360°方位角的连续旋转天线,此时显示的应是目标距离对方位角的极坐标图。许多现代的雷达使用计算机处理检测的信号并显示出目标信息。

在脉冲雷达中,发射/接收(T/R)开关实际上完成两个功能:第一种功能是形成发射脉冲串,并在发射机和接收机之间由天线来转接;第二种功能就是实现双工,原则上双工功能能够用环形器实现,但是要求在发射机和接收机之间提供的隔离度为 80～100 dB,以避免发射机信号泄漏到接收机中,因为这样可能淹没返回的信号,或者损坏接收机。由于典型的环形器仅能实现 20～30 dB 的隔离,因此可以在发射机电路的通道上使用某种具有高隔离度的开关,以获得进一步的隔离。

1.4.3 多普勒雷达

若目标沿雷达视线方向有速度分量,则由多普勒效应返回的信号相对于发射频率

将有频率偏移。若发射频率为 f_o，目标的径向速度为 v，则频率偏移 f_d 称为多普勒频率，表示为

$$f_d = \frac{2vf_o}{c} \tag{1.4.6}$$

其中，c 是光速，接收频率为 $f_o \pm f_d$，其中正号相应于趋近的目标，而负号相应于远离的目标。

图 1-8 所示的是基本的多普勒雷达系统，可以看到它比脉冲雷达简单得多，因为用了连续波信号，并且接收信号的频率偏移了多普勒频率，发射振荡器也可用做接收混频器的本振，混频器后面的滤波器的通带应相应于预期的最大和最小目标速度。滤波器应在零频率上有很高的衰减，以消除频率为 f_o 的杂散回波和发射机泄漏的影响，这些信号都将下变频到零频率。这样，发射机和接收机之间的高度隔离不是必需的，因此能够采用环形器，这种形式的滤波器响应也有助于降低 $1/f$ 噪声的影响。

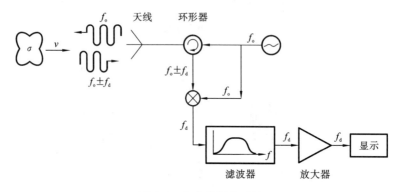

图 1-8　多普勒雷达系统

上述雷达不能区分临近和远离的目标，因为 f_d 的符号（即正、负号）在检测过程中丢失了。采用一个混频器分别产生上、下边带信号，能够恢复这一信息。由于从运动目标来的脉冲雷达回波包含了多普勒频移，因此可用单个雷达确定目标的距离和速度，若应用窄波束天线，还可以确定位置，这样的雷达称为脉冲多普勒雷达，它具有脉冲雷达或多普勒雷达不具备的一些优点。例如，脉冲雷达的一个缺点是它不能区分真正的目标和从天线旁瓣中检测到的地面、树林和建筑物等来的杂散回波。但是，若目标是运动的（如飞机场搜索雷达的应用），应用多普勒频移就能够把从静止物体来的杂散回波区分开。

1.4.4　雷达散射截面

雷达目标可用式(1.4.2)定义的雷达散射截面来表征，它给出了散射功率和入射功率密度之比。目标的截面依赖于入射波的频率和偏振，以及相对于目标的入射角和反射角。因此，可以定义单站雷达散射截面（入射角和反射角相同）和双站雷达散射截面（入射角和反射角不同）。

对于简单形状的目标，可以作为电磁边值问题计算雷达截面；对于更复杂的目标，需要数值求解或测量求得截面。导体球的雷达散射截面通常能够精确计算，使用球的物理横截面 πa^2 归一化的单基地雷达截面如图 1-9 所示。注意，对于电尺寸比较小的球（a 远小于 λ），截面随着球半径的增加而急剧增加，这一区域称为瑞利区。在这一区

域可以证明 σ 随着 $(a/\lambda)^4$ 变化而变化,这种对频率的强烈依赖关系可以解释天空为什么是蓝色的,因为太阳光中的蓝色分量比较低频率的红色分量更容易被大气中的微粒散射。

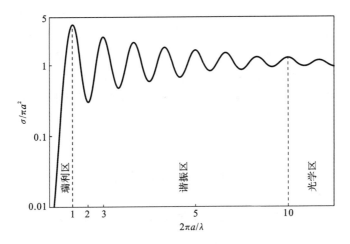

图 1-9 导体球的单站雷达截面

对于 $a \gg \lambda$ 的电尺寸很大的球,其雷达截面等于其物理横截面 πa^2。这是光学区域问题,几何光学在该区域有效。许多其他形状的物体,如垂直入射下电尺寸很大的平板,其雷达截面也趋于物理面积。

在瑞利区和光学区之间是谐振区,此时球的电尺寸与波长同量级。在这一区域,由于不同散射场分量的相位相加和相消使得雷达截面随着频率波动变化,因此,在这一区域雷达截面可以达到很高的值。

此外,像飞机或船舶这样复杂物体的雷达截面会随着频率和物体方位快速变化。在军事应用中,常常希望车辆、飞机等的雷达截面最小化以避免被检测到,为实现这一目的,可以在车辆、飞机的外结构上采用吸收材料(有耗介质)。表 1-4 列出了各种不同目标的近似雷达散射截面。

表 1-4 典型目标的近似雷达散射截面

目　　标	鸟	导弹	人	小飞机	自行车
σ/m^2	0.01	0.5	1	1~2	2
目标	小船	战斗机	轰炸机	大型客机	载重汽车
σ/m^2	2	3~8	30~40	100	200

1.5　辐射计系统

雷达系统通过发射一个信号并接收从目标来的回波获得关于目标的信息,因此可以看成是有源遥感系统。然而辐射计采用的是无源技术,它得出的目标信息是来自黑体辐射(噪声)中的微波成分,这种黑体辐射是直接由目标发射来的,或是从周围物体反射的。辐射计是一个特别设计的灵敏接收机,用以测量该噪声功率。

1.5.1 辐射计的理论和应用

正如之前讨论的,根据普朗克辐射定律可以推导出温度为 T 的热力学平衡的物体的辐射能量。在微波范围,该结果退化为 $P=kTB$,其中 k 是玻尔兹曼常数,B 是系统带宽,P 是辐射功率,这一结果仅能严格应用于黑体。黑体定义为一个理想化的材料,吸收所有入射能量,没有反射。黑体辐射能量的速率与吸收能量的速率一样,因此保持热平衡。对于一般的物体,部分地反射入射能量,所以辐射的功率没有同样温度下黑体辐射的功率多。通常把某个物体辐射的功率相对于同样温度下黑体辐射功率之比称为发射率 e,定义为

$$e=\frac{P}{kTB} \tag{1.5.1}$$

其中,P 是一般物体辐射的功率,kTB 是理想黑体的辐射功率。因为 $0 \leqslant e \leqslant 1$,所以对于理想黑体有 $e=1$。

正如之前所讲的,噪声功率也能够用等效温度定量描述。为了用于辐射计情况,定义亮度温度 T_B 如下:

$$T_B=eT \tag{1.5.2}$$

其中,T 是物体的物理温度。式(1.5.2)表明,从辐射计来看,一个物体,看起来绝对没有实际温度高,因为 $0 \leqslant e \leqslant 1$。

图 1-10 显示了接收各种噪声功率来源的辐射计天线。这个天线指向地球上的某一区域,该区域有地表亮度温度 T_B。大气在所有方向上发出辐射,直接指向天线的辐射分量为 T_{AD},而从地球反射到天线的功率为 T_{AR}。同时可能存在从太阳或其他源进入天线旁瓣的噪声功率。因此,被辐射计测量到的总亮度温度是观察到的场景以及观察角、频率、偏振、大气衰减和天线辐射图的函数。辐射计的目的是从被测亮度温度信息以及根据辐射计机理(描述亮度温度与场景的物理条件的关系)的分析,推断出场景的信息。例如,可以把覆盖在土壤上的一个均匀雪层的反射功率处理成多层介质层的平面波反射,这就发展成一种算法,以便给出用各个频率下测量的亮度温度表示的雪层厚度。

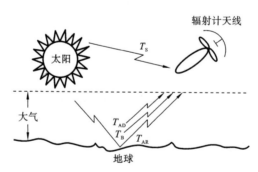

图 1-10 在典型的辐射计应用中的噪声功率源

微波辐射计是一个相当新的技术领域,并且也是很强的交叉学科领域,它利用了从电力工程、海洋学、地球物理学和大气以及空间科学等学科得到的结果。微波辐射计的应用非常广泛,如环境应用中的测量土壤湿度、洪水的地域分布、雪/冰覆盖图、海洋表面风速、大气温度剖面、大气湿度剖面等;军事应用中的目标探测、目标识别、搜索、绘制

地图等;天文应用中的行星位置测绘、太阳发射测绘、银河系天体测绘、宇宙背景辐射测量等。

　　微波工程师对辐射计最感兴趣的问题是辐射计本体的设计,最基本问题是制造一个接收机,它能够将需要的辐射计噪声和接收机固有的噪声区分开来,而在通常情况下前者噪声是小于后者的。下面介绍的全功率辐射计,虽然不是一个很实际的仪器,但是它代表了解决上述问题的最简单和直接的方法,并以此来说明辐射计设计过程中的困难。

1.5.2　全功率辐射计

　　典型的全功率辐射计的方框图如图 1-11 所示。接收机前端是一个标准的超外差电路,包括射频放大器、混频器/本振以及中频滤波器。中频滤波器决定了系统的带宽 B。通常,检波器是一个平方律器件,它的输出电压正比于输入功率。积分器实际上是截止频率为 $1/\tau$ 的低通滤波器,用来平滑噪声功率中的短期变化。

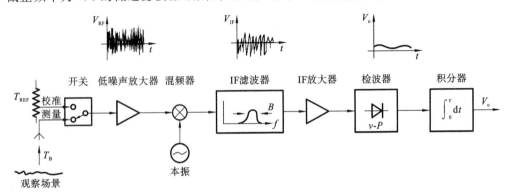

图 1-11　全功率辐射计的方框图

　　若天线指向亮度温度为 T_B 的背景场景,天线功率将是 $P_A = kT_BB$,这就是希望的信号。接收机产生的噪声能够用接收机输入处的功率 $P_R = kT_RB$ 表征,其中 T_R 是接收机的总噪声温度。因此,辐射计的输出电压为

$$V_o = G(T_B + T_R)kB \tag{1.5.3}$$

其中,G 是辐射计的总增益常数。从概念上说,可以用两个校准的噪声源代替天线输入,由此确定系统常数 GkB 和 GT_RkB,这一方法类似于测量噪声温度的 Y 因子法。因此,能够用此系统测量出期望的亮度温度 T_B。

　　用此种辐射计可出现两种误差。第一种误差是测量亮度温度时由噪声起伏引起的误差 ΔT_N。由于噪声是一个随机过程,被测的噪声功率可以从一个积分周期到下一个积分周期变化。积分器(或低通滤波器)的作用就是平滑 V_o 中大于 $1/\tau$ 的频率分量的波纹。剩余误差表示为

$$\Delta T_N = \frac{T_B + T_R}{\sqrt{B\tau}} \tag{1.5.4}$$

这一结果表明,若能够容忍较长的测量时间 τ,则由噪声起伏引起的误差能够降到可忽略的大小。

　　另一种误差是由系统增益 G 的随机变化引起的。这种变化在检波前的组合电路

中首先是由射频放大器引起的,其次是由混频器和中频放大器引起的。从统计上说,因系统增益变化而出现的误差为

$$\Delta T_G = (T_B + T_R)\frac{\Delta G}{G} \tag{1.5.5}$$

其中,ΔG 是系统增益 G 的均方根变化量。

1.5.3 迪克辐射计

从上述分析可知,影响全功率辐射计精度的决定因素是整个系统的增益变化。既然这样的增益变化具有相当长的时间常数($>1\ s$),理论上可以使用快速率重复校准辐射计消除该误差,零平衡迪克辐射计的系统框图如图 1-12 所示。

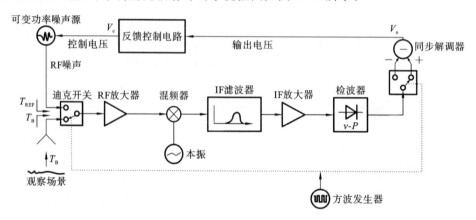

图 1-12 零平衡迪克辐射计的系统框图

此处的超外差接收机与全功率辐射计相同,但是在接收天线和可变功率噪声源之间加入了一个开关,这一开关称为迪克开关。平方律检波器的输出驱动一个同步解调器,后者由一个开关和一个差分电路组成。解调器开关与迪克开关同步工作,使减法器的输出正比于从天线来的噪声功率 T_B 和参考噪声源来的噪声功率 T_{REF} 的差。然后,减法器的输出作为误差信号送到反馈控制电路,用以控制参考噪声源的功率电平,使 V_o 趋于零。在该平衡状态下,$T_B = T_{REF}$,T_B 可由控制电压 V_c 导出。选择方波取样频率 f_s,比系统增益的漂移时间快得多,以致这一效应实际上被消除。典型的取样频率为 $10 \sim 1000\ Hz$。

典型的辐射计能够测量 $50 \sim 300\ K$ 的亮度温度,这就意味着参考噪声源也必须覆盖这一相同的范围,而实际上这是难以做到的。因此,对上述设计做了几项改变,在参考噪声源的控制和加到系统中的方法上有些不同。一种方法是应用一个恒定的 T_{REF},它比测量的最大 T_B 大一些。然后,用改变取样波形的脉冲宽度控制发送到系统的参考噪声功率的大小。另一种方法是使用恒定的参考噪声功率,并在参考取样时间内改变 IF 级的增益以达到零输出。其他代替迪克辐射计的可能方案可以参考相关文献。

1.6 微波传输

在真空中,电磁波直线传输,没有衰减和其他不利效应。然而真空只是微波能量在大气中或者地球存在的条件下传输时的一种近似的理想情况。实际上,通信、雷达或者

辐射计系统严重地受传输效应的影响,诸如反射、折射、衰减或衍射。下面,我们将讨论能够影响微波系统工作的某些特殊的传输现象。传输效应通常不能在任何精确的或严格的意义上定量描述,而只能用它们的统计量描述,认识到这一点是很重要的。

1.6.1 大气的影响

大气的相对介电常数接近于1,但实际上它是空气的压力、温度和湿度的函数。一个在微波频率下有用的经验公式可用下式给出:

$$\varepsilon_r = \left[1 + 10^{-6} \left(\frac{79P}{T} - \frac{11V}{T} + \frac{3.8 \times 10^5 V}{T^2} \right) \right]^2 \tag{1.6.1}$$

其中,P 是以毫巴为单位的大气压,T 是开氏温度,V 是以毫巴表示的水蒸气压。结果表明,随着高度增加,介电常数下降(趋于1),因为压力和湿度比温度随高度的增加减小得更快。介电常数随着高度的这种变化引起了无线电波向着地球弯曲,如图1-13所示。这种无线电波的折射有时是有用的,因为它可以使得雷达和通信系统的工作距离超过由于存

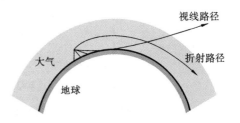

图 1-13 大气引起的无线电波折射

在地平线而引起的限制(视距)。在天线距地面高度 h 处,应用简单的几何关系可以给出到地平线的视线距离为

$$d = \sqrt{2Rh} \tag{1.6.2}$$

其中,R 是地球半径。从图1-13可以看到,折射对工作距离的影响可以用有效地球半径 kR 来考虑,这里 $k > 1$。通常应用的数值是 $k = 4/3$,但这只是一个平均值,随着天气条件的变化而变化。在雷达系统中,折射效应能够导致在确定接近地平线的目标的高度时产生误差。

天气条件有时能够产生温度逆转,即温度随着高度的增加而升高。式(1.6.1)表明,随着高度的增加,大气的介电常数的降低将比通常快得多。这一条件有时能够导致波道效应(也称为捕获效应,或者称为异常传输),这时无线电波能够在平行地球表面经过沿着温度逆转的空气层建立的波道传输很长距离。这一情况类似于介质波导中的传输。这样的波道能够在高度50~500 ft的范围内,可以接近地球表面,也可以在较高的位置。

大气的另一个效应主要是由水蒸气和分子氧对微波能量的吸收引起的衰减。最大吸收出现在微波频率与水和氧气分子的谐振频率相同之处,因此在这些频率处存在特有的大气衰减峰。图1-14显示了大气衰减与频率的关系。在低于10 GHz的频率处,大气对信号强度影响很小。在22.2 GHz和183.3 GHz处出现了由水蒸气谐振引起的谐振峰,而分子氧的谐振引起的峰在60 GHz和120 GHz处。因此,在毫米波段接近35 GHz、94 GHz和135 GHz处存在"窗口",这里雷达和通信系统具有最小的损耗。下雨、降雪和雾将增加衰减,特别是在高频处影响更大。应用Friis传输方程或雷达方程时,能够在系统设计中考虑到大气衰减的影响。

在某些应用中,系统频率可以选择在大气最大衰减点。为了对大气条件的敏感性最大,常常使用工作于20 GHz或55 GHz附近的辐射计进行大气遥感(温度、水蒸气、

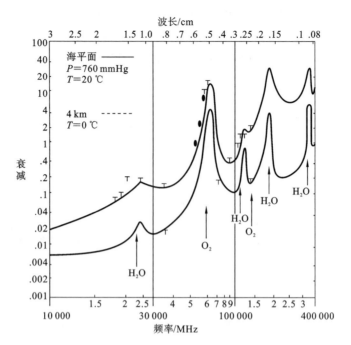

图 1-14   大气衰减与频率的关系

降雨率)。另一个特殊的使用是在 60 GHz 的航天器与航天器之间的通信。这一毫米波频率具有带宽大、天线增益高、小型化的特点,并且因为在这个频率大气衰减很大,所以来自于地球的干扰、堵塞和窃听的可能性大大降低。

1.6.2   大地的影响

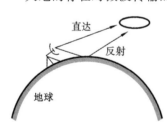

图 1-15   在地球表面上的
直达波和反射波

大地的存在对微波传输的最明显影响是来自大气表面(陆地和海洋)的反射。如图 1-15 所示,一个雷达目标(或者接收机天线)可能会被来自发射机的直达波和大地的反射波共同照射。通常反射波的振幅小于直达波的,因为反射波行进距离较大,而且通常它源自发射天线的旁瓣区域的辐射,并且大地不是一个完全的反射体。然而,目标或接收机接收的信号是这两个波分量的矢量和,并且取决于两个波的相对相位,可以大于或小于单独的直达波。由于涉及以电波长表示的距离通常是很大的,甚至大气介电常数的微小变化都能够引起信号强度的衰落(长期涨落)或闪烁(短期涨落)。这些效应也能够由大气不均匀的反射引起。

在通信系统中,具有不同频率、偏振或物理位置的两个通信信道的衰落是独立的,这样有时能够降低衰落。因此,一个通信链路能够联合两个(或多个)这样的信道以降低衰落,这一系统称为分集系统。

大地的另一个效应是绕射,无线电波靠它在地平线的视线边界附近散射能量,因此得到略超过地平线的工作距离。在微波频率处,这一效应通常很小。当然,在传播路径上存在诸如小丘、大山和建筑物这样的障碍物时,绕射效应可能比较强。

在雷达系统中,常有来自于地面、植被、树林、建筑物以及海平面的不希望有的反射。在搜索或跟踪雷达中,这些杂散回波通常恶化或掩盖了真实的目标回波,或者表现为假目标。在测绘或遥感应用中,这些杂散回波实际上可以构成期望的信号。

1.6.3 等离子体效应

等离子体是由电离粒子组成的气体。电离层由大气的球面层组成,其中带有已经被太阳辐射而电离的粒子,因此形成等离子体区。在航天器重返大气层时,由于摩擦产生的高温在其表面上形成很浓密的等离子体。等离子体也可由闪电、流星、极光和核爆炸产生。等离子体用单位体积中的粒子数表征。电磁波可以被等离子体反射、吸收和在其中传输,具体取决于它的密度和频率。对于均匀等离子体区,能够定义有效介电常数为

$$\varepsilon_r = \varepsilon_0 \left(1 - \frac{\omega_p^2}{\omega^2}\right) \tag{1.6.3}$$

其中,

$$\omega_p = \sqrt{\frac{Nq^2}{m\varepsilon_0}} \tag{1.6.4}$$

是等离子体频率。在式(1.6.4)中,q 是电子电荷,m 是电子质量,N 是单位体积中的电离粒子数。研究在这样的介质中平面电磁波传输的麦克斯韦方程的解,可以证明仅仅在 $\omega > \omega_p$ 时电磁波才能通过等离子体传输,较低频率的电磁波将全部被反射。

若存在磁场,则等离子体变成各向异性,使分析更加复杂。在某些情况下,地球磁场可以强到足以产生这样的各向异性。电离层由具有不同离子密度的几个不同的层组成;以离子密度增加的顺序,这些层称为 D、E、F_1 和 F_2。这些层的特征依赖于季节天气和太阳周期,但等离子体平均频率大约为 8 MHz。因此,频率小于 8 MHz 的信号(如短波无线电)能够通过电离层反射行进到超过地平线的距离。然而较高频率的信号将穿过电离层。

类似的效应出现在进入大气层的航天器上。航天器的高速度使飞行器周边存在很浓密的等离子体。根据式(1.6.4),当电子密度足够高时,会致使等离子体频率非常高,因此地面和航天器的通信被阻断,直到它的速度降下来才能恢复通信。除了这一阻断通信的效应外,等离子体层还可能引起天线和它的馈线之间有较大的阻抗失配。

1.7 其他应用

1.7.1 微波加热

对于平常的消费者来说,"微波"一词就意指微波炉,它在家庭中被用来加热食物,在工业和医疗方面也应用于微波加热。如图 1-16 所示,微波炉是一个相当简单的系统,它包括一个高功率源、一条馈送线和一个微波炉腔。源通常是一个工作于 2.45 GHz 的磁控管,当希望有较大的穿透力时,有时使用 915 MHz 的频率。功率输出通常为 500~1500 W。微波炉腔具有金属壁,为了降低炉中驻波引起的不均匀加热的影响,使用一个模式搅拌器以扰动炉内的场分布,模式搅拌器就是一个金属扇片。食物放置

在一个用马达驱动的圆盘上旋转。

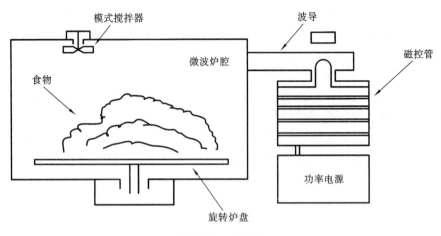

图 1-16　微波炉

　　传统加热方式采用煤气、木炭或者电加热的元件在被加热材料的外部产生热,通过对流对材料外部加热,而通过传导对材料内部加热。与此不同,在微波加热中,首先对材料内部加热。这一过程是通过微波对损耗角正切大的材料的传热耗散实现的。实际上,随着温度增加,许多食物的损耗角正切减小,以致微波加热具有某种程度的自调节能力,结果是与通常的烹调相比,微波烹调能够更快和更均匀地对食物加热。微波炉的效率定义为转换到加热的功率与提供给炉子的功率的比值,通常小于 50%,但大于一般炉子的烹调加热效率。

　　微波炉设计中最关键的问题是安全性,因为使用的是很高的功率源,泄漏电平必须很小,以避免用户遭受有害的辐射。因此,磁控管、馈电波导和炉子腔体都必须严格屏蔽。微波炉门需要特别注意,除去关闭的机械容差外,门四周的连接处应用射频吸收材料,并且使用 $\lambda/4$ 的扼流法兰盘使泄漏降至可接受的水平。

1.7.2　功率传送

　　电功率传输线能使能量从一个点传送到另一点,因为它们具有相当低的损耗和初始费用。但在某些应用中,使用这样的电功率传输线是不方便的或不可能的。这种情况下可以考虑不用传输线而采用聚焦很好的微波束来发送电功率。

　　如太阳能卫星电站,使用大轨道太阳能电池阵列在空间产生电力,然后用微波束发送到地球上的接收站,这样就提供了一个理论上不会耗尽的电力源。将太阳能电池阵列放在空间具有许多优点,如功率传递不受黑夜、云层或雨雪的阻碍,而这正是地球基地太阳能电池阵列遇到的问题。

　　为了与其他功率源相比在经济上有竞争力,太阳能功率卫星站必须很大,其电池阵列尺寸可以达到 5 km×10 km,馈送到一个 1 km 直径的相控阵天线。送到地球的功率输出为 5 GW 量级。从价格和复杂性上看,这样的工程是庞大的。该方案在运行安全性方面存在两个问题:一是当系统按设计运行时其辐射伤害问题;二是系统失效的风险问题。除这两个问题外,如此巨大的集中功率系统衍生的政治和哲学问题,使得太阳能卫星功率站的未来存在不确定性。

1.7.3 生物效应和安全性

已经证明人体暴露在微波辐射下的危险是由热效应造成的。身体吸收射频和微波能量并转换成热,就像微波炉的情况一样,这种加热出现在身体内部并且在低功率电平时几乎感觉不到。这样加热造成最大危险部位是在脑部、眼睛、生殖器和胃部等器官。过量的辐射能够导致白内障、不育或癌症。因此,确定安全辐射电平的标准是一个重要的问题,以使微波设备的用户不会暴露在有伤害性的辐射电平之下。

关于人体暴露于无线电频率电磁场下的安全等级,由美国最新安全标准 IEEE 标准 C95.1—1991 给出。在 100 MHz～300 GHz 的 RF 和微波范围内,设定的辐照极限按功率密度(W/cm^2)作为频率的函数显示在图 1-17 中。在这个频率范围内的低频端推荐的安全功率密度极限低到 0.2 mW/cm^2,因为在较低功率处,场能够更深地透进身体。在频率高于 15 GHz 处,功率密度极限上升到 10 mW/cm^2,在这样的频率下,大多数功率会被皮肤表面吸收。作为比较,在晴朗的天气下太阳的辐射功率密度大约为 100 mW/cm^2,这一辐射的效应远没有低频微波的相应辐射电平高,因为太阳只在身体外加热,产生的热很多又被空气再吸收,而微波功率从身体内部加热。低于 100 MHz 的电磁场与身体的相互作用不同于较高频率的电磁场,所以对这些较低频率处的场分量设定了不同的极限。

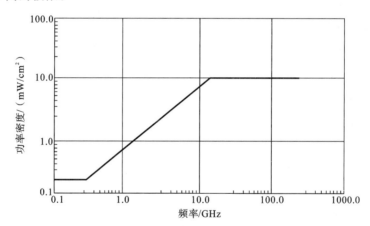

图 1-17 IEEE 标准 C95.1—1991 推荐的人体辐照在射频和微波电磁场的功率密度极限

不同国家有着不同的微波辐照极限的标准,其中有些低于美国的极限。这些标准中有些是辐照时间的函数,对于较长时间的辐照设定了较低的功率密度极限。在美国对于微波炉有另一个标准,法律要求所有的微波炉都要经过试验以保证距微波炉 5 cm 的任一点处的功率电平不超过 1 mW/cm^2。

大多数专家认为上述极限代表了安全的功率电平,并有合理的裕度。然而某些研究者认为,即使较低的微波辐射电平,由于长期辐照下的非热效应也可能出现健康伤害。

1.8 电磁波谱

微波在电磁波谱中介于超短波和红外线(确切地说是远红外)之间的波段,图 1-18

给出了微波在电磁波谱中的位置。表 1-5 给出了典型的无线电波应用及其对应频率范围,表 1-6 给出了一些常见频段的频率范围。

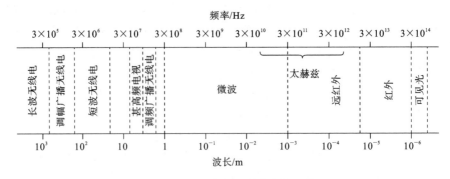

图 1-18 微波在电磁波谱中的位置

表 1-5 典型的无线电波应用

无线电波应用	频　　率
调幅广播频段	535~1605 kHz
短波无线电频段	3~30 kHz
调频广播频段	88~108 kHz
甚高频电视(2~4)	54~72 MHz
甚高频电视(5~6)	76~88 MHz
甚高频电视(7~13)	174~216 MHz
甚高频电视(14~83)	470~890 MHz
美国蜂窝电话	824~849 MHz
	869~894 MHz
欧洲 GSM 蜂窝电话	880~915 MHz
	925~960 MHz
全球定位系统	1575.42 MHz
	1227.60 MHz
美国直播系统	11.7~12.5 GHz
美国 ISM 波段	902~928 MHz
	2.400~2.484 GHz
	5.725~5.850 GHz
美国超宽带无线电	3.1~10.6 MHz

表 1-6 常见频段的频率范围

频　率　段	频　　率
中频	300 kHz~3 MHz
高频	3~30 MHz

续表

频　率　段	频　　率
甚高频	30～300 MHz
超高频	300 MHz～3 GHz
L 波段	1～2 GHz
S 波段	2～4 GHz
C 波段	4～8 GHz
X 波段	8～12 GHz
K 波段	12～18 GHz
K 波段	18～26 GHz
K 波段	26～40 GHz
U 波段	40～60 GHz
V 波段	50～75 GHz
E 波段	60～90 GHz
W 波段	75～110 GHz
F 波段	90～140 GHz
太赫兹波段	100 GHz～10 THz

1.9　本章小结

本章主要介绍了微波的特点、发展和应用。微波作为信息载体的应用系统,包括雷达系统、微波无线通信系统、微波遥感系统以及无线传感与射频识别系统,本章简要分析了各系统的组成框图以及工作原理,明确了微波作为载体所起的作用,为进一步学习和研究此类系统奠定了基础。通过大量具体应用实例,旨在使学生对本门课内容有一个大致了解,提高学生的学习兴趣,增强学生继续学习的动力。

学习重点:掌握微波的频率范围、频段划分、微波在电磁波谱中的位置、微波的传播特点和应用。

学习难点:理解微波分析方法和低频电路的不同。

教学要求:本章内容建议学时为 4 学时,教师可结合本专业具体学时情况进行适当删减。建议微波应用系统部分不用全部介绍,可挑选几个代表性的应用介绍微波应用系统的内容,其余内容留给学生自学,增强学生自主学习能力,尤其是图 1-18 中的波谱要求熟练掌握。

习　　题

1-1　一个天线的辐射图函数为 $F_\theta(\theta,\phi)=A\sin\theta\sin\phi$。求这一天线的主波束位置、3 dB 带宽和以 dB 表示的方向性。

1-2 在大地上的一个单极天线在 $0° \leqslant \theta \leqslant 90°$ 的范围内具有辐射图函数 $F_\theta(\theta, \phi) = A\sin\theta$，在 $90° \leqslant \theta \leqslant 180°$ 范围内辐射场为零。求这一天线以 dB 表示的方向性。

1-3 一个 DBS 反射器天线工作于 12.4 GHz，直径为 18 英寸。若孔径效率为 65%，求方向性。

1-4 一个用于蜂窝基站回程无线链路的反射器天线工作于 38 GHz，增益为 39 dB，辐射效率为 90%，直径为 12 英寸。(1) 求天线的孔径效率。(2) 求半功率带宽，假定两个主平面上的带宽相同。

1-5 一个工作于 2.4 GHz 的高增益天线阵指向天空某一区域，假定背景具有 5 K 的均匀温度。测得天线的噪声温度为 105 K。若天线的物理温度是 290 K，天线的辐射效率是多少?

1-6 考虑用微带阵列天线代替一个 DBS 圆盘天线。一个微带阵提供了一个美学上理想的平坦剖面，但需要承受其馈送网络中相当高的损耗。若背景噪声温度为 $T_B = 50$ K，天线增益为 33.5 dB，接收机 LNB 噪声系数是 1.1 dB，求微带阵天线的总 G/T 和 LNB，假设微带阵的总损耗为 2.5 dB，天线的物理温度为 290 K。

1-7 在距离工作于 5.8 GHz 的天线 300 m 处，测得主波束中辐射功率密度为 7.5×10^{-3} W/m²。若已知天线的输入功率是 85 W，求天线的增益。

1-8 若一个蜂窝基站与位于 5 km 外的移动电话交换局(MISO)相连，估算两种可能的相连情况:(1) 工作于 28 GHz 的无线链路，有 $G_t = G_r = 25$ dB;(2) 使用同轴线的有线链路，同轴线具有衰减为 0.05 dB/m，沿着线路有 4 个 30 dB 的中继放大器。若这两种情况需要的最小接收功率电平相同，哪一种选择需要的发射功率更小?

1-9 AMPS 蜂窝电话系统的移动接收机频率为 882 MHz。假设基站发射 20 W 的 EIRP，移动接收机天线的增益为 1 dBi，噪声温度为 400 K。若要求接收机输出处的最小 SNR 为 18 dB，求出其最大工作范围。信道带宽为 30 kHz，接收机噪声系数为 8 dB。假定这一理想问题可应用 Friis 公式。

1-10 考虑如图 1-19 所示的 GPS 接收机系统。在地球上增益为 0 dBi 的天线接收到的最小 L1(1575 MHz)载波功率为 $S_i = -160$ dBW。一个 GPS 接收机通常指定其在 1 Hz 带宽下的最小载噪比为 C/N(Hz)。若实际上接收机天线具有增益 G_A，噪声温度为 T_A，假定放大器增益为 G，连接线损耗为 L，推导最大可允许放大器噪声系数 F 的表达式。对于 $C/N = 32$ dB，$G_A = 5$ dB，$T_A = 300$ K，$G = 10$ dB 和 $L = 25$ dB 的情况，用这个表达式进行计算。

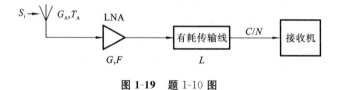

图 1-19 题 1-10 图

1-11 科幻故事中有一个很重要的推理前提是，无线电和 TV 信号能够通过空间行进并被另一个星球的测听者接收，但实际上以目前的科技水平，地球传送的信号即使以信噪比为 0 dB 的水平接收，也会存在一个最大距离，从而证明上述思想是一个谬误。现在假定以 67 MHz 广播信道，具有 4 MHz 的带宽，发射机功率为 1000 W，发射和接收天线增益都为 4 dB，宇宙背景噪声温度为 4 K，使用理想的无噪声的接收机，求最大传输距离。若接收机要求 SNR 达到 30 dB,这一距离下降到多大(可将它和太阳系中最近行星的距离联系起来)?

1-12 在双基地情况下推导雷达方程,其中发射和接收天线的增益分别为 G_t 和 G_r,到目标的距离分别为 R_t 和 R_r。

1-13 某个脉冲雷达的脉冲重复频率为 $f_r = 1/T_r$。确定雷达的最大模糊距离(当回波脉冲的来回传输时间大于脉冲重复时间,将出现距离模糊,即无法判断给定的回波脉冲属于上一个发射脉冲,或是某个更早的发射脉冲)。

1-14 某个工作频率为 12 GHz 的多普勒雷达要求检测 1~20 m/s 范围的目标速度,求该多普勒滤波器要求的带宽。

1-15 某个脉冲雷达工作于 2 GHz,每个脉冲具有 1 kW 的功率。若雷达被用来检测在 10 km 范围内有 $\sigma = 20$ m^2 的目标,问发射机和接收机之间的最小隔离度应该多大,才能使发射机泄漏信号比接收信号低 10 dB?假定天线增益为 30 dB。

1-16 已知某雷达对 $\sigma = 5$ m^2 的大型歼击机最大探测距离为 100 km,如果该机采用隐身技术,使得 σ 减小到 0.1 m^2,此时的最大探测距离为多少?

1-17 大气没有一个确定的厚度,因为大气随着高度增加逐渐稀薄,因而衰减也逐渐减小。但是,若用一个简化的"橘子皮"模型,假定大气能够近似为固定厚度的均匀层,就能估算通过大气探测到的背景噪声温度。为此,设大气厚度为 4000 m,求沿着水平线到达大气边界的最大距离 l,如图 1-20 所示(地球半径为 6400 km)。现在假定平均大气衰减为 0.005 dB/km,大气外的背景噪声温度为 4 K,将背景噪声与大气衰减级联起来,求在地球上探测到的噪声温度。分别对指向天顶和指向水平线的理想天线进行计算。

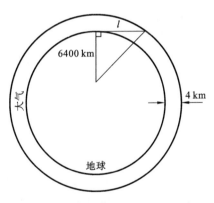

图 1-20 题 1-17 图

1-18 28 GHz 的无线链路使用塔式反射器天线,其增益为 32 dB,发射机功率为 5 W。(1) 求在天线主波束内不超过美国推荐的安全功率密度极限 10 mW/cm^2 的最小距离;(2) 若假定最坏情况旁瓣电平低于主波束 10 dB,在天线旁瓣区域内的位置上,这一距离如何变化?(3) 这些距离是否在天线的远区场?假定圆形反射器的孔径效率为 60%。

1-19 晴朗天气,太阳在头顶上,从太阳光接收的功率密度大约为 1300 W/cm^2。为了简化,假定这一功率通过单频平面波传输,求最终得到的入射电磁场的振幅。

2

均匀传输线

　　微波传输线是传输微波信息和能量的各种形式传输系统的总称,其作用是引导电磁波沿一定方向传输,因此又称为导波系统,所导引的电磁波称为导行波。一般将截面形状、尺寸、媒质分布及边界条件均不变的导波系统称为规则导波系统,又称为均匀传输线。把导行波传播的方向称为纵向,垂直于传播方向称为横向。无纵向场分量的电磁波称为横电磁波,即 TEM 波。另外,传输线本身的不连续性可以构成各种形式的无源器件,它们和有源器件以及天线等一起构成微波系统。

　　均匀传输线的分析方法有两种:一种是从麦克斯韦方程出发,求出满足边界条件的波动解,得出传输线上电场和磁场的表达式,进而分析传输特性;另一种是从传输线方程出发,求出满足边界条件上的电压、电流波动方程的解,得出沿线上的等效电压、电流的表达式,进而分析传输特性。前一种方法较为严格,但数学计算过程比较冗长,目前采用计算机辅助分析软件进行计算;后一种方法实质是在一定条件下采用电路分析的方法求解,有足够的精度,数学计算亦较为简便,因此被广泛采用。本章采用第二种方法,首先建立传输线方程,根据边界条件求解,引入传输线的重要参量——阻抗、反射系数及驻波比,然后分析无耗传输线的匹配、效率及功率容量的概念,最后介绍常用的TEM 传输线——同轴线。

2.1　均匀传输线方程及其解

　　微波传输线大致可以分为三种类型。第一类是双导体线,它由两根或以上平行导体构成,因其传输的是 TEM 波或准 TEM 波,故又称为 TEM 波传输线,主要包括平行双线、同轴线、带状线和微带线等,如图 2-1(a)所示。第二类是均匀填充介质的金属波导管,引导电磁波在管内传播,故称为波导,截面形状有矩形、圆、脊形和椭圆等,如图2-1(b)所示。第三类是介质传输线,因电磁波沿传输线表面传播,故称为表面波波导,主要包括介质波导、镜像线和单根表面波传输线等,如图 2-1(c)所示。关于第二类和第三类导波结构的传播特性将在第 3 章讨论。

2.1.1　均匀传输线方程

　　由均匀传输线组成的导波系统都可等效为如图 2-2(a)所示的均匀平行双导线系统。其中传输线的始端接微波信号源(简称信源),终端接负载,选取传输线的纵向坐标

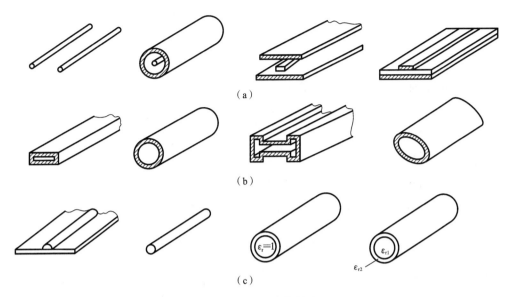

图 2-1 各种微波传输线

(a) 双导体传输线；(b) 波导；(c) 介质传输线

为 z，坐标原点选在终端处，波沿负 z 方向传播。在均匀传输线上任意一点 z 处，取一微分线元 $\Delta z(\Delta z \ll \lambda)$，该线元可视为集总参数电路，其上有电阻 $R\Delta z$、电感 $L\Delta z$、电容 $C\Delta z$ 和漏电导 $G\Delta z$（其中 R、L、C、G 分别为单位长度物理量），得到的等效电路如图 2-2 (b)所示，则整个传输线可看作由无限多个上述等效电路单元级联而成，有耗和无耗传输线的等效电路分别如图 2-2(c)、(d)所示。

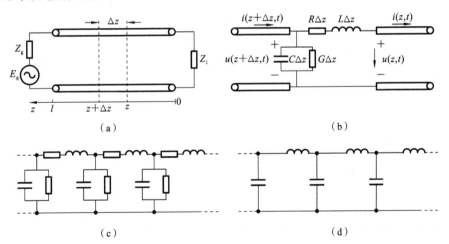

图 2-2 均匀传输线及其等效电路

(a) 均匀平行双导线系统；(b) 均匀平行双导线 Δz 小段等效电路；

(c) 有耗传输线等效电路；(d) 无耗传输线等效电路

在图 2-2(b)中，设时刻 t、位置 z 处的电压和电流分别为 $u(z,t)$ 和 $i(z,t)$，而在位置 $z+\Delta z$ 处的电压和电流分别为 $u(z+\Delta z,t)$ 和 $i(z+\Delta z,t)$。对很小的 Δz，忽略高阶小量，有

$$\begin{cases} u(z+\Delta z,t)-u(z,t)=\dfrac{\partial u(z,t)}{\partial z}\Delta z \\[2mm] i(z+\Delta z,t)-i(z,t)=\dfrac{\partial i(z,t)}{\partial z}\Delta z \end{cases} \tag{2.1.1}$$

对图 2-2(b)中的 z 和 $z+\Delta z$ 之间的小段等效电路应用基尔霍夫定律可得

$$\begin{cases} u(z,t)+R\Delta i(z,t)+L\Delta z\dfrac{\partial i(z,t)}{\partial t}-u(z+\Delta z,t)=0 \\[2mm] i(z,t)+G\Delta zu(z+\Delta z,t)+C\Delta z\dfrac{\partial u(z+\Delta z,t)}{\partial t}-i(z+\Delta z,t)=0 \end{cases} \tag{2.1.2}$$

将式(2.1.1)代入式(2.1.2)并忽略高阶小量,可得

$$\begin{cases} \dfrac{\partial u(z,t)}{\partial z}=Ri(z,t)+L\dfrac{\partial i(z,t)}{\partial t} \\[2mm] \dfrac{\partial i(z,t)}{\partial z}=Gu(z,t)+C\dfrac{\partial u(z,t)}{\partial t} \end{cases} \tag{2.1.3}$$

这就是均匀传输线方程,也称电报方程。对于时谐电压和电流,可用复振幅表示为

$$u(z,t)=\mathrm{Re}[U(z)\mathrm{e}^{\mathrm{j}\omega t}],\quad i(z,t)=\mathrm{Re}[I(z)\mathrm{e}^{\mathrm{j}\omega t}] \tag{2.1.4}$$

将式(2.1.4)中的 $u(z,t)$ 和 $i(z,t)$ 代入式(2.1.3),即可得时谐波传输线方程

$$\frac{\mathrm{d}U(z)}{\mathrm{d}z}=ZI(z),\quad \frac{\mathrm{d}I(z)}{\mathrm{d}z}=YU(z) \tag{2.1.5}$$

式中:$Z=R+\mathrm{j}\omega L$,$Y=G+\mathrm{j}\omega C$,分别称为传输线单位长串联阻抗和单位长并联导纳。

2.1.2 均匀传输线方程的解

将式(2.1.5)的第一式两边微分并将第二式代入,同理将第二式等号两边微分,将第一式代入可得

$$\frac{\mathrm{d}^2 U(z)}{\mathrm{d}z^2}-\gamma^2 U(z)=0,\quad \frac{\mathrm{d}^2 I(z)}{\mathrm{d}z^2}-\gamma^2 I(z)=0 \tag{2.1.6}$$

其中,$\gamma^2=ZY=(R+\mathrm{j}\omega L)(G+\mathrm{j}\omega C)$,显然电压和电流均满足一维波动方程,电压的通解为

$$U(z)=U_+(z)+U_-(z)=A_1\mathrm{e}^{+\gamma z}+A_2\mathrm{e}^{-\gamma z} \tag{2.1.7a}$$

式中:A_1、A_2 为待定系数,由边界条件确定。利用式(2.1.5)可得电流的通解为

$$I(z)=I_+(z)+I_-(z)=\frac{1}{Z_0}(A_1\mathrm{e}^{+\gamma z}-A_2\mathrm{e}^{-\gamma z}) \tag{2.1.7b}$$

式中:$Z_0=\sqrt{(R+\mathrm{j}\omega L)/(G+\mathrm{j}\omega C)}$。令 $\gamma=\alpha+\mathrm{j}\beta$,$A_1=|A_1|\mathrm{e}^{\mathrm{j}\theta_1}$,$A_2=|A_2|\mathrm{e}^{\mathrm{j}\theta_2}$,$Z_0$ 为实数,则可得传输线上的电压和电流的瞬时值表达式为

$$\begin{cases} u(z,t)=u_+(z,t)+u_-(z,t) \\ \qquad =|A_1|\mathrm{e}^{+\alpha z}\cos(\omega t+\beta z+\theta_1)+|A_2|\mathrm{e}^{-\alpha z}\cos(\omega t-\beta z+\theta_2) \\ i(z,t)=i_+(z,t)+i_-(z,t) \\ \qquad =\dfrac{1}{Z_0}\big[|A_1|\mathrm{e}^{+\alpha z}\cos(\omega t+\beta z+\theta_1)-|A_2|\mathrm{e}^{-\alpha z}\cos(\omega t-\beta z+\theta_2)\big] \end{cases} \tag{2.1.8}$$

由此可见,传输线上电压和电流以波的形式传播,在任一点的电压或电流均由沿 $-z$ 方向传播的行波(称为入射波)和沿 $+z$ 方向传播的行波(称为反射波)叠加而成。

由图 2-2(a)可知,传输线的边界条件通常有以下三种:

(1) 已知终端电压 U_1 和终端电流 I_1；

(2) 已知始端电压 U_i 和始端电流 I_i；

(3) 已知信源电动势 E_g 和内阻 Z_g 以及负载阻抗 Z_1。

可以根据边界条件确定系数 A_1 和 A_2。针对第一种情况,将边界条件 $z=0$ 处 $U(0)$ $=U_1$、$I(0)=I_1$ 代入式(2.1.7)得

$$U_1 = A_1 + A_2, \quad I_1 = \frac{1}{Z_0}(A_1 - A_2) \tag{2.1.9}$$

由此解得

$$A_1 = \frac{1}{2}(U_1 + I_1 Z_0), \quad A_2 = \frac{1}{2}(U_1 - I_1 Z_0) \tag{2.1.10}$$

将式(2.1.10)代入式(2.1.7),则有

$$U(z) = U_1 \mathrm{ch}\gamma z + I_1 Z_0 \mathrm{sh}\gamma z, \quad I(z) = I_1 \mathrm{ch}\gamma z + \frac{U_1}{Z_0}\mathrm{sh}\gamma z \tag{2.1.11}$$

写成矩阵形式为

$$\begin{bmatrix} U(z) \\ I(z) \end{bmatrix} = \begin{bmatrix} \mathrm{ch}\gamma z & Z_0 \mathrm{sh}\gamma z \\ \frac{1}{Z_0}\mathrm{sh}\gamma z & \mathrm{ch}\gamma z \end{bmatrix} \begin{bmatrix} U_1 \\ I_1 \end{bmatrix} \tag{2.1.12}$$

对于无耗传输线,$\gamma = \mathrm{j}\beta$,β 是实数,式(2.1.12)还可以写成

$$\begin{bmatrix} U(z) \\ I(z) \end{bmatrix} = \begin{bmatrix} \cos\gamma z & \mathrm{j}Z_0 \sin\gamma z \\ \frac{\mathrm{j}}{Z_0}\sin\gamma z & \cos\gamma z \end{bmatrix} \begin{bmatrix} U_1 \\ I_1 \end{bmatrix} \tag{2.1.13}$$

由此可知,只要已知终端负载的电压 U_1 和电流 I_1 及传输线特性参数 γ 和 Z_0,则传输线上任意一点的电压和电流就可由式(2.1.12)求得。其他两种边界条件读者可自行推导。

2.1.3 传输线特性参数

传输线特性参数包括特性阻抗 Z_0、传播常数 γ、相速度 v_p 和波长 λ,它们均为不可直接测量的物理量,可以用其他可测参量来表征。

1. 特性阻抗 Z_0

定义传输线上导行波的电压与电流之比为其特性阻抗 Z_0,则

$$Z_0 = \frac{U_+(z)}{I_+(z)} = -\frac{U_-(z)}{I_-(z)} \tag{2.1.14}$$

由式(2.1.7)得到特性阻抗的一般表达式为

$$Z_0 = \sqrt{\frac{R+\mathrm{j}\omega L}{G+\mathrm{j}\omega C}} \tag{2.1.15}$$

可见 Z_0 与工作频率有关,它由传输线自身分布参数决定,而与负载及信号源无关,故称为特性阻抗,通常是复数。对于均匀无耗传输线,$R=G=0$,特性阻抗 Z_0 为实数,且与频率无关。当损耗很小,即满足 $R \ll \omega L$,$G \ll \omega C$ 时,有

$$Z_0 = \sqrt{\frac{R+\mathrm{j}\omega L}{G+\mathrm{j}\omega C}} \approx \sqrt{\frac{L}{C}}\left(1+\frac{1}{2}\frac{R}{\mathrm{j}\omega L}\right)\left(1-\frac{1}{2}\frac{G}{\mathrm{j}\omega C}\right)$$
$$\approx \sqrt{\frac{L}{C}}\left[1-\mathrm{j}\frac{1}{2}\left(\frac{R}{\omega L}-\frac{G}{\omega C}\right)\right] \approx \sqrt{\frac{L}{C}} \tag{2.1.16}$$

此结果说明,当传输线的损耗很小时,其特性阻抗近似为实数。

1) 双导线的特性阻抗

对于直径为 d、中心间距为 D 的圆柱平行双导线($D>d$)传输线,其特性阻抗为

$$Z_0 = \frac{120}{\sqrt{\varepsilon_r}} \ln \frac{2D}{d} \qquad (2.1.17)$$

式中:ε_r 为导线周围填充介质的相对介电常数。

2) 同轴线的特性阻抗

对于内、外导体半径分别为 a、b 的无耗同轴线,其特性阻抗为

$$Z_0 = \frac{60}{\sqrt{\varepsilon_r}} \ln \frac{b}{a} \qquad (2.1.18)$$

式中:ε_r 为同轴线内、外导体间填充介质的相对介电常数。工程中常用的同轴线的特性阻抗有 50 Ω 和 75 Ω 两种。

2. 传播常数 γ

传播常数 γ 是描述传输线上导行波沿导波系统传播过程中衰减和相移的参数,通常为复数,由前面的分析可知

$$\gamma = \sqrt{(R+j\omega L)(G+j\omega C)} = \alpha + j\beta \qquad (2.1.19)$$

式中:α 为衰减常数,dB/m(有时也用 Np/m,1 Np/m=8.86 dB/m);β 为相移常数,rad/m。

对于无耗传输线,$R=G=0$,则 $\alpha=0$,此时 $\gamma=j\beta$,$\beta=\omega\sqrt{LC}$。对于损耗很小的传输线,即满足 $R\ll\omega L$,$G\ll\omega C$,有

$$\gamma \approx j\omega\sqrt{LC}\left(1+\frac{R}{j\omega L}\right)^{\frac{1}{2}}\left(1+\frac{G}{j\omega C}\right)^{\frac{1}{2}} \approx \frac{1}{2}(RY_0+GZ_0)+j\omega\sqrt{LC} \qquad (2.1.20)$$

于是小损耗传输线的衰减常数 α 和相移常数 β 分别为

$$\alpha = \frac{1}{2}(RY_0+GZ_0), \quad \beta=\omega\sqrt{LC} \qquad (2.1.21)$$

3. 相速 v_p 与波长 λ

传输线上的相速定义为电压、电流入射波或反射波的等相位面沿传输方向的传播速度,用 v_p 表示,由式(2.1.8)得到等相位面的运动方程为

$$\omega t \pm \beta z = \text{const}$$

上式两边对 t 微分,得

$$v_p = \frac{\pm dz}{dt} = \frac{\omega}{\beta} \qquad (2.1.22)$$

传输线上的波长 λ 与自由空间的波长 λ_0 有以下关系:

$$\lambda = \frac{2\pi}{\beta} = \frac{v_p}{f} = \frac{\lambda_0}{\sqrt{\varepsilon_r}} \qquad (2.1.23)$$

对于均匀无耗传输线,β 与 ω 呈线性关系,故导行波的相速与频率无关,也称为无色散波。当传输线有损耗时,β 不再与 ω 呈线性关系,使相速 v_p 与频率 ω 有关,这称为色散特性。在微波技术中,常可把传输线看作是无耗的。

2.2　传输线状态参量

传输线上任意一点的电压与电流之比称为传输线在该点的阻抗,它与导波系统的

状态特性有关。由于微波阻抗是不能直接测量的,只能借助于状态参数的测量而获得,为此引入以下三个重要的物理量,即输入阻抗、反射系数和驻波比。

2.2.1 输入阻抗

对无耗均匀传输线,线上各点电压 $U(z)$、电流 $I(z)$ 与终端电压 U_1、电流 I_1 的关系如下:

$$\begin{cases} U(z) = U_1 \cos(\beta z) + jI_1 Z_0 \sin(\beta z) \\ I(z) = I_1 \cos(\beta z) + j\dfrac{U_1}{Z_0} \sin(\beta z) \end{cases} \tag{2.2.1}$$

式中:Z_0 为无耗传输线的特性阻抗;β 为相移常数。

定义传输线上任意一点 z 处的输入电压和输入电流之比为该点输入阻抗,记作 $Z_{in}(z)$,即

$$Z_{in}(z) = \frac{U_1 \cos(\beta z) + jI_1 Z_0 \sin(\beta z)}{I_1 \cos(\beta z) + j\dfrac{U_1}{Z_0} \sin(\beta z)} = Z_0 \frac{Z_1 + jZ_0 \tan(\beta z)}{Z_0 + jZ_1 \tan(\beta z)} \tag{2.2.2}$$

式中:Z_1 为终端负载阻抗。

式(2.2.2)表明,均匀无耗传输线上任意一点的输入阻抗与观察点的位置、传输线的特性阻抗、终端负载阻抗及工作频率有关,且一般为复数。另外,无耗传输线上任意相距 $\lambda/2$ 处的阻抗相同,一般称为 $\lambda/2$ 重复性。

【**例 2.1**】 一根特性阻抗为 $50\ \Omega$、长度为 $0.1875\ \text{m}$ 的无耗均匀传输线,其工作频率为 $200\ \text{MHz}$,终端接有负载 $Z_1 = 50\angle 37°\ \Omega$,试求其输入阻抗。

解 由工作频率 $f = 200\ \text{MHz}$,得相移常数 $\beta = 2\pi f/c = 4\pi/3$。将 $Z_1 = 40 + j30$, $Z_0 = 50$, $z = l = 0.1875$ 及 β 值代入式(2.2.2),得

$$Z_{in} = Z_0 \frac{Z_1 + jZ_0 \tan(\beta z)}{Z_0 + jZ_1 \tan(\beta z)} = 100\ \Omega$$

可见,若终端负载为复数,传输线上任意点处输入阻抗一般也为复数,但若传输线的长度合适,则其输入阻抗可变换为实数,这也称为传输线的阻抗变换特性。这个例子说明,无耗传输线的阻抗具有 $\lambda/2$ 重复性和阻抗变换特性两个重要性质。

注:复数可以表达为模和幅角的形式,如 $Z = R + jX$ 可写成 $Z = |Z|\angle\theta$,其中 $|Z| = \sqrt{R^2 + X^2}$, $\tan\theta = X/R$。

2.2.2 反射系数

定义传输线上任意一点 z 处的反射波电压(或电流)与入射波电压(或电流)之比为电压(或电流)反射系数,即

$$\Gamma_u = \frac{U_-(z)}{U_+(z)}, \quad \Gamma_i = \frac{I_-(z)}{I_+(z)} \tag{2.2.3}$$

由式(2.1.7)可知,$\Gamma_u(z) = -\Gamma_i(z)$,因此只需讨论其中之一即可。通常将电压反射系数简称为反射系数,并记作 $\Gamma(z)$。由式(2.1.7)及式(2.1.10)并考虑到 $\gamma = j\beta$,有

$$\Gamma(z) = \frac{A_2 e^{-j\beta z}}{A_1 e^{j\beta z}} = \frac{Z_1 - Z_0}{Z_1 + Z_0} e^{-j2\beta z} = \Gamma_1 e^{-j2\beta z} \tag{2.2.4}$$

式中:$\Gamma_1 = \dfrac{Z_1 - Z_0}{Z_1 + Z_0} = |\Gamma_1| e^{j\phi_1}$,称为终端反射系数。任意点反射系数可用终端反射系数

表示为

$$\Gamma(z) = |\Gamma_1| e^{j(\phi_1 - 2\beta z)} \tag{2.2.5}$$

对均匀无耗传输线来说，任意点反射系数 $\Gamma(z)$ 大小均相等，沿线只有相位按周期变化，其周期为 $\lambda/2$，即反射系数也具有 $\lambda/2$ 重复性。

2.2.3 输入阻抗与反射系数的关系

在工程应用中，我们通过测量反射系数得到输入阻抗。由式(2.1.7)及式(2.2.3)得

$$\begin{cases} U(z) = U_+(z) + U_-(z) = A_1 e^{j\beta z} [1 + \Gamma(z)] \\ I(z) = I_+(z) + I_-(z) = \dfrac{A_1}{Z_0} e^{j\beta z} [1 - \Gamma(z)] \end{cases} \tag{2.2.6}$$

于是有

$$Z_{in}(z) = \frac{U(z)}{I(z)} = Z_0 \frac{1 + \Gamma(z)}{1 - \Gamma(z)} \tag{2.2.7}$$

式中：Z_0 为传输线特性阻抗。

式(2.2.7)还可以写成

$$\Gamma(z) = \frac{Z_{in}(z) - Z_0}{Z_{in}(z) + Z_0} \tag{2.2.8}$$

由此可见，当传输线特性阻抗一定时，输入阻抗与反射系数有一一对应的关系，因此，输入阻抗 $Z_{in}(z)$ 可通过反射系数 $\Gamma(z)$ 的测量来确定。当 $z=0$ 时，$\Gamma(0) = \Gamma_1$，则终端负载阻抗 Z_1 与终端反射系数 Γ_1 的关系为

$$\Gamma_1(z) = \frac{Z_1 - Z_0}{Z_1 + Z_0} \tag{2.2.9}$$

这与式(2.2.4)得到的结果完全一致。

显然，当 $Z_1 = Z_0$ 时，$\Gamma_1 = 0$，即负载终端无反射，此时传输线上反射系数处处为零，称为负载匹配。而当 $Z_1 \neq Z_0$ 时，负载端就会产生反射波，向信源方向传播，若信源阻抗与传输线特性阻抗不相等时，则它将再次被反射。

这个分析说明，波在传输线上被引导，遇到负载不匹配的情形会发生反射，同样在信源一端如果不匹配，还会被信源再次反射。因此，如何在传输线上实现匹配是一类非常重要的问题。

2.2.4 驻波比

终端不匹配时，传输线上各点的电压和电流由入射波和反射波叠加形成驻波。对于无耗传输线，沿线各点的电压和电流的振幅不同，以 $\lambda/2$ 周期变化。为了描述传输线上驻波的大小，引入一个新的参量——电压驻波比(voltage standing wave ratio)，工程上简记为 VSWR。定义传输线上波腹点电压振幅与波节点电压振幅之比为电压驻波比，用 ρ 表示，即

$$\rho = \frac{|U|_{max}}{|U|_{min}} \tag{2.2.10}$$

电压驻波比有时也称为电压驻波系数，简称驻波系数，其倒数称为行波系数，用 K 表示。

由于传输线上电压是由入射波电压和反射波电压叠加而成的，因此电压最大值位

于入射波和反射波相位相同处,而最小值位于入射波和反射波相位相反处,即有

$$|U|_{\max}=|U_+|+|U_-|, \quad |U|_{\min}=|U_+|-|U_-| \tag{2.2.11}$$

并利用式(2.2.3)和式(2.2.10)得

$$\rho=\frac{1+|U_-|/|U_+|}{1-|U_-|/|U_+|}=\frac{1+|\Gamma_1|}{1-|\Gamma_1|} \tag{2.2.12}$$

于是,$|\Gamma_1|$可用ρ表示为

$$|\Gamma_1|=\frac{\rho-1}{\rho+1} \tag{2.2.13}$$

当$|\Gamma_1|=0$,即传输线上无反射时,驻波比$\rho=1$;而当$|\Gamma_1|=1$,即传输线上全反射时,驻波比$\rho\to\infty$,因此驻波比ρ的取值范围为$1\leqslant\rho<\infty$。驻波比和反射系数一样可用来描述传输线的工作状态,驻波比是个实数,不包含相位信息。

【例 2.2】 特性阻抗$75\ \Omega$均匀无耗传输线,终端接有负载$Z_1=R_1+jX_1$,欲使线上电压驻波比为 3,则负载的实部R_1和虚部X_1应满足什么关系?

解　由驻波比$\rho=3$,可得终端反射系数的模值应为

$$|\Gamma_1|=\frac{\rho-1}{\rho+1}=0.5$$

由式(2.2.9)得

$$|\Gamma_1(z)|=\left|\frac{Z_1-Z_0}{Z_1+Z_0}\right|=0.5$$

将$Z_1=R_1+jX_1,Z_0=75\ \Omega$代入上式,整理得负载的实部$R_1$和虚部$X_1$应满足的关系式为

$$(R_1-125)^2+X_1^2=100^2$$

即负载的实部R_1和虚部X_1应在圆心为$(125,0)$、半径为 100 的圆上,上半圆的对应负载为感抗,而下半圆的对应负载为容抗。

2.3　无耗传输线的状态分析

对于无耗传输线,负载阻抗不同则波的反射也不同,反射波不同则合成波不同,合成波的不同意味着传输线有不同的工作状态。归纳起来,无耗传输线有三种不同的工作状态:

(1) 行波;
(2) 纯驻波;
(3) 行驻波。

2.3.1　行波状态

行波状态就是波的无反射传输,此时反射系数$\Gamma_1=0$,而负载阻抗等于传输线的特性阻抗,即$Z_1=Z_0$,也可称此时的负载为匹配负载。处于行波状态时,传输线上只存在由信源传向负载的单向波,任意一点的反射系数$\Gamma(z)=0$,将之代入式(2.2.6)得到传输线上的电压和电流,即

$$U(z)=U_+(z)=A_1e^{j\beta z}, \quad I(z)=I_+(z)=\frac{A_1}{Z_0}e^{j\beta z} \tag{2.3.1}$$

设 $A_1 = |A_1| e^{j\phi_0}$，考虑时谐因子 $e^{j\omega t}$，传输线上电压和电流的瞬时表达式为

$$u(z,t) = |A_1| \cos(\omega t + \beta z + \phi_0), \quad i(z,t) = \frac{|A_1|}{Z_0} \cos(\omega t + \beta z + \phi_0) \quad (2.3.2)$$

此时传输线上任意一点 z 处的输入阻抗为

$$Z_{in}(z) = Z_0$$

综上所述，对无耗传输线的行波状态有以下结论：

(1) 沿线电压和电流振幅不变，驻波比 $\rho = 1$；

(2) 电压和电流在任意点上都同相；

(3) 传输线上各点阻抗均等于传输线特性阻抗。

2.3.2 纯驻波状态

纯驻波状态就是传输线上发生全反射，即终端反射系数 $|\Gamma_1| = 1$，由式 (2.2.9) 得

$$\left| \frac{Z_1 - Z_0}{Z_1 + Z_0} \right| = |\Gamma_1| = 1 \quad (2.3.3)$$

由于无耗传输线的特性阻抗 Z_0 为实数，要满足式 (2.3.3)，负载阻抗 Z_1 必须：

(1) 短路 ($Z_1 = 0$)；

(2) 开路 ($Z_1 \to \infty$)；

(3) 纯电抗 ($Z_1 = \pm j X_1$)

三种情况之一。在上述三种情况下，传输线上入射波在终端全部被反射，沿线上入射波和反射波叠加都形成纯驻波分布，唯一的差异在于驻波的分布位置不同。下面以终端短路为例。终端负载短路时，即 $Z_1 = 0$，反射系数 $\Gamma_1 = -1$ 时，而驻波系数 $\rho \to \infty$，此时，传输线上任意点 z 处的反射系数为 $\Gamma(z) = -e^{j2\beta z}$，将之代入式 (2.2.6) 并经整理得

$$U(z) = j2A_1 \sin(\beta z), \quad I(z) = \frac{2A_1}{Z_0} \cos(\beta z) \quad (2.3.4)$$

设 $A_1 = |A_1| e^{j\phi_0}$，考虑到时谐因子 $e^{j\omega t}$，传输线上电压和电流瞬时表达式为

$$u(z,t) = 2|A_1| \cos\left(\omega t + \phi_0 + \frac{\pi}{2}\right) \sin(\beta z), \quad i(z,t) = \frac{2|A_1|}{Z_0} \cos(\omega t + \phi_0) \cos(\beta z)$$

$$(2.3.5)$$

此时传输线上任意一点 z 处的输入阻抗为

$$Z_{in}(z) = j Z_0 \tan(\beta z) \quad (2.3.6)$$

图 2-3 给出了终端短路时沿线电压、电流瞬时变化的幅度分布以及阻抗变化的情形。对无耗传输线终端短路情形有以下结论：

(1) 沿线各点电压和电流振幅按余弦变化，电压和电流相位差 $90°$，功率为无功功率，即无能量传输；

(2) 在 $z = n\lambda/2$ ($n = 0, 1, 2, \cdots$) 处电压为零，电流的振幅值最大且等于 $2|A_1|/Z_0$，称这些位置为电压波节点，在 $z = (2n+1)\lambda/4$ ($n = 0, 1, 2, \cdots$) 处电压的振幅值最大且等于 $2|A_1|$，而电流为零，称这些位置为电压波腹点；

(3) 传输线上各点阻抗为纯电抗，在电压波节点处 $Z_{in} = 0$，相当于串联谐振；在电压波腹点处 $|Z_{in}| \to \infty$，相当于并联谐振；在 $0 < z < \lambda/4$ 内，$Z_{in} = jX$，相当于一个纯电感；在 $\lambda/4 < z < \lambda/2$ 内，$Z_{in} = -jX$，相当于一个纯电容，从终端起每隔 $\lambda/4$ 阻抗性质就变换一次，这种特性称为 $\lambda/4$ 阻抗变换性。

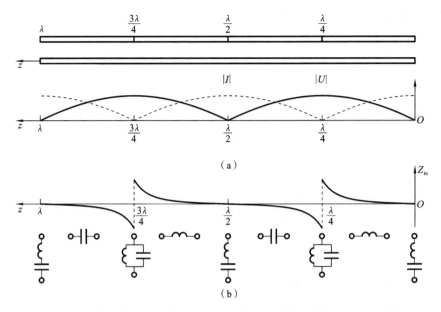

图 2-3 终端短路时传输线中的纯驻波状态

(a) 电流和电压的波腹;(b) 谐振状态

　　根据同样的分析,终端开路时传输线上的电压和电流也呈纯驻波分布,因此也只能存储能量而不能传输能量。在 $z=n\lambda/2$ ($n=0,1,2,\cdots$)处为电压波腹点,而在 $z=(2n+l)\lambda/4$ ($n=0,1,2,\cdots$)处为电压波节点。实际上终端开口的传输线并不是开路传输线,因为在开口处会有辐射,所以理想的终端开路线是在终端开口处接上 $\lambda/4$ 短路线来实现的。图 2-4 给出了终端开路时的驻波分布特性。O' 位置为终端开路处,OO' 为 $\lambda/4$ 短路线。

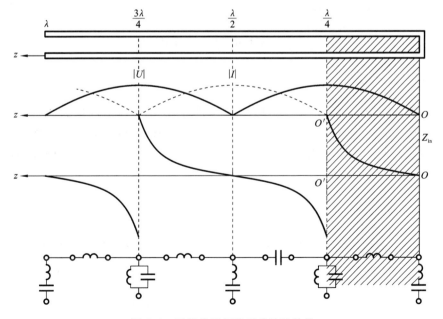

图 2-4 无耗终端开路时的驻波特性

　　当均匀无耗传输线终端接纯电抗负载 $Z_1=\pm jX$ 时,因负载不消耗能量,仍将产生全反射,入射波和反射波振幅相等,但此时终端既不是波腹也不是波节,沿线电压、电流仍按纯驻波分布。由前面分析得知,小于 $\lambda/4$ 的短路线相当于一纯电感,因此当终端负载为 $Z_1 = jX_1$ 的纯电感时,可用长度小于 $\lambda/4$ 的短路线 l_{sl} 来代替。由式(2.3.6)得

$$l_{sl} = \frac{\lambda}{2\pi}\arctan\frac{X_1}{Z_0} \qquad (2.3.7)$$

同理可得,当终端负载为 $Z_1 = -jX_C$ 的纯电容时,可用长度小于 $\lambda/4$ 的开路线 l_{oc} 来代替(或用长为大于 $\lambda/4$ 且小于 $\lambda/2$ 的短路线来代替),其中:

$$l_{oc} = \frac{\lambda}{2\pi}\text{arccot}\frac{X_C}{Z_0} \qquad (2.3.8)$$

图 2-5 给出了终端接电抗时驻波分布及短路线的等效。总之,处于纯驻波工作状态的无耗传输线,沿线各点电压、电流在时间和空间上相差均为 $\pi/2$,故它们不能用于微波功率的传输,但因其输入阻抗的纯电抗特性,在微波技术中却有着非常广泛的应用。

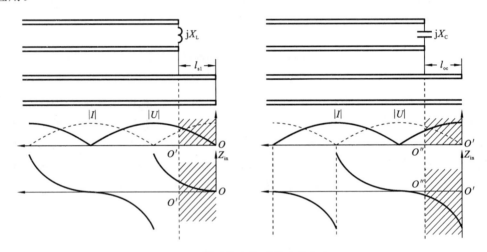

图 2-5 终端接电抗时的驻波分布

2.3.3 行驻波状态

当微波传输线终端接任意复数阻抗负载时,由信号源入射的电磁波功率一部分被终端负载吸收,另一部分则被反射,因此传输线上既有行波又有驻波,构成混合波状态,故称为行驻波状态。设终端负载为 $Z_1 = R_1 \pm jX_1$,由式(2.2.9)得终端反射系数为

$$\Gamma_1 = \frac{Z_1 - Z_0}{Z_1 + Z_0} = \frac{R_1 \pm jX_1 - Z_0}{R_1 \pm jX_1 + Z_0} = |\Gamma_1|e^{\pm j\phi_1} \qquad (2.3.9)$$

其中,$\Gamma_1 = \sqrt{\dfrac{(R_1 - Z_0)^2 + X_1^2}{(R_1 + Z_0)^2 + X_1^2}}$,$\phi_1 = \arctan\dfrac{2X_1 Z_0}{R_1^2 + X_1^2 - Z_0^2}$,由式(2.2.6)可得传输线上各点的电压、电流分别为

$$U(z) = A_1 e^{j\beta z}(1 + \Gamma_1 e^{-j2\beta z}), \quad I(z) = \frac{A_1}{Z_0}e^{j\beta z}(1 - \Gamma_1 e^{-j2\beta z}) \qquad (2.3.10)$$

设 $A_1 = |A_1|e^{j\phi_0}$,则传输线上电压和电流的模值分别为

$$\begin{cases} |U(z)| = |A_1|[1+|\Gamma_1|^2+2|\Gamma_1|\cos(\phi_1-2\beta z)]^{1/2} \\ |I(z)| = \dfrac{|A_1|}{Z_0}[1+|\Gamma_1|^2-2|\Gamma_1|\cos(\phi_1-2\beta z)]^{1/2} \end{cases} \quad (2.3.11)$$

传输线上任意点输入阻抗为复数,其表达式为

$$Z_{in}(z) = Z_0\frac{Z_1+jZ_0\tan(\beta z)}{Z_0+jZ_1\tan(\beta z)} \quad (2.3.12)$$

图 2-6 给出了行驻波条件下传输线上电压、电流的分布。图 2-6 显示了分别接纯电阻和复数阻抗的几种情形。

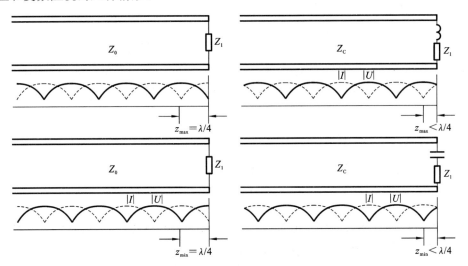

图 2-6 行驻波条件下传输线上电压、电流的分布

讨论:

(1) 当 $\cos(\phi_1-2\beta z)=1$ 时,电压幅度最大,而电流幅度最小,此处称为电压的波腹点,对应位置为 $z_{max}=\dfrac{\lambda}{4\pi}\phi_1+n\dfrac{\lambda}{2}$ $(n=0,1,2,\cdots)$,相应该处的电压、电流分别为

$$|U|_{max}=|A_1|(1+|\Gamma_1|), \quad |I|_{min}=\frac{|A_1|}{Z_0}(1-|\Gamma_1|) \quad (2.3.13)$$

于是可得电压波腹点阻抗为纯电阻,其值为

$$R_{max}=Z_0\frac{1+|\Gamma_1|}{1-|\Gamma_1|}=Z_0\rho \quad (2.3.14)$$

(2) 当 $\cos(\phi_1-2\beta z)=-1$ 时,电压幅度最小,而电流幅度最大,此处称为电压的波节点,对应位置为 $z_{min}=\dfrac{\lambda}{4\pi}\phi_1+(2n\pm1)\dfrac{\lambda}{4}$ $(n=0,1,2,\cdots)$,相应的电压、电流分别为

$$|U|_{min}=|A_1|(1-|\Gamma_1|), \quad |I|_{max}=\frac{|A_1|}{Z_0}(1+|\Gamma_1|) \quad (2.3.15)$$

该处的阻抗也为纯电阻,其值为

$$R_{min}=Z_0\frac{1-|\Gamma_1|}{1+|\Gamma_1|}=\frac{Z_0}{\rho} \quad (2.3.16)$$

可见,电压波腹点和波节点相距 $\lambda/4$,且两点阻抗有如下关系:

$$R_{max}\cdot R_{min}=Z_0^2$$

实际无耗传输线上距离为 $\lambda/4$ 的任意两点处阻抗的乘积均等于传输线特性阻抗的

平方,这种特性称为 $\lambda/4$ 阻抗变换性。

　　【例 2.3】　设有一无耗传输线,终端接有负载 $Z_1=50\angle-37°\ \Omega$,则

　　(1) 要使传输线上驻波比最小,则该传输线的特性阻抗应取多少?

　　(2) 此时最小的反射系数及驻波比各为多少?

　　(3) 离终端最近的波节点位置在何处?

　　(4) 画出特性阻抗与驻波比的关系曲线。

　　解　(1) 要使线上驻波比最小,实质上只要使终端反射系数的模值最小,即 $\partial|\Gamma_1|/\partial Z_0=0$,由式(2.2.9)得

$$|\Gamma_1|=\left|\frac{Z_1-Z_0}{Z_1+Z_0}\right|=\left[\frac{(40-Z_0)^2+30^2}{(40+Z_0)^2+30^2}\right]^{\frac{1}{2}}$$

将上式对 Z_0 求导数,并令其为零,经整理可得 $Z_0=50\ \Omega$。这就是说,当特性阻抗 $Z_0=50\ \Omega$ 时,终端反射系数最小,从而驻波比也为最小。此时终端反射系数及驻波比分别为

$$\Gamma_1=\frac{Z_1-Z_0}{Z_1+Z_0}=\frac{40-j30-50}{40-j30+50}=\frac{1}{3}e^{j\frac{3\pi}{2}},\quad \rho=\frac{1+|\Gamma_1|}{1-|\Gamma_1|}=2$$

　　(3) 由于终端为容性负载,故离终端的第一个电压波节点位置为

$$z_{\text{min1}}=\frac{\lambda}{4\pi}\phi_1-\frac{\lambda}{4}=\frac{1}{8}\lambda$$

　　(4) 可以证明,终端负载一定时,当 $Z_0=50\ \Omega$ 时,驻波比最小,读者作为练习自己完成(提示:绘制 ρZ_0 曲线,在曲线上找到结论④)。

　　前面讨论了行波、纯驻波和行驻波三种情况,对无耗传输线来说,其传输特性均具有 $\lambda/2$ 重复性和 $\lambda/4$ 变换性的特点。

2.4　传输线的传输功率、效率和损耗

2.4.1　传输功率与效率

　　设传输线均匀,且 $\gamma=\alpha+j\beta,\alpha\neq0$,则沿线电压、电流的解为

$$U(z)=A_1(e^{\alpha z}e^{j\beta z}+\Gamma_1 e^{-j\beta z}e^{-\alpha z}),\quad I(z)=\frac{A_1}{Z_0}(e^{\alpha z}e^{j\beta z}-\Gamma_1 e^{-j\beta z}e^{-\alpha z})\quad(2.4.1)$$

假设传输线的特性阻抗 Z_0 为实数,$\Gamma_1=|\Gamma_1|e^{\varphi_l}$,由电路理论可知,传输线上任一点 z 处的传输功率为

$$P_t(z)=\frac{1}{2}\text{Re}[U(z)I^*(z)]=\frac{|A_1|^2}{2Z_0}e^{2\alpha z}(1-|\Gamma_1|^2e^{-4\alpha z})$$
$$=P_{\text{in}}(z)-P_r(z)\quad(2.4.2)$$

功率传输示意图如图 2-7 所示,其中 $P_{\text{in}}(z)$ 为入射波功率,$P_r(z)$ 为反射波功率。入射波功率、反射波功率和传输功率可直接由下式计算:

$$P_{\text{in}}(z)=\frac{|U_+(z)|^2}{2Z_0}\quad(2.4.3)$$

$$P_r(z)=\frac{|U_-(z)|^2}{2Z_0}=\frac{|U_+(z)|^2|\Gamma_1|^2e^{-4\alpha z}}{2Z_0}=|\Gamma_1|^2e^{-4\alpha z}P_{\text{in}}(z)\quad(2.4.4)$$

图 2-7 功率传输示意图

$$P_t(z) = P_{in}(z) - P_r(z) = (1 - |\Gamma_1|^2 e^{-4\alpha z})P_{in}(z) \tag{2.4.5}$$

设传输线总长为 l，将 $z = l$ 代入式(2.4.2)，则始端传输功率为

$$P_t(l) = \frac{|A_1|^2}{2Z_0} e^{2\alpha l}(1 - |\Gamma_1|^2 e^{-4\alpha l}) \tag{2.4.6}$$

终端负载在 $z = 0$ 处，故负载吸收功率为

$$P_t(0) = \frac{|A_1|^2}{2Z_0}(1 - |\Gamma_1|^2) \tag{2.4.7}$$

由此可得传输效率为

$$\eta = \frac{P_t(0)}{P_t(l)} = \frac{1 - |\Gamma_1|^2}{e^{2\alpha l}(1 - |\Gamma_1|^2 e^{-4\alpha l})} \tag{2.4.8}$$

当负载与传输线匹配时，$|\Gamma_1| = 0$，此时传输效率最高，其值为

$$\eta = e^{-2\alpha l} \tag{2.4.9}$$

可见，传输效率取决于传输线的损耗和终端匹配情况。

工程上，功率值常用分贝来表示，这需要选择一个功率单位作为参考，常用的参考单位有 1 mW 和 1 W 与之对应的分贝值，如表 2-1 所示。

表 2-1 参考单位 1 mW 和 1 W 所对应的分贝值

参考功率值	转换公式	功 率 值	分 贝 值
1 mW	$P(\text{dBm}) = 10\lg P(\text{mW})$	0.1 mW	-10 dBm
		1 mW	0 dBm
		10 mW	10 dBm
		1 W	30 dBm
1W	$P(\text{dBW}) = 10\lg P(\text{W})$	0.1 W	-10 dBW
		1 W	0 dBW
		10 W	10 dBW

2.4.2 回波损耗和插入损耗

传输线的损耗可分为回波损耗和插入损耗。回波损耗定义为入射波功率与反射波功率之比，通常用分贝来表示，即

$$L_r(z) = 10\lg \frac{P_{in}}{P_r} \quad (\text{dB}) \tag{2.4.10}$$

由式(2.4.4)得

$$L_r(z) = 10\lg \frac{1}{|\Gamma_1|^2 e^{-4\alpha z}} = -20\lg|\Gamma_1| + 2(8.686\alpha z) \quad (\text{dB}) \tag{2.4.11}$$

对于无耗传输线，$\alpha = 0$，L_r 与 z 无关，即

$$L_r(z) = -20\lg|\Gamma_1| \quad (\text{dB}) \tag{2.4.12}$$

若负载匹配，则 $|\Gamma_1| = 0$，$L_r \to -\infty$，表示无反射波功率。

插入损耗定义为入射波功率与传输功率之比，用分贝来表示，即

$$L_i = 10\lg\frac{P_{in}}{P_t} \quad (\text{dB}) \tag{2.4.13}$$

由式(2.4.5)得

$$L_i = 10\lg\frac{1}{1-|\Gamma_1|^2 e^{-4\alpha z}} \tag{2.4.14}$$

它包括输入和输出失配损耗及其他电路损耗（如导体损耗、介质损耗、辐射损耗）。若不考虑其他损耗，即 $\alpha = 0$，则

$$L_i = 10\lg\frac{1}{1-|\Gamma_1|^2} = 20\lg\frac{\rho+1}{2\sqrt{\rho}} \tag{2.4.15}$$

其中，ρ 为传输线上驻波系数。此时，由于插入损耗仅取决于失配情况，故又称为失配损耗。

总之，回波损耗和插入损耗虽然都与反射信号即反射系数有关，但回波损耗取决于反射信号本身的损耗，$|\Gamma_1|$ 越大，则 $|L_r|$ 越小；而插入损耗 $|L_i|$ 则表示反射信号引起的负载功率的减小，$|\Gamma_1|$ 越大，则 $|L_i|$ 也越大。图 2-8 所示的是回波损耗 $|L_r|$ 和插入损耗 $|L_i|$ 随反射系数的变化曲线。

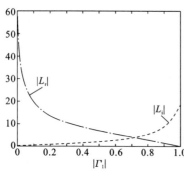

图 2-8 $|L_r|$、$|L_i|$ 随反射系数的变化曲线

2.5 阻抗匹配

2.5.1 传输线的三种匹配状态

阻抗匹配具有三种不同的含义，分别是负载阻抗匹配、源阻抗匹配和共轭阻抗匹配，它们反映了传输线上三种不同的状态。

1. 负载阻抗匹配

负载阻抗匹配是负载阻抗等于传输线的特性阻抗的情形，此时传输线上只有从信源到负载的入射波，而无反射波。匹配负载完全吸收了由信源入射来的微波功率，而不匹配负载将一部分功率反射回去，在传输线上出现驻波。当反射波较大时，波腹电场要比行波电场大得多，容易发生击穿，这就限制了传输线的最大传输功率，因此要采取措施进行负载阻抗匹配。负载阻抗匹配一般采用阻抗匹配器。

2. 源阻抗匹配

电源的内阻等于传输线的特性阻抗时，电源和传输线是匹配的，这种电源称为匹配源。对匹配源来说，它给传输线的入射功率是不随负载变化的，负载有反射时，反射回来的反射波被电源吸收。可以用阻抗变换器把不匹配源变成匹配源，但常用的方法是加一个去耦衰减器或隔离器，它们的作用是吸收反射波。

3. 共轭阻抗匹配

设信源电压为 E_g,信源内阻抗 $Z_g = R_g + jX_g$,传输线的特性阻抗为 Z_0,总长为 l,终端负载如图 2-9(a)所示,则始端输入阻抗 Z_{in} 为

$$Z_{in} = Z_0 \frac{Z_1 + jZ_0 \tan(\beta l)}{Z_0 + jZ_1 \tan(\beta l)} = R_{in} + jX_{in} \qquad (2.5.1)$$

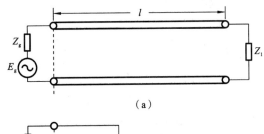

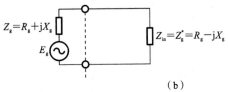

图 2-9 无耗传输线信源的共轭匹配

(a) 传输系统;(b) 等效电路

由图 2-9(b)可知,负载得到的功率为

$$P = \frac{1}{2} \frac{E_g E_g^*}{(Z_g + Z_{in})(Z_g + Z_{in})^*} R_{in} = \frac{1}{2} \frac{|E_g|^2 R_{in}}{(R_g + R_{in}) + (X_g + X_{in})^2} \qquad (2.5.2)$$

要使负载得到的功率最大,首先要求

$$X_{in} = -X_g \qquad (2.5.3)$$

此时负载得到的功率为

$$P = \frac{1}{2} \frac{|E_g|^2 R_{in}}{(R_g + R_{in})^2} \qquad (2.5.4)$$

可见当 $\frac{\mathrm{d}P}{\mathrm{d}R_{in}} = 0$ 时,P 取最大值,此时应满足

$$R_g = R_{in} \qquad (2.5.5)$$

综合式(2.5.3)和式(2.5.5)得

$$Z_{in} = Z_g^* \qquad (2.5.6)$$

因此,对于不匹配电源,当负载阻抗折合到电源参考面上的输入阻抗为电源内阻抗的共轭值时,即当 $Z_{in} = Z_g^*$ 时,负载能得到最大功率值,通常将这种匹配称为共轭匹配。此时,负载得到的最大功率为

$$P_{max} = \frac{1}{2} |E_g|^2 \frac{1}{4R_g} \qquad (2.5.7)$$

归一化输出功率及其对输入电阻导数绝对值随输入电阻变化的曲线如图 2-10 所示。

从图 2-10 可以看出,当 $R_{in} = R_g$ 时,输出功率最大;同时,$R_{in} = R_g$ 左右两侧输出功率的变化率是不同的:$R_{in} > R_g$ 时输出功率变化平坦,而 $R_{in} < R_g$ 时输出功率变化陡峭,因此工程上为了保证输出功率稳定,一般选择输入电阻 R_{in} 略大于电源内阻 R_g。

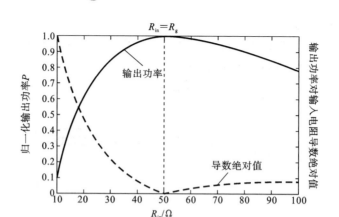

图 2-10   输出功率和导数绝对值随输入电阻的变化规律

2.5.2   阻抗匹配的方法

对一个由信源、传输线和负载阻抗组成的传输系统(见图 2-9(a)),希望信号源在输出最大功率的同时,负载全部吸收,以实现高效稳定的传输。因此,一方面应用阻抗匹配器使信源输出端达到共轭匹配,另一方面应用阻抗匹配器使负载与传输线特性阻抗相匹配,如图 2-11 所示。由于信源端一般用隔离器或去耦衰减器以实现信源端匹配,因此着重讨论负载匹配的方法。阻抗匹配方法从频率上划分为窄带匹配和宽带匹配,从实现手段上划分为串联 λ/4 阻抗变换器法、支节调配器法。下面就来分别讨论两种阻抗匹配方法。

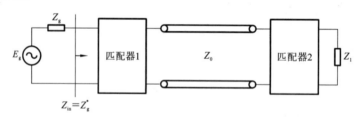

图 2-11   传输线阻抗匹配方法示意图

1. λ/4 阻抗变换器法

当负载阻抗为纯电阻 R_1 且其值与传输线特性阻抗 Z_0 不相等时,可在两者之间加接一节长度为 λ/4、特性阻抗为 Z_{01} 的传输线来实现负载和传输线间的匹配,如图 2-12(a)所示。由无耗传输线输入阻抗公式得

$$Z_{in} = Z_{01} \frac{Z_1 + jZ_{01}\tan(\beta\lambda/4)}{Z_{01} + jZ_1\tan(\beta\lambda/4)} = \frac{Z_{01}^2}{R_1} \qquad (2.5.8)$$

因此,当匹配传输线的特性阻抗 $Z_{01} = \sqrt{Z_0 R_1}$ 时,输入端的输入阻抗 $Z_{in} = Z_0$,从而实现了负载和传输线间的阻抗匹配。由于无耗传输线的特性阻抗为实数,所以 λ/4 阻抗变换器只适合于匹配电阻性负载;若负载是复阻抗,则需先在负载与变换器之间加一段传输线,使变换器的终端为纯电阻,然后用 λ/4 阻抗变换器实现负载匹配,如图 2-12(b)所示。由于 λ/4 阻抗变换器的长度取决于波长,因此严格说它只能在中心频率点才能匹配,当频偏时,匹配特性变差,所以说该匹配法是窄带的。

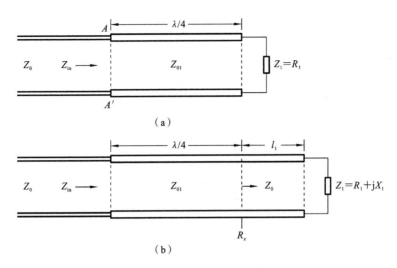

图 2-12 $\lambda/4$ 阻抗变换器

(a) 待匹配电路；(b) 匹配过程

2. 支节调配器法

支节调配器是由距离负载的某固定位置上的并联或串联终端短路或开路的传输线（又称支节）构成的，可分为单支节调配器、双支节调配器和多支节调配器。下面仅分析单支节调配器，关于多支节调配器本书不作介绍。

1）串联单支节调配器

设传输线和调配支节的特性阻抗均为 Z_0，负载阻抗为 Z_1，长度为 l_2 的串联单支节调配器串联于离主传输线负载距离 l_1 处，如图 2-13 所示。

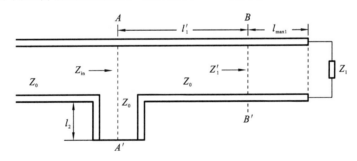

图 2-13 串联单支节调配器

设终端反射系数为 $|\Gamma_1|e^{j\phi_1}$，传输线的工作波长为 λ，驻波系数为 ρ，由无耗传输线状态分析可知，离负载第一个电压波腹点位置及该点阻抗分别为

$$\begin{cases} l_{\max 1} = \dfrac{\lambda}{4\pi}\phi_1 \\ Z'_1 = Z_0\rho \end{cases} \tag{2.5.9}$$

令 $l'_1 = l_1 - l_{\max 1}$，并设参考面 AA' 处输入阻抗为 Z_{in1}，则有

$$Z_{in1} = Z_0 \frac{Z'_1 + jZ_0\tan(\beta l'_1)}{Z_0 + jZ'_1\tan(\beta l'_1)} = R_1 + jX_1 \tag{2.5.10}$$

终端短路的串联支节输入阻抗为

$$Z_{in2} = jZ_0\tan(\beta l_2) \tag{2.5.11}$$

则总的输入阻抗为

$$Z_{in} = Z_{in1} + Z_{in2} = R_1 + jX_1 + jZ_0 \tan(\beta l_2) \tag{2.5.12}$$

要使其与传输线特性阻抗匹配,应有

$$R_1 = Z_0, \quad X_1 + Z_0 \tan(\beta l_2) = 0 \tag{2.5.13}$$

经推导可得其中一组解为

$$\tan(\beta l_1') = \sqrt{\frac{Z_0}{Z_1'}} = \frac{1}{\sqrt{\rho}}, \quad \tan(\beta l_2) = \frac{Z_1' - Z_0}{\sqrt{Z_0 Z_1'}} = \frac{\rho - 1}{\sqrt{\rho}} \tag{2.5.14a}$$

其中,Z_1' 由式(2.5.9)决定,式(2.5.14a)还可写成

$$l_1' = \frac{\lambda}{2\pi}\arctan\frac{1}{\sqrt{\rho}}, \quad l_2 = \frac{\lambda}{2\pi}\arctan\frac{\rho-1}{\sqrt{\rho}} \tag{2.5.14b}$$

而另一组解为

$$l_1' = \frac{\lambda}{2\pi}\arctan\left(-\frac{1}{\sqrt{\rho}}\right)$$

$$l_2 = \frac{\lambda}{4} + \frac{\lambda}{2\pi}\arctan\frac{\sqrt{\rho}}{\rho-1} \tag{2.5.14c}$$

其中,λ 为工作波长。而 AA' 距实际负载的位置 l_1 为

$$l_1 = l_1' + l_{max1} \tag{2.5.15}$$

由式(2.5.14)及式(2.5.15)就可求得串联支节的位置及长度。

【例2.4】 设无耗传输线的特性阻抗为 $50\ \Omega$,工作频率为 $300\ \text{MHz}$,终端接有负载 $Z_1 = 25 + j75\ \Omega$,试求串联短路匹配支节离负载的距离 l_1 及短路支节的长度 l_2。

解 由工作频率 $f = 300\ \text{MHz}$,得工作波长 $\lambda = 1\ \text{m}$。

终端反射系数

$$\Gamma_1 = |\Gamma_1|e^{j\phi_1} = \frac{Z_1 - Z_0}{Z_1 + Z_0} = 0.333 + j0.667 = 0.7454e^{j1.1071}$$

驻波系数

$$\rho = \frac{1 + |\Gamma_1|}{1 - |\Gamma_1|} = 6.8541$$

第一波腹点位置

$$l_{max1} = \frac{\lambda}{4\pi}\phi_1 = 0.0881\ \text{m}$$

调配支节位置

$$l_1 = l_{max1} + \frac{\lambda}{2\pi}\arctan\frac{1}{\sqrt{\rho}} = 0.1462\ \text{m}$$

调配支节的长度

$$l_2 = \frac{\lambda}{2\pi}\arctan\frac{\rho-1}{\sqrt{\rho}} = 0.1831\ \text{m}$$

或

$$l_1 = l_{max1} - \frac{\lambda}{2\pi}\arctan\frac{1}{\sqrt{\rho}} = 0.03\ \text{m}, \quad l_2 = \frac{\lambda}{4} + \frac{\lambda}{2\pi}\arctan\frac{\sqrt{\rho}}{\rho-1} = 0.317\ \text{m}$$

2) 并联调配器

设传输线和调配支节的特性导纳均为 Y_0,负载导纳为 Y_1,长度为 l_2 的单支节调配

器并联于离主传输线负载 l_1 处,如图 2-14 所示。设终端反射系数为 $|\Gamma_1|e^{j\phi_1}$,传输线的工作波长为 λ,驻波系数为 ρ,由无耗传输线状态分析可知,离负载第一个电压波节点位置及该点导纳分别为

$$\begin{cases} l_{\min 1}=\dfrac{\lambda}{4\pi}\phi_1\pm\dfrac{\lambda}{4} \\[2mm] Y'_1=Y_0\rho \end{cases} \qquad (2.5.16)$$

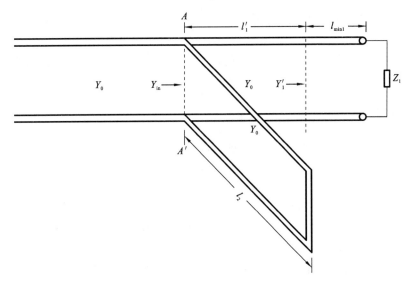

图 2-14　并联单支节调配器

令 $l'_1=l_1-l_{\max 1}$,并设参考面 AA' 处的输入导纳为 $Y_{\text{in}1}$,则有

$$Y_{\text{in}1}=Y_0\frac{Y'_1+jY_0\tan(\beta l'_1)}{Y_0+jY'_1\tan(\beta l'_1)}=G_1+jB_1 \qquad (2.5.17)$$

终端短路的并联支节输入导纳为

$$Y_{\text{in}2}=-\frac{jY_0}{\tan(\beta l_2)} \qquad (2.5.18)$$

则总的输入导纳为

$$Y_{\text{in}}=Y_{\text{in}1}+Y_{\text{in}2}=G_1+jB_1-\frac{jY_0}{\tan(\beta l_2)} \qquad (2.5.19)$$

要使其与传输线特性导纳匹配,应有

$$G_1=Y_0, \qquad B_1\tan(\beta l_2)-Y_0=0 \qquad (2.5.20)$$

由此可得其中一组解为

$$\tan(\beta l'_1)=\sqrt{\frac{Y_0}{Y'_1}}=\frac{1}{\sqrt{\rho}}, \qquad \tan(\beta l_2)=\frac{\sqrt{Y_0Y'_1}}{Y_0Y'_1}=\frac{\sqrt{\rho}}{1-\rho} \qquad (2.5.21a)$$

其中,Y'_1 由式(2.5.17)决定。式(2.5.21a)还可写成

$$l'_1=\frac{\lambda}{2\pi}\arctan\frac{1}{\sqrt{\rho}}, \qquad l_2=\frac{\lambda}{4}-\frac{\lambda}{2\pi}\arctan\frac{1-\rho}{\sqrt{\rho}} \qquad (2.5.21b)$$

另一组解为

$$l'_1=-\frac{\lambda}{2\pi}\arctan\frac{1}{\sqrt{\rho}}, \qquad l_2=\frac{\lambda}{4}+\frac{\lambda}{2\pi}\arctan\frac{1-\rho}{\sqrt{\rho}} \qquad (2.5.21c)$$

而 AA' 距实际负载的位置 l_1 为

$$l_1 = l_1' + l_{\min 1} \qquad (2.5.22)$$

由式(2.5.21)及式(2.5.22)就可求得并联支节的位置及长度。类似以上分析可得到多支节阻抗调配器的性能分析,但往往比较复杂,这时可采用计算机辅助分析与设计,从而实现一定频带内的阻抗变换。

2.6 史密斯圆图及其应用

史密斯圆图是用来分析传输线匹配问题的有效方法。它具有概念明晰、求解直观、精度较高等特点,被广泛应用于射频工程中。

2.6.1 阻抗圆图

由式(2.2.8),传输线上任意一点的反射系数函数 $\Gamma(z)$ 可表示为

$$\Gamma(z) = \frac{\bar{z}_{\text{in}}(z) - 1}{\bar{z}_{\text{in}}(z) + 1} \qquad (2.6.1)$$

其中,$\bar{z}_{\text{in}}(z) = Z_{\text{in}}(z)/Z_0$ 为归一化输入阻抗。$\Gamma(z)$ 为一复数,它可以表示为极坐标形式,也可以表示为直角坐标形式。当表示为极坐标形式时,对于无耗线,有

$$\Gamma(z) = |\Gamma_1| e^{j(\phi_1 - 2\beta z)} = |\Gamma_1| e^{j\phi} \qquad (2.6.2)$$

式中:ϕ_1 为终端反射系数 Γ_1 的幅角,$\phi = \phi_1 - 2\beta z$ 是 z 处反射系数的幅角。当 z 增加,即由终端向电源方向移动时,ϕ 减小,相当于顺时针转动;反之,由电源向负载移动时,ϕ 增大,相当于逆时针转动。沿传输线每移动 $\lambda/2$ 时,反射系数经历一周,如图 2-15 所示。又因为反射系数的模值不可能大于 1,因此,它的极坐标表示被限制在半径为 1 的单位圆周内。图 2-16 绘出了反射系数圆图,图中每个同心圆的半径表示反射系数的大小,沿传输线移动的距离以波长为单位来计量,其起点为实轴左边的端点(即 $\phi = 180°$ 处)。在这个图中,任一点与圆心的连线的长度就是与该点相应的传输线上某点处的反射系数的大小,连线与 $\phi = 0°$ 的那段实轴间的夹角就是反射系数的幅角。

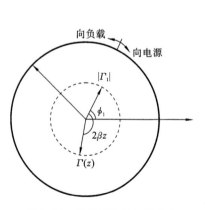

图 2-15 反射系数极坐标表示

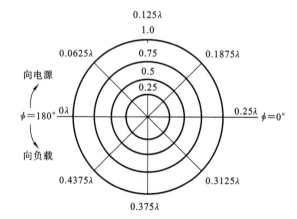

图 2-16 反射系数圆图

对于任一个确定的负载阻抗的归一化值,都能在圆图中找到一个与之相对应的点,这一点从极坐标关系来看,也就代表了 $\Gamma_1 = |\Gamma_1| e^{j\phi_1}$。它是传输线终端接这一负载时

计算的起点。当将 $\Gamma(z)$ 表示为直角坐标形式时,有
$$\Gamma(z)=\Gamma_u+j\Gamma_v \qquad (2.6.3)$$
传输线上任意一点归一化阻抗为
$$\bar{z}_{in}=\frac{Z_{in}}{Z_0}=\frac{1+(\Gamma_u+j\Gamma_v)}{1-(\Gamma_u+j\Gamma_v)} \qquad (2.6.4)$$

令 $\bar{z}_{in}=r+jx$,得以下方程
$$\left(\Gamma_u-\frac{r}{1+r}\right)^2+\Gamma_v^2=\left(\frac{1}{1+r}\right)^2,\quad (\Gamma_u-1)^2+\left(\Gamma_v-\frac{1}{x}\right)^2=\left(\frac{1}{x}\right)^2 \qquad (2.6.5)$$

这两个方程是以归一化电阻 r 和归一化电抗 x 为参数的两组圆方程。式(2.6.5)的第一式为归一化电阻圆,如图 2-17(a)所示;第二式为归一化电抗圆,如图 2-17(b)所示。电阻圆的圆心在实轴(横轴)$(r/(1+r),0)$ 处,半径为 $1/(1+r)$,r 愈大圆的半径愈小。当 $r=0$ 时,圆心在(0,0)点,半径为1;$r\to\infty$ 时,圆心在(1,0)点,半径为零。电抗圆的圆心在 $(1,1/x)$ 处,半径为 $1/x$;由于 x 可正可负,因此全簇分为两组,一组在实轴的上方,另一组在下方。当 $x=0$ 时,圆与实轴相重合;当 $x\to\infty$ 时,圆缩为点(1,0)。

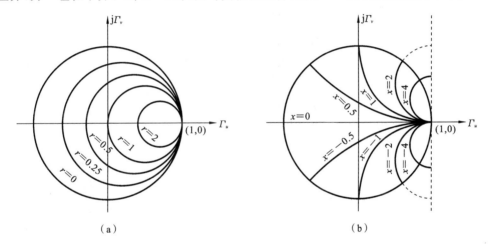

图 2-17 归一化等电阻和电抗圆
(a) 归一化电阻圆;(b) 归一化电抗圆

将上述的反射系数圆图、归一化电阻圆图和归一化电抗圆图画在一起,就构成完整的阻抗圆图,也称为史密斯圆图。在实际使用中,一般不需要知道反射系数的情况,故不少圆图中并不画出反射系数圆图。

由上述阻抗圆图的构成可以知道:

(1)在阻抗圆图的上半圆内的电抗 $r>0$ 呈感性,下半圆内的电抗 $r<0$ 呈容性。

(2)实轴上的点代表纯电阻点,左半轴上的点为电压波节点,其上的刻度既代表 r_{min} 又代表行波系数 K;右半轴上的点为电压波腹点,其上的刻度既代表 r_{max} 又代表驻波比 ρ。

(3)圆图旋转一周为 $\lambda/2$。

(4)$|\Gamma|=1$ 的圆周上的点代表纯电抗点。

(5)实轴左端点为短路点,右端点为开路点,中心点处有 $\bar{z}=1+j0$,是匹配点。

(6)在传输线上由负载向电源方向移动时,在圆图上应顺时针旋转;反之,由电源向负载方向移动时,应逆时针旋转。

为了使用方便,在圆图外圈常分别标有向电源方向和负载方向的电长度刻度,相关内容可以查手册。

2.6.2 导纳圆图

根据归一化导纳与反射系数之间的关系可以画出另一张圆图,称为导纳圆图。实际上,由无耗传输线的 $\lambda/4$ 的阻抗变换特性,将整个阻抗圆图旋转 $180°$ 即得到导纳圆图。因此,一张圆图理解为阻抗圆图还是理解为导纳圆图,视具体解决问题方便而定。例如,处理并联情况时用导纳圆图较为方便,而处理沿线变化的阻抗问题时使用阻抗圆图较为方便。现在来说明阻抗圆图如何变为导纳圆图。

归一化阻抗和导纳的表示式为

$$\bar{z}_{in}=\frac{1+\Gamma}{1-\Gamma}=r+jx, \quad \bar{y}_{in}=\frac{1-\Gamma}{1+\Gamma}=g+jb \tag{2.6.6}$$

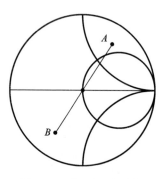

图 2-18　作 $\Gamma \rightarrow -\Gamma$ 变换
在圆图上的表示

式中:g 是归一化电导;b 是归一化电纳。将归一化阻抗表示式中的 $\Gamma \rightarrow -\Gamma$,则 $\bar{z} \rightarrow \bar{y}$ 也就是 $r \rightarrow g, x \rightarrow b$,阻抗圆图变为导纳圆图,由于 $-\Gamma = \Gamma e^{j\pi}$,所以让反射系数圆在圆图上旋转 $180°$,本来在阻抗圆图上位于 A 点的归一化阻抗,经过 $\Gamma \rightarrow -\Gamma$ 变换,从 A 点移到 B 点,B 点代表归一化导纳在导纳圆图上的位置,如图 2-18 所示。上述变换过程并未对圆图作任何修正,且保留了圆图上的所有已标注好的数字。若对导纳圆图再作 $\Gamma \rightarrow -\Gamma$ 变换,则导纳圆图同样变为阻抗圆图。

由于 $\bar{z}=1/\bar{y}$,即当 $x=0$ 时 $g=l/r$,当 $r=0$ 时,$b=1/x$,所以阻抗圆图与导纳圆图有如下对应关系:当实施 $\Gamma \rightarrow -\Gamma$ 变换后,匹配点不变,$r=1$ 的电阻圆变为 $g=1$ 的电导圆,纯电阻线变为纯电导线;$x=\pm1$ 的电抗圆弧变为 $b=\pm1$ 的电纳圆弧,开路点变为短路点,短路点变为开路点;上半圆内的电纳 $b>0$ 呈容性;下半圆内的电纳 $b<0$ 呈感性。阻抗圆图与导纳圆图的重要点、线、面的对应关系分别如图 2-19 和图 2-20 所示。下面举例说明两个圆图的使用方法。

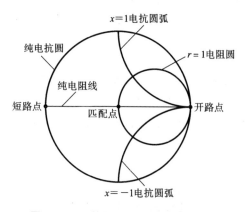

图 2-19　阻抗圆图上的重要点、线、面

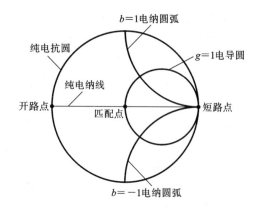

图 2-20　导纳圆图上的重要点、线、面

【例 2.5】 已知传输线的特性阻抗 $Z_0=50\ \Omega$,如图 2-21 所示。假设传输线的负载

阻抗为 $Z_1=25+j25\ \Omega$，求离负载 $z=0.2\lambda$ 处的等效阻抗。

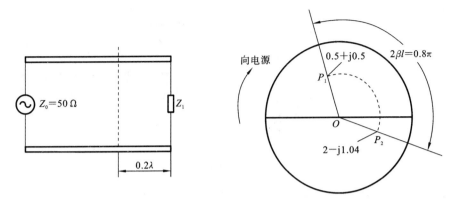

图 2-21 史密斯圆图示例一

解 先求出归一化负载阻抗 $\bar{z}_1=0.5+j0.5\ \Omega$，在圆图上找出与此相对应的点 P_1，以圆图中心点 O 为中心，以 OP_1 为半径，顺时针（向电源方向）旋转 0.2λ 到达 P_2 点，查出 P_2 点的归一化阻抗为 $2-j1.04\ \Omega$，将其乘以特性阻抗即可得到 $z=0.2\lambda$ 处的等效阻抗为 $100-j52\ \Omega$。

【例 2.6】 在特性阻抗 $Z_0=50\ \Omega$ 的无耗传输线上测得驻波比 $\rho=5$，电压最小点出现在 $z=\lambda/3$ 处，如图 2-22 所示，求负载阻抗。

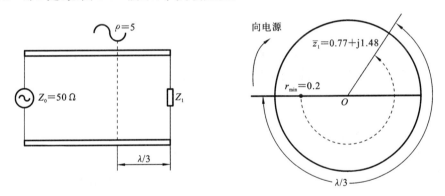

图 2-22 史密斯圆图示例二

解 电压波节点处等效阻抗为一纯电阻 $r_{min}=K=\dfrac{1}{\rho}=0.2$，此点落在圆图的左半实轴上，从 $r_{min}=0.2$ 点沿等 $\rho(\rho=5)$ 的圆逆时针（向负载方向）转 $\lambda/3$，得到归一化负载为

$$\bar{z}_1=0.77+j1.48\ \Omega$$

故负载阻抗为

$$Z_1=(0.77+j1.48)\times 50\ \Omega=38.5+j74\ \Omega$$

用圆图进行支节匹配也是十分方便的，下面举例来说明。

【例 2.7】 设负载阻抗为 $Z_1=100+j50\ \Omega$，接入特性阻抗为 $Z_0=50\ \Omega$ 的传输线上，如图 2-23 所示，要用支节调配法实现负载与传输线匹配，试用史密斯圆图求支节的长度 l 及离负载的距离 d。

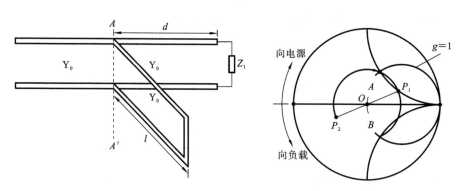

图 2-23　史密斯圆图示例三

解　归一化负载阻抗 $\bar{z}_1 = Z_1/Z_0 = 2+\mathrm{j}1\ \Omega$，它在圆图上位于 P_1 点，相应的归一化导纳为 $\bar{Y}_1 = 0.4-\mathrm{j}0.2$，在圆图上位于过匹配点 O 与 OP_1 相对称的位置点 P_2 上，其对应的向电源方向的电长度为 0.463，负载反射系数 $\Gamma_1 = 0.4+\mathrm{j}0.2 = 0.447\angle 0.464$。

将点 P_2 沿等 $|\Gamma_1|$ 圆顺时针旋转与 $g=1$ 的电导圆交于两点 A、B。

A 点的导纳为 $\bar{Y}_A = 1+\mathrm{j}1$，对应的电长度为 0.159，B 点的导纳为 $\bar{Y}_B = 1-\mathrm{j}1$，对应的电长度为 0.338。

（1）支节离负载的距离为
$$d = (0.5-0.463)\lambda + 0.159\lambda = 0.196\lambda$$
$$d' = (0.5-0.463)\lambda + 0.338\lambda = 0.375\lambda$$

（2）短路支节的长度：短路支节对应的归一化导纳为 $\bar{Y}_1 = -\mathrm{j}1$ 和 $\bar{Y}_2 = \mathrm{j}1$，分别与 $\bar{Y}_A = 1+\mathrm{j}1$ 和 $\bar{Y}_B = 1-\mathrm{j}1$ 中的虚部相抵消。由于短路支节负载为短路，对应导纳圆图的右端点，将短路点顺时针旋转至单位圆与 $b=-1$ 及 $b=1$ 的交点，旋转的长度分别为
$$l = 0.375\lambda - 0.25\lambda = 0.125\lambda$$
$$l' = 0.125\lambda + 0.25\lambda = 0.375\lambda$$

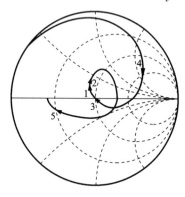

图 2-24　某天线输入阻抗的实测曲线

因此，从以上分析可以得到两组答案，即 $d=0.196\lambda$，$l=0.125\lambda$ 和 $d'=0.375\lambda$，$l'=0.375\lambda$，与用式（2.5.21）和式（2.5.22）算出的结果相同。

【**例 2.8**】　图 2-24 所示的为某天线输入阻抗特性随频率变化在圆图上的表示。其中编号 3 的频率为 $f=1.728\ \mathrm{GHz}$，实测阻抗为 $Z_{\mathrm{in}}=49.1-0.8\ \Omega$。显然，在工程上认为该点为匹配点（相对于 $50\ \Omega$）。

总之，史密斯圆图直观地描述了无耗传输线各种特性参数的关系，许多专用测试设备也采用了史密斯圆图，在微波电路设计、天线特性测量等方面有着广泛的应用。

2.7　同轴线及其特性阻抗

同轴线是一种典型的双导体传输系统，它由内、外同轴的两导体柱构成，中间为支撑介质，如图 2-25 所示。其中，内、外半径分别为 a 和 b，填充介质的磁导率和介电常数

分别为 μ 和 ε。同轴线是微波技术中最常见的 TEM 模传输线,分为硬、软两种结构。硬同轴线是以圆柱形铜棒作内导体,同芯的铜管作外导体,内、外导体间用介质支撑,这种同轴线也称为同轴波导。软同轴线的内导体一般采用多股铜丝,外导体是铜丝网,在内、外导体间用介质填充,外导体网外有一层橡胶保护壳,这种同轴线又称为同轴电缆。

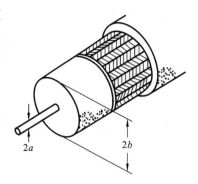

图 2-25 同轴线结构

由电磁场理论分析得到同轴线的单位长分布电容和单位长分布电感分别为

$$C=\frac{2\pi\varepsilon}{\ln\dfrac{b}{a}}, \quad L=\frac{\mu}{2\pi}\ln\frac{b}{a} \qquad (2.7.1)$$

其特性阻抗为

$$Z_0=\sqrt{\frac{L}{C}}=\sqrt{\frac{\mu}{\varepsilon}}\frac{\ln(b/a)}{2\pi} \qquad (2.7.2)$$

设同轴线的外导体接地,内导体上的传输电压为 $U(z)$,取传播方向为 $+z$,传播常数为 β,则同轴线上电压为

$$U(z)=U_0\mathrm{e}^{-\mathrm{j}\beta z} \qquad (2.7.3)$$

同轴线上电流为

$$I(z)=\frac{U(z)}{Z_0}=\frac{2\pi U_0}{\sqrt{\mu/\varepsilon}\ln\dfrac{b}{a}}\mathrm{e}^{-\mathrm{j}\beta z} \qquad (2.7.4)$$

而传输功率为

$$P=\frac{1}{2}\mathrm{Re}[UI^*]=\frac{\pi U_0^2}{\sqrt{\mu/\varepsilon}\ln\dfrac{b}{a}} \qquad (2.7.5)$$

下面讨论同轴线外半径 b 不变时,改变内半径 a,分别达到耐压最高、传输功率最大及衰减最小三种状态下,它们对应不同的阻抗特性。

1. 耐压最高时的阻抗特性

设外导体接地,内导体接上的电压为 U_m,则内导体表面的电场为

$$E_a=\frac{U_\mathrm{m}}{a\ln x}\left(x=\frac{b}{a}\right) \qquad (2.7.6)$$

为达到耐压最大,设 E_a 取介质的极限击穿电场,即 $E_a=E_\mathrm{max}$,故

$$U_\mathrm{max}=aE_\mathrm{max}\ln\frac{b}{a}=bE_\mathrm{max}\frac{\ln x}{x} \qquad (2.7.7)$$

式中:$x=\dfrac{b}{a}$。

求 U_max 极值,即令 $\dfrac{\mathrm{d}U_\mathrm{max}}{\mathrm{d}x}=0$,可得 $x=2.72$。这时固定外导体半径的同轴线达到最大电压,此时同轴线的特性阻抗为

$$Z_0=\frac{\sqrt{\mu/\varepsilon}}{2\pi} \qquad (2.7.8)$$

当同轴线中填充空气时,相应于耐压最大时的特性阻抗为 60 Ω。

2. 传输功率最大时的特性阻抗

限制传输功率的因素也是内导体的表面电场,由式(2.7.5)及式(2.7.7)得

$$P = P_{\max} = \frac{\pi a^2 E_{\max}^2}{\sqrt{\mu/\varepsilon}} \ln \frac{b}{a} = \frac{\pi b^2 E_{\max}^2}{\sqrt{\mu/\varepsilon}} \frac{\ln x}{x^2} \qquad (2.7.9)$$

要使 $P_{\max}$ 取最大值,则 $P_{\max}$ 应满足

$$\frac{\mathrm{d} P_{\max}}{\mathrm{d} x} = 0 \qquad (2.7.10)$$

于是可得 $x = b/a = \sqrt{e} = 1.65$,相应的特性阻抗为

$$Z_0 = \frac{\sqrt{\mu/\varepsilon}}{4\pi} \qquad (2.7.11)$$

当同轴线中填充空气时,相应于传输功率最大时的特性阻抗为 30 Ω。

3. 衰减最小时的特性阻抗

同轴线的损耗由导体损耗和介质损耗引起,由于导体损耗远比介质损耗大,这里只讨论导体损耗的情形。设同轴线单位长电阻为 R,而导体的表面电阻为 R_s,两者之间的关系为

$$R = R_s \left(\frac{1}{2\pi a} + \frac{1}{2\pi b} \right) \qquad (2.7.12)$$

由式(2.1.20)得导体损耗而引入的衰减系数 α_c 为

$$\alpha_c = \frac{R}{2Z_0} \qquad (2.7.13)$$

将式(2.7.12)和式(2.7.2)代入式(2.7.13)得

$$\alpha_c = \frac{R_s}{2\sqrt{\mu/\varepsilon}\ln(b/a)} \left(\frac{1}{a} + \frac{1}{b} \right) = \frac{R_s}{2b\sqrt{\mu/\varepsilon}\ln x}(1+x) \qquad (2.7.14)$$

要使衰减系数 α_c 最小,则应满足

$$\frac{\mathrm{d}\alpha_c}{\mathrm{d} x} = 0 \qquad (2.7.15)$$

于是可得 $x\ln x - x - 1 = 0$,即 $x = b/a = 3.59$,此时特性阻抗为

$$Z_0 = \frac{1.278\sqrt{\mu/\varepsilon}}{2\pi} \qquad (2.7.16)$$

当同轴线中填充空气时,相应于衰减最小时的特性阻抗为 76.7 Ω。

可见在不同的使用要求下,同轴线应有不同的特性阻抗。实际使用的同轴线的特性阻抗一般有 50 Ω 和 75 Ω 两种。50 Ω 的同轴线兼顾了耐压、功率容量和衰减的要求,是一种通用型同轴传输线;75 Ω 的同轴线是衰减最小的同轴线,它主要用于远距离传输。

工程上,相同特性阻抗的同轴线也有不同的规格(如 75-5,75-9),75 代表 75 Ω,-5 代表外导体直径为 5 mm。一般来说,电缆越粗其衰减越小。

以上分析是假设同轴线工作在 TEM 模式。实际上要使同轴线工作于 TEM 模式,同轴线的内、外半径还应满足以下条件:

$$\lambda_{\min} > \pi(b+a) \qquad (2.7.17)$$

式中:$\lambda_{\min}$为最短工作波长。

由上述分析可见,在决定同轴线的内、外直径时,必须同时考虑使用要求和工作模式。

2.8　本章小结

本章主要研究了均匀传输线方程、特性参数、状态参量以及工作状态。介绍了传输线的传输功率和效率、传输线阻抗匹配,并对常用的负载阻抗匹配的方法——串联 $\lambda/4$ 阻抗变换器法和支节调配器法进行了说明;之后分析了史密斯圆图的构成以及使用方法,最后介绍了典型均匀传输线——同轴线,分析了同轴线的阻抗、功率以及不同工程应用条件下同轴线的分类。通过本章的学习旨在培养学生在掌握数学基础知识的基础上,用“路”的观点对微波传输系统进行分析和判断的初步能力。

学习重点:熟练掌握无耗传输线的状态变量之间的关系、不同负载与工作状态的关系以及在三种状态下传输线上电压和电流的分布、阻抗性质等变化规律,理解无耗传输线具有 $\lambda/4$ 的变换性和 $\lambda/2$ 的重复性的重要性质。明确回波损耗和插入损耗与反射系数的关系。

学习难点:理解阻抗匹配的物理含义,掌握常用的阻抗匹配方法,能够利用圆图评估匹配性能和确定匹配方案。

本章建议学时为 10 学时,如学时不足,可适当删减圆图和同轴线部分内容。

习　　题

2-1　设一特性阻抗为 50 Ω 的均匀传输线终端接负载 $R_1 = 100$ Ω,求负载反射系数 Γ_1。在离负载 0.2λ、0.25λ 及 0.5λ 处的输入阻抗及反射系数分别为多少?

2-2　求内、外导体直径分别为 0.25 cm 和 0.75 cm 的空气同轴线的特性阻抗。若在内、外两导体间填充介电常数 $\varepsilon_r = 2.25$ 的介质,求其特性阻抗及 $f = 300$ MHz 时的波长。

2-3　设特性阻抗为 Z_0 的无耗传输线的驻波比为 ρ,第一个电压波节点离负载的距离为 $l_{\min 1}$,试证明此时终端负载应为

$$Z_1 = Z_0 \frac{1 - j\rho\tan(\beta l_{\min 1})}{\rho - j\tan(\beta l_{\min 1})}$$

2-4　有一特性阻抗 $Z_0 = 50$ Ω 的无耗均匀传输线,导体间的媒质参数 $\varepsilon_r = 2.25$,$\mu_r = 1$,终端接有 $R_1 = 1$ Ω 的负载。当 $f = 100$ MHz 时,其线长度为 $\lambda/4$。试求:

(1) 传输线实际长度;

(2) 负载终端反射系数;

(3) 输入端反射系数;

(4) 输入端阻抗。

2-5　试证明无耗传输线上任意相距 $\lambda/4$ 的两点处的阻抗的乘积等于传输线特性阻抗的平方。

2-6　设某一均匀无耗传输线特性阻抗 $Z_0 = 50$ Ω,终端接有未知负载 Z_1。现在传

输线上测得电压最大值和最小值分别为 100 mV 和 20 mV,第一个电压波节的位置离负载 $l_{\min 1} = \lambda/3$,试求该负载阻抗 Z_1。

2-7 求无耗传输线上回波损耗为 3 dB 和 10 dB 时的驻波比。

2-8 设某传输系统如图 2-26 所示,画出 AB 段及 BC 段沿线各点电压、电流和阻抗的振幅分布图,并求出电压的最大值和最小值。(图中 $R = 900\ \Omega$)

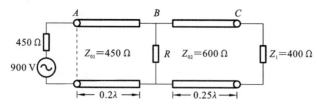

图 2-26 题 2-8 图

2-9 特性阻抗为 $Z_0 = 100\ \Omega$,长度为 $\lambda/8$ 的均匀无耗传输线,终端接有负载 $Z_1 = 200 + \text{j}300\ \Omega$,始端接有电压为 500 V、内阻 $R_g = 100\ \Omega$ 的电源。求:

(1) 传输线始端的电压;

(2) 负载吸收的平均功率;

(3) 终端的电压。

2-10 特性阻抗为 $Z_0 = 150\ \Omega$ 的均匀无耗传输线,终端接有负载 $Z_1 = 250 + \text{j}100\ \Omega$,用 $\lambda/4$ 阻抗变换器实现阻抗匹配(见图 2-27),试求 $\lambda/4$ 阻抗变换器的特性阻抗 Z_{01} 及离终端距离。

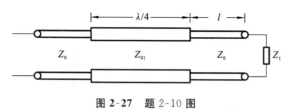

图 2-27 题 2-10 图

2-11 设特性阻抗为 $Z_0 = 50\ \Omega$ 的均匀无耗传输线,终端接有负载阻抗 $Z_1 = 100 + \text{j}75\ \Omega$,可用以下方法实现 $\lambda/4$ 阻抗变换器匹配:即在终端或在 $\lambda/4$ 阻抗变换器前并接一段终端短路线,如图 2-28 所示,试分别求这两种情况下 $\lambda/4$ 阻抗变换器的特性阻抗 Z_{01} 及短路线长度 l。

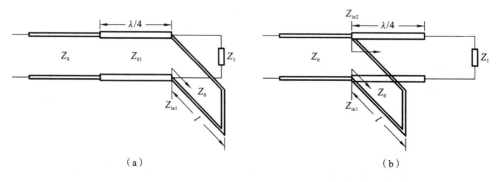

(a)　　　　　　　　　　　　(b)

图 2-28 题 2-11 图

2-12 有一条无耗的半刚性的同轴线,它的内外导体的半径分别为 1.325 mm 和

4.16 mm。求线参数、特性阻抗及信号频率为 500 MHz（$\varepsilon_r=2.1$）时的传播常数。

2-13 假定同轴线的 $b=3$ cm，$a=0.5$ cm，$\varepsilon=\varepsilon_0(2.56-\text{j}0.005)$，计算同轴线的特性阻抗及在 2 GHz 时的传播常数。

2-14 设某条电话线有以下电参数：$R=40$ Ω/km，$L=11$ mH/km，$G\approx0$，$C=0.062$ μF/km。所加的负载线圈的外加电感为 30 mH/km，外加电阻 8 Ω/km。求衰减常数及频率为 300 Hz 和 3.3 kHz 时的相速。

2-15 如图 2-29 所示的传输线（填充介质为空气），各段的特性阻抗分别为 Z_{c1}（待求），$Z_{c2}=100$ Ω，$Z_{c3}=200$ Ω，$l=\lambda/8$，并联电纳 jB$=-$j0.006 S。试求：

（1）AA' 右侧线上的驻波比；

（2）已知 AA' 左侧相邻的两个电压最小点距 AA' 分别为 20 cm 和 25 cm，试求信号源的频率；

（3）已知 AA' 左侧线上的驻波比为 2，试求 Z_{c1}；

（4）在 AA' 左侧，为达到与特性阻抗为 Z_{c1} 的传输线相匹配，若采用 $\lambda/4$ 阻抗变换器，试求变换器的接入位置和变换器的特性阻抗。

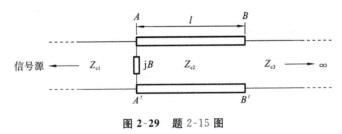

图 2-29 题 2-15 图

2-16 一根长 2 m 的同轴线，工作波长 $\lambda=1$ m，外导体的内半径 b 与内导体的外半径 a 之比为 2.3，终端负载 $Z_L=50$ Ω，在距终端 0.4 m 处的内外导体之间全填充一段长 0.125 m（向信号源方向延伸 0.125 m）的介质（$\varepsilon_r=4$，$\mu_r=1$），其余部分为空气填充，若不计高次模的影响，试求各段的驻波比和电压反射系数，画出沿线电压幅值的分布图（设信号源电压的幅值为 E_g，内阻 $R_g=50$ Ω）。

2-17 传输线的特性阻抗为 50 Ω，终端负载为 $-$j75 Ω，若要求始端的输入阻抗分别为无穷大和零，试求线的最短长度。

2-18 在传输线始端并联一电抗性元件，当信号源频率为 200 MHz 时，其容抗为 500 Ω，问：若将线的终端短路，线长 l 等于多少才能得到并联谐振的性质（传输线的特性阻抗 $Z_c=50$ Ω）？

2-19 设传输线终端负载处的反射系数分别为 $0.5\angle45°$、$0.35\angle30°$ 和 $1.0\angle0°$，试求归一化的负载阻抗。

2-20 空气填充的同轴线，外导体的内半径 b 与内导体的外半径 a 之比分别为 2.3 和 3.2，求特性阻抗各是多少？若保持其特性阻抗不变，但填充的是 $\varepsilon_r=2.25$，$\mu_r=1$ 的介质，则 b/a 应各是多少？

2-21 一架空的双导线传输线，导线半径为 1 mm，两导线中心的间距为 5 mm，求特性阻抗。

2-22 一个空气填充的同轴线长为 1 m，外导体的内半径为 10 mm，内导体的外半径为 4.5 mm，工作频率为 2780 MHz，求衰减常数 α；若同轴线的长度为 1 m，驻波比为

2,求传输线的效率。

2-23 利用双支短路线对传输线(主线)进行匹配,设第一支线(靠近负载)距终端负载的距离为 d_1,支线长度为 l_1。第二支线(远离负载)与第一支线相距为 d_2,支线长度为 l_2。负载阻抗为 Z_L。

(1) $Z_L=50+j100\ \Omega$,主线和支线的特性阻抗均为 $100\ \Omega$,$d_1=\lambda/4$,$d_2=\lambda/8$,两个支线与主线并联,求 l_1 和 l_2。

(2) $Z_L=125-j65\ \Omega$,主线和支线的特性阻抗均为 $50\ \Omega$,$d_1=\lambda/8$,$d_2=\lambda/4$,两个支线与主线并联,求 l_1 和 l_2。

(3) $Z_L=142+j128\ \Omega$,主线和支线的特性阻抗均为 $100\ \Omega$,$d_1=0.15\lambda$,$d_2=\lambda/8$,两个支线与主线并联,求 l_1 和 l_2。

(4) $Z_L=200+j100\ \Omega$,主线和支线的特性阻抗均为 $100\ \Omega$,$d_1=0.1\lambda$,$d_2=\lambda/8$,两个支线与主线串联,求 l_1 和 l_2。

(5) $Z_L=75+j150\ \Omega$ 在 $d_1=0.12\lambda$ 处短路支线 l_1 与主线并联,在 $d_2=3\lambda/8$ 处短路支线 l_2 与主线串联,求 l_1 和 l_2,主线与支线特性阻抗均为 $75\ \Omega$。

(6) $Z_L=150+j50\ \Omega$,主线和支线的特性阻抗均为 $500\ \Omega$,在 $d_1=0.6\lambda$ 处短路支线 l_1 与主线并联,短路支线 l_2 与主线串联,求 l_1 和 l_2。(注:此即双 T 调配器的工作原理)。

2-24 利用三支线对传输线(主线)进行匹配,主线和支线的特性阻抗均为 $75\ \Omega$,主线的终端负载为 $150-j300\ \Omega$,设第一支线(靠近负载)距终端负载为 $d_1=0.3\lambda$,支线长度为 l_1,第二支线(远离负载)与第一支线相距为 $d_2=\lambda/4$,支线长度为 l_2,第三支线与第二支线相距为 $d_3=\lambda/4$,三个支线均与主线并联,求 l_1、l_2 和 l_3。

2-25 试推出均匀有耗线反射系数的表示式,并比较其与均匀无耗线反射系数的异同点。

2-26 试证明均匀有耗线特性阻抗的平方等于线的终端短路时的输入阻抗与终端开路时的输入阻抗的乘积。

2-27 一个长为 3 m 的均匀有耗同轴线,信号源频率为 50 MHz,其中全填充 $\varepsilon_r=2.1$ 的介质;当线的终端短路时,测得线的始端输入阻抗为 $5\ \Omega$,当终端开路时,测得的输入阻抗为 $1165\ \Omega$,试求同轴线的特性阻抗、衰减常数和波的传播速度。

2-28 当均匀无耗传输线的终端接有纯电抗性负载时,采取阻抗匹配的措施(假设匹配装置也是无耗的),能否得到行波状态,如果传输线为均匀有耗线,情况会如何?

2-29 试述可采取什么样的方法(包括实验的方法)来确定均匀无耗传输线的特性阻抗。

3

波导和集成传输线

　　用以约束或导引电磁波能量沿一定方向传输的结构称为导波结构,在其中传输的波称为导行波,一般把约束导行波的结构称为波导或传输线,其结构不同,所传输的电磁波的特性就不同。第 2 章从电路原理出发,用等效分布参数方法分析了导波器件的基本模型——均匀传输线的参数和工作状态,比较适用于同轴线等双导体系统。本章从求解麦克斯韦方程组出发,对规则导波传输系统中的电磁场问题进行分析,研究它们的一般特性,着重讨论矩形金属波导和圆形金属波导以及介质波导的传输特性和场结构;然后讨论目前微波电路常用的集成传输线以及基片集成波导新技术;最后介绍波导的耦合和激励方法。

3.1　规则金属管内电磁波

　　对于均匀填充介质的金属波导管,设 z 轴与管的轴线重合,由于管的边界和尺寸沿轴向不变,称为规则金属波导。假设:

　　(1) 波导管内填充的介质是均匀线性各向同性的;

　　(2) 波导内无自由电荷和传导电流存在;

　　(3) 波导管内的场是时谐场。

　　由麦克斯韦方程组可知,无源区电场 $\boldsymbol{E}$ 和磁场 $\boldsymbol{H}$ 应满足的方程为

$$\begin{cases} \boldsymbol{\nabla} \times \boldsymbol{H} = \mathrm{j}\omega\varepsilon\boldsymbol{E} \\ \boldsymbol{\nabla} \times \boldsymbol{E} = -\mathrm{j}\omega\mu\boldsymbol{H} \end{cases} \tag{3.1.1}$$

对等号两端分别求旋度运算,整理得到

$$\begin{cases} \boldsymbol{\nabla}^2\boldsymbol{E} + k^2\boldsymbol{E} = \boldsymbol{0} \\ \boldsymbol{\nabla}^2\boldsymbol{H} + k^2\boldsymbol{H} = \boldsymbol{0} \end{cases} \tag{3.1.2}$$

式中:$k^2 = \omega^2\mu\varepsilon$。将电场和磁场分解为横向分量和纵向分量,即

$$\begin{cases} \boldsymbol{E} = \boldsymbol{E}_t + \boldsymbol{a}_z E_z \\ \boldsymbol{H} = \boldsymbol{H}_t + \boldsymbol{a}_z H_z \end{cases} \tag{3.1.3}$$

式中:$\boldsymbol{a}_z$ 为 z 向单位矢量,t 表示横向坐标,可以代表直角坐标系中的 (x,y),也可代表圆柱坐标系中的 (ρ,φ)。为方便起见,以直角坐标系为例讨论。以电场为例,设 $\boldsymbol{\nabla}_t^2$ 为二维拉普拉斯算子,则

$$\mathbf{\nabla}^2 = \mathbf{\nabla}_t^2 + \frac{\partial^2}{\partial z^2} \tag{3.1.4}$$

利用分离变量法,令

$$E_z(x,y,z) = E_z(x,y)Z(z) \tag{3.1.5}$$

考虑式(3.1.2)和式(3.1.3),得到

$$-\frac{(\mathbf{\nabla}_t^2 + k^2)E_z(x,y)}{E_z(x,y)} = \frac{\dfrac{\mathrm{d}^2}{\mathrm{d}z^2}Z(z)}{Z(z)} \tag{3.1.6}$$

上式中等号左边是横向坐标(x,y)的函数,与z无关;而等号右边是Z的函数,与(x,y)无关。只有二者均为一常数,式(3.1.6)才能成立,设该常数为γ^2(注意这里的γ与第2章的含义不同),则有

$$\begin{cases} \mathbf{\nabla}_t^2 E_z(x,y) + (k^2 + \gamma^2)E_z(x,y) = 0 \\ \dfrac{\mathrm{d}^2}{\mathrm{d}z^2}Z(z) - \gamma^2 Z(z) = 0 \end{cases} \tag{3.1.7}$$

其中,第二式的形式与传输线方程(2.1.6)相同,其通解为

$$Z(z) = A_+ \mathrm{e}^{-\gamma z} + A_- \mathrm{e}^{-\gamma z}$$

假设规则金属波导为无限长,没有反射波,故$A_- = 0$,即纵向电场的纵向分量应满足的解的形式为

$$Z(z) = A_+ \mathrm{e}^{-\gamma z} \tag{3.1.8}$$

式中:A_+为待定常数;对无耗波导$\gamma = \mathrm{j}\beta$,而β为相移常数。现设$E_{oz}(x,y) = A_+ E_z(x,y)$,则纵向电场和磁场可表达为

$$E_z(x,y,z) = E_{oz}(x,y)\mathrm{e}^{-\mathrm{j}\beta z}, \quad H_z(x,y,z) = H_{oz}(x,y)\mathrm{e}^{-\mathrm{j}\beta z} \tag{3.1.9}$$

而$E_{oz}(x,y)$、$H_{oz}(x,y)$满足以下方程:

$$\begin{cases} \mathbf{\nabla}_t^2 E_{oz}(x,y) + k_c^2 E_{oz}(x,y) = 0 \\ \mathbf{\nabla}_t^2 H_{oz}(x,y) + k_c^2 H_{oz}(x,y) = 0 \end{cases} \tag{3.1.10}$$

式中:$k_c^2 = k^2 - \beta^2$为传输系统的本征值。

从以上分析可得:在规则波导中场的纵向分量满足标量齐次波动方程,结合相应边界条件即可求得纵向分量E_z和H_z,而场的横向分量即可由纵向分量求得。既满足上述方程又满足边界条件的解有许多,每一个解对应一个波形也称为模式,不同的模式具有不同的传输特性。

k_c是微分方程(3.1.10)在特定边界条件下的特征值,它是一个与导波系统横截面形状、尺寸及传输模式有关的参量。由于当相移常数$\beta = 0$时,意味着波导系统不再传播,亦称为截止,此时$k_c = k$,故将k_c称为截止波数。根据截止波数k_c的不同,导行波可分为以下三种情况。

(1) $k_c^2 = 0$(即$k_c = 0$)。

这时必有$E_z = 0$和$H_z = 0$,否则由麦克斯韦方程组无源区电场和磁场在直角坐标系下的展开可知,E_x、E_y、H_x、H_y将出现无穷大,这在物理上是不可能的。这样,$k_c = 0$意味着该导行波既无纵向电场又无纵向磁场,只有横向电场和横向磁场,故称为横电磁波,简称TEM波。对于TEM波,$\beta = k$,故相速、波长及波阻抗与在无界空间均匀媒质中的相同,而且由于截止波数$k_c = 0$,因此理论上任意频率均能在此类传输线上传输。此时不能用纵向场分析法,而用二维静态场分析法或前述传输线方程进行分析。

（2）$k_c^2 > 0$。

这时 $\beta > 0$，而 E_z 和 H_z 不能同时为零，否则 $\boldsymbol{E}_t$ 和 $\boldsymbol{H}_t$ 必然全为零，系统将不存在任何场。一般情况下，只要 E_z 和 H_z 中有一个不为零即可满足边界条件，这时又可分为以下两种情形。

① TM 波。

将 $E_z \neq 0$ 而 $H_z = 0$ 的波称为磁场纯横向波，简称 TM 波，由于只有纵向电场故又称为 E 波。此时满足的边界条件应为

$$E_z|_S = 0 \tag{3.1.11}$$

式中：S 表示波导周界。而由波阻抗的定义，得 TM 波的波阻抗为

$$Z_{TM} = \frac{E_x}{H_y} = \frac{\beta}{\omega\varepsilon} = \sqrt{\frac{\mu}{\varepsilon}}\sqrt{1 - \frac{k_c^2}{k^2}} \tag{3.1.12}$$

② TE 波。

将 $E_z = 0$ 而 $H_z \neq 0$ 的波称为电场纯横向波，简称 TE 波，此时只有纵向磁场，故又称为 H 波。它应满足的边界条件为

$$\left.\frac{\partial \boldsymbol{H}_z}{\partial \boldsymbol{n}}\right|_S = 0 \tag{3.1.13}$$

式中：S 表示波导周界；$\boldsymbol{n}$ 为边界法向单位矢量。而由波阻抗的定义，得 TE 波的波阻抗为

$$Z_{TE} = \frac{E_x}{H_y} = \frac{\omega\mu}{\beta} = \sqrt{\frac{\mu}{\varepsilon}}\frac{1}{\sqrt{1 - k_c^2/k^2}} \tag{3.1.14}$$

无论是 TM 波还是 TE 波，其相速 $v_p = \omega/\beta > c/\sqrt{\mu_r\varepsilon_r}$ 均比在无界媒质空间中的相速要快，故称为快波。

（3）$k_c^2 < 0$。

这时 $\beta = \sqrt{k^2 - k_c^2} > k$，而相速 $v_p = \omega/\beta < c/\sqrt{\mu_r\varepsilon_r}$，即相速比在无界媒质空间中的相速要慢，故又称为慢波。在由光滑导体壁构成的导波系统中不可能存在 $k_c^2 < 0$ 的情形，只有当某种阻抗壁存在时才有这种可能。

以上三种情况实质上对应了三种导波结构，即 TEM 传输线、封闭金属波导和表面波导。本章着重讨论封闭金属波导的传输特性，下面分别对常用的矩形波导和圆波导的传输特性进行分析。

3.2 矩形波导

通常将由金属材料制成的、矩形截面的、内充空气的规则金属波导称为矩形波导，它是微波技术中最常用的传输系统之一。设矩形波导的宽边尺寸为 a，窄边尺寸为 b，并建立如图 3-1 所示的坐标系。

3.2.1 矩形波导中的场

矩形金属波导中只能存在 TE 波和 TM 波，下面分别来讨论这两种波的分布。

1. TE 波

此时 $E_z = 0$，$H_z = H_{0z}(x,y)\mathrm{e}^{-\mathrm{j}\beta z} \neq 0$，且满足

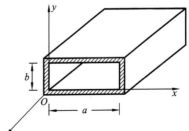

图 3-1 矩形波导及其坐标系

$$\mathbf{V}_t^2 H_{oz}(x,y) + k_c^2 H_{oz}(x,y) = 0 \tag{3.2.1}$$

在直角坐标系中，$\mathbf{V}_t^2 = \dfrac{\partial^2}{\partial x^2} + \dfrac{\partial^2}{\partial y^2}$，上式可写为

$$\left(\frac{\partial^2}{\partial x^2} + \frac{\partial^2}{\partial y^2}\right) H_{oz}(x,y) + k_c^2 H_{oz}(x,y) = 0 \tag{3.2.2}$$

应用分离变量法，令

$$H_{oz}(x,y) = X(x)Y(y) \tag{3.2.3}$$

代入式(3.2.2)，并除以 $X(x)Y(y)$，得

$$-\frac{1}{X(x)}\frac{\mathrm{d}^2 X(x)}{\mathrm{d}x^2} - \frac{1}{Y(y)}\frac{\mathrm{d}^2 Y(y)}{\mathrm{d}y^2} = k_c^2$$

要使上式成立，上式左边每项必须均为常数，分别设为 k_x^2 和 k_y^2，而 $k_x^2 + k_y^2 = k_c^2$，则有

$$\frac{\mathrm{d}^2 X(x)}{\mathrm{d}x^2} + k_x^2 X(x) = 0, \quad \frac{\mathrm{d}^2 Y(y)}{\mathrm{d}y^2} + k_y^2 Y(y) = 0 \tag{3.2.4}$$

于是，$H_{oz}(x,y)$ 的通解为

$$H_{oz}(x,y) = [A_1 \cos(k_x x) + A_2 \sin(k_x x)][B_1 \cos(k_y y) + B_2 \sin(k_y y)] \tag{3.2.5}$$

其中，A_1、A_2、B_1、B_2 为待定系数，由边界条件确定。由式(3.1.13)，H_z 应满足的边界条件为

$$\left.\frac{\partial H_z}{\partial x}\right|_{x=0} = \left.\frac{\partial H_z}{\partial x}\right|_{x=a} = 0, \quad \left.\frac{\partial H_z}{\partial y}\right|_{y=0} = \left.\frac{\partial H_z}{\partial y}\right|_{y=b} = 0 \tag{3.2.6}$$

将式(3.2.5)代入式(3.2.6)可得

$$A_2 = 0, \quad k_x = \frac{m\pi}{a}, \quad B_2 = 0, \quad k_y = \frac{n\pi}{b} \tag{3.2.7}$$

于是矩形波导 TE 波纵向磁场的基本解为

$$H_z = A_1 B_1 \cos\left(\frac{m\pi}{a}x\right)\cos\left(\frac{n\pi}{b}y\right)\mathrm{e}^{-\mathrm{j}\beta z}$$

$$= H_{mn}\cos\left(\frac{m\pi}{a}x\right)\cos\left(\frac{n\pi}{b}y\right)\mathrm{e}^{-\mathrm{j}\beta z} \quad m,n = 0,1,2,\cdots \tag{3.2.8}$$

其中，H_{mn} 为模式振幅常数，故 $H_z(x,y,z)$ 的通解为

$$H_z = \sum_{m=0}^{\infty}\sum_{n=0}^{\infty} H_{mn}\cos\left(\frac{m\pi}{a}x\right)\cos\left(\frac{n\pi}{b}y\right)\mathrm{e}^{-\mathrm{j}\beta z} \tag{3.2.9}$$

则 TE 波其他场分量的表达式为

$$\begin{cases}
E_x = \sum_{m=0}^{\infty}\sum_{n=0}^{\infty} \frac{\mathrm{j}\omega\mu}{k_c^2}\frac{n\pi}{b}H_{mn}\cos\left(\frac{m\pi}{a}x\right)\sin\left(\frac{n\pi}{b}y\right)\mathrm{e}^{-\mathrm{j}\beta z} \\[2mm]
E_y = \sum_{m=0}^{\infty}\sum_{n=0}^{\infty} \frac{-\mathrm{j}\omega\mu}{k_c^2}\frac{m\pi}{a}H_{mn}\sin\left(\frac{m\pi}{a}x\right)\cos\left(\frac{n\pi}{b}y\right)\mathrm{e}^{-\mathrm{j}\beta z} \\[2mm]
E_z = 0 \\[2mm]
H_x = \sum_{m=0}^{\infty}\sum_{n=0}^{\infty} \frac{\mathrm{j}\beta}{k_c^2}\frac{m\pi}{a}H_{mn}\sin\left(\frac{m\pi}{a}x\right)\cos\left(\frac{n\pi}{b}y\right)\mathrm{e}^{-\mathrm{j}\beta z} \\[2mm]
H_y = \sum_{m=0}^{\infty}\sum_{n=0}^{\infty} \frac{\mathrm{j}\beta}{k_c^2}\frac{n\pi}{b}H_{mn}\cos\left(\frac{m\pi}{a}x\right)\sin\left(\frac{n\pi}{b}y\right)\mathrm{e}^{-\mathrm{j}\beta z}
\end{cases} \tag{3.2.10}$$

式中：$k_c = \sqrt{\left(\dfrac{m\pi}{a}\right)^2 + \left(\dfrac{n\pi}{b}\right)^2}$ 为矩形波导 TE 波的截止波数，显然它与波导尺寸、传输波

形有关;m 和 n 分别代表 TE 波沿 x 方向和 y 方向分布半波个数,一组 m、n 对应一种 TE 波,称为 TE$_{mn}$ 模,但 m 和 n 不能同时为零,否则场分量全部为零。

因此,矩形波导能够存在 TE$_{m0}$ 模和 TE$_{0n}(m,n\neq0)$ 模,其中 TE$_{10}$ 模是最低次模,其余称为高次模。

2. TM 波

对 TM 波,$H_z=0$,$E_z=E_{oz}(x,y)\mathrm{e}^{-\mathrm{j}\beta z}$,此时满足

$$\mathbf{V}_t^2 E_{oz}+k_c^2 E_{oz}=0 \tag{3.2.11}$$

其通解也可写为

$$E_{oz}(x,y)=[A_1\cos(k_x x)+A_2\sin(k_x x)][B_1\cos(k_y y)+B_2\sin(k_y y)] \tag{3.2.12}$$

应满足的边界条件为

$$E_z(0,y)=E_z(a,y)=0, \quad E_z(x,0)=E_z(x,b)=0 \tag{3.2.13}$$

用 TE 波相同的方法可求得 TM 的全部场分量

$$\begin{cases}
E_x=\sum_{m=1}^{\infty}\sum_{n=1}^{\infty}\dfrac{-\mathrm{j}\beta}{k_c^2}\dfrac{m\pi}{a}E_{mn}\cos\left(\dfrac{m\pi}{a}x\right)\sin\left(\dfrac{n\pi}{b}y\right)\mathrm{e}^{-\mathrm{j}\beta z}\\[2mm]
E_y=\sum_{m=1}^{\infty}\sum_{n=1}^{\infty}\dfrac{-\mathrm{j}\beta}{k_c^2}\dfrac{n\pi}{b}E_{mn}\sin\left(\dfrac{m\pi}{a}x\right)\cos\left(\dfrac{n\pi}{b}y\right)\mathrm{e}^{-\mathrm{j}\beta z}\\[2mm]
E_z=\sum_{m=1}^{\infty}\sum_{n=1}^{\infty}E_{mn}\sin\left(\dfrac{m\pi}{a}x\right)\sin\left(\dfrac{n\pi}{b}y\right)\mathrm{e}^{-\mathrm{j}\beta z}\\[2mm]
H_x=\sum_{m=1}^{\infty}\sum_{n=1}^{\infty}\dfrac{\mathrm{j}\omega\varepsilon}{k_c^2}\dfrac{n\pi}{b}E_{mn}\sin\left(\dfrac{m\pi}{a}x\right)\cos\left(\dfrac{n\pi}{b}y\right)\mathrm{e}^{-\mathrm{j}\beta z}\\[2mm]
H_y=\sum_{m=1}^{\infty}\sum_{n=1}^{\infty}\dfrac{-\mathrm{j}\omega\varepsilon}{k_c^2}\dfrac{m\pi}{a}E_{mn}\cos\left(\dfrac{m\pi}{a}x\right)\sin\left(\dfrac{n\pi}{b}y\right)\mathrm{e}^{-\mathrm{j}\beta z}\\[2mm]
H_z=0
\end{cases} \tag{3.2.14}$$

TM$_{11}$ 模是矩形波导 TM 波的最低次模,其他均为高次模。总之,矩形波导内存在许多模式的波,TE 波是所有 TE$_{mn}$ 模式场的总和,而 TM 波是所有 TM$_{mn}$ 模式场的总和。

3.2.2 矩形波导的传输特性

1. 截止波数与截止波长

矩形波导 TE$_{mn}$ 和 TM$_{mn}$ 模的截止波数均为

$$k_{cmn}^2=\left(\dfrac{m\pi}{a}\right)^2+\left(\dfrac{n\pi}{b}\right)^2 \tag{3.2.15}$$

对应截止波长为

$$\lambda_{c\mathrm{TE}_{mn}}=\lambda_{c\mathrm{TM}_{mn}}=\dfrac{2\pi}{k_{cmn}}=\dfrac{2}{\sqrt{(m/a)^2+(n/b)^2}}=\lambda_c \tag{3.2.16}$$

此时,相移常数为

$$\beta=\dfrac{2\pi}{\lambda}\sqrt{1-\left(\dfrac{\lambda}{\lambda_c}\right)^2} \tag{3.2.17}$$

式中:$\lambda=2\pi/k$,为工作波长。可见当工作波长 λ 小于某个模的截止波长 λ_c 时,$\beta^2>0$,此模可在波导中传输,故称为传导模;当工作波长 λ 大于某个模的截止波长 λ_c 时,$\beta^2<0$,

即此模在波导中不能传输，称为截止模。一个模能否在波导中传输取决于波导结构和工作频率（或波长）。对相同的 m 和 n，TE_{mn} 和 TM_{mn} 模具有相同的截止波长，故又称为简并模，虽然它们场分布不同，但具有相同的传输特性。图 3-2 为标准波导 BJ-32 各模式截止波长分布图。

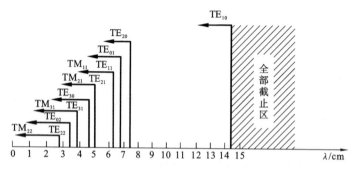

图 3-2 标准波导 BJ-32 各模式截止波长分布图

【例 3.1】 设某矩形波导的尺寸为 $a=8$ cm，$b=4$ cm，试求工作频率在 3 GHz 时该波导能传输的模式。

解 由 $f=3$ GHz，得

$$\lambda=\frac{c}{f}=0.1 \text{ m}$$

$$\lambda_{cTE_{10}}=2a=0.16 \text{ m}>\lambda$$

$$\lambda_{cTE_{01}}=2b=0.08 \text{ m}<\lambda$$

$$\lambda_{cTM_{11}}=\frac{2ab}{\sqrt{a^2+b^2}}=0.0715 \text{ m}<\lambda$$

可见，该波导在工作频率为 3 GHz 时只能传输 TE_{10} 模。

2. 主模 TE_{10} 的场分布及其工作特性

在导行波中截止波长 λ_c 最长的导行模称为该导波系统的主模，因而也能进行单模传输。矩形波导的主模为 TE_{10} 模，因为该模式具有场结构简单、稳定、频带宽和损耗小等特点，所以在工程上矩形波导几乎毫无例外地工作在 TE_{10} 模式。下面介绍 TE_{10} 模式的场分布及其工作特性。

1）TE_{10} 模场分布

将 $m=1$，$n=0$，$k_c=\pi/a$ 代入式（3.2.10），并考虑时间因子 $e^{j\omega t}$，可得 TE_{10} 模各场分量表达式

$$\begin{cases} E_y=\dfrac{\omega\mu a}{\pi}H_{10}\sin\left(\dfrac{\pi}{a}x\right)\cos\left(\omega t-\beta z-\dfrac{\pi}{2}\right) \\[2mm] H_x=\dfrac{\beta a}{\pi}H_{10}\sin\left(\dfrac{\pi}{a}x\right)\cos\left(\omega t-\beta z+\dfrac{\pi}{2}\right) \\[2mm] H_z=H_{10}\cos\left(\dfrac{\pi}{a}x\right)\cos\left(\omega t-\beta z\right) \\[2mm] E_x=E_z=H_y=0 \end{cases} \tag{3.2.18}$$

由此可见，场强与 y 无关，即各分量沿 y 轴均匀分布，而沿 x 方向的变化规律为

$$E_y\propto\sin\left(\frac{\pi}{a}x\right), \quad H_x\propto\sin\left(\frac{\pi}{a}x\right), \quad H_z\propto\cos\left(\frac{\pi}{a}x\right) \tag{3.2.19}$$

其分布曲线如图 3-3(a)所示,而沿 z 方向的变化规律为

$$E_y \propto \cos\left(\omega t - \beta z - \frac{\pi}{2}\right), \quad H_x \propto \cos\left(\omega t - \beta z + \frac{\pi}{2}\right), \quad H_z \propto \cos(\omega t - \beta z)$$

$$(3.2.20)$$

其分布曲线如图 3-3(b)所示。波导横截面和纵剖面上的场分布如图 3-3(c)和(d)所示。由图可见,H_x 和 E_y 最大值在同截面上出现,电磁波沿 z 方向按行波状态变化;E_y、H_x 和 H_z 相位差为 $90°$,电磁波沿横向为驻波分布。

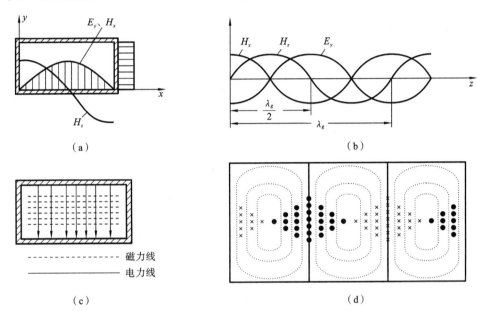

图 3-3 矩形波导 TE_{10} 模的场分布图

(a) 沿 x 方向场分量分布曲线;(b) 沿 z 方向场分量分布曲线;

(c) 波导横截面上场分布图;(d) 波导纵剖面上场分布图

2)TE_{10} 模的传输特性

(1) 截止波长与相移常数。

将 $m = 1, n = 0$ 代入式(3.2.15),得 TE_{10} 模截止波数为

$$k_c = \frac{\pi}{a} \qquad (3.2.21)$$

于是截止波长为

$$\lambda_{c\text{TE}_{10}} = \frac{2\pi}{k_c} = 2a \qquad (3.2.22)$$

而相移常数为

$$\beta = \frac{2\pi}{\lambda}\sqrt{1 - \left(\frac{\lambda}{2a}\right)^2} \qquad (3.2.23)$$

(2) 波导波长与波阻抗。

对 TE_{10} 模,其波导波长为

$$\lambda_g = \frac{2\pi}{\beta} = \frac{\lambda}{\sqrt{1 - (\lambda/2a)^2}} \qquad (3.2.24)$$

而 TE_{10} 模的波阻抗为

$$Z_{TE_{10}} = \frac{120\pi}{\sqrt{1-(\lambda/2a)^2}} \tag{3.2.25}$$

（3）相速与群速。

TE_{10} 模的相速 v_p 和群速 v_g 分别为

$$v_p = \frac{\omega}{\beta} = \frac{v}{\sqrt{1-(\lambda/2a)^2}} \tag{3.2.26}$$

$$v_g = \frac{d\omega}{d\beta} = v\sqrt{1-(\lambda/2a)^2} \tag{3.2.27}$$

式中：v 为自由空间光速。

（4）传输功率。

由坡印亭定理，波导中某个波形的传输功率为

$$P = \frac{1}{2}\mathrm{Re}\int_S (\boldsymbol{E} \times \boldsymbol{H}^*) \cdot d\boldsymbol{S} = \frac{1}{2}\mathrm{Re}\int_S (\boldsymbol{E}_t \times \boldsymbol{H}_t^*) \cdot a_z d\boldsymbol{S}$$

$$= \frac{1}{2Z}\int_S |\boldsymbol{E}_t|^2 dS = \frac{Z}{2}\int_S |\boldsymbol{H}_t|^2 dS \tag{3.2.28}$$

则矩形波导 TE_{10} 模的传输功率为

$$P = \frac{1}{2Z_{TE_{10}}}\iint |E_y|^2 dxdy = \frac{abE_{10}^2}{4Z_{TE_{10}}} \tag{3.2.29}$$

式中：$E_{10} = \frac{\omega\mu a}{\pi}H_{10}$ 是 E_y 分量在波导宽边中心处的振幅值。由此可得波导传输 TE_{10} 模时的功率容量为

$$P_{br} = \frac{abE_{10}^2}{4Z_{TE_{10}}} = \frac{abE_{br}^2}{480\pi}\sqrt{1-\left(\frac{\lambda}{2a}\right)^2} \tag{3.2.30}$$

式中：E_{br} 为击穿电场幅值。

因空气的击穿场强为 $30\ kV/cm$，故空气矩形波导的功率容量为

$$P_{br0} = 0.6ab\sqrt{1-\left(\frac{\lambda}{2a}\right)^2}\ (MW) \tag{3.2.31}$$

可见波导尺寸越大，频率越高，功率容量越大。而当负载不匹配时，由于形成驻波，电场振幅变大，因此功率容量会变小，不匹配时的功率容量 P'_{br} 和匹配时的功率容量 P_{br} 的关系为

$$P'_{br} = \frac{P_{br}}{\rho} \tag{3.2.32}$$

式中：ρ 为驻波系数，这一点在工程上必须注意。

（5）衰减特性。

当电磁波沿传输方向传播时，由于波导金属壁的热损耗和波导内填充介质的损耗必然会引起能量或功率的递减。对于空气波导，由于空气介质损耗很小，可以忽略不计，而导体损耗是不可忽略的。

设导行波沿 z 方向传输时的衰减常数为 α，则沿线电场、磁场按 $e^{-\alpha z}$ 规律变化，即

$$E(z) = E_0 e^{-\alpha z}, \quad H(z) = H_0 e^{-\alpha z} \tag{3.2.33}$$

所以传输功率按以下规律变化：

$$P = P_0 e^{-2\alpha z}$$

上式两边对 z 求导得

$$\frac{\mathrm{d}P}{\mathrm{d}z}=-2\alpha P_0 \mathrm{e}^{-2\alpha z}=-2\alpha P \tag{3.2.34}$$

因沿线功率减少率等于传输系统单位长度上的损耗功率 P_1,即

$$P_1=-\frac{\mathrm{d}p}{\mathrm{d}z} \;(\mathrm{W/m}) \tag{3.2.35}$$

比较式(3.2.34)和式(3.2.35)可得

$$\alpha=\frac{P_1}{2P}\;(\mathrm{Np/m})=\frac{8.686P_1}{2P}\;(\mathrm{dB/m}) \tag{3.2.36}$$

由此可求得衰减常数 α。在计算损耗功率时,因不同的导行模有不同的电流分布,损耗也不同,可推得矩形波导 TE_{10} 模的衰减常数公式为

$$\alpha_c=\frac{8.686R_S}{120\pi b\sqrt{1-\left(\frac{\lambda}{2a}\right)^2}}\left[1+2\,\frac{b}{a}\left(\frac{\lambda}{2a}\right)^2\right]\;(\mathrm{dB/m}) \tag{3.2.37}$$

式中:$R_S=\sqrt{\pi f \mu/\sigma}$ 为导体表面电阻,它取决于导体的磁导率 μ、电导率 σ 和工作频率 f。

由式(3.2.37)可以看出:

① 衰减与波导的材料有关,因此要选导电率高的非铁磁材料,使 R_S 尽量小;

② 增大波导高度 b 能使衰减变小,但当 $b>a/2$ 时单模工作频带变窄,故衰减与频带应综合考虑;

③ 衰减还与工作频率有关,给定矩形波导尺寸时,随着频率的提高先是减小,出现极小点,然后稳步上升。

我们用 MATLAB 编制了 TE_{10} 模衰减常数随频率变化关系的计算程序,计算结果如图 3-4 所示。

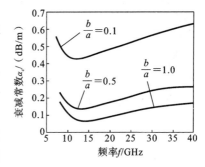

图 3-4 TE_{10} 模衰减常数随频率变化曲线

3.2.3 矩形波导尺寸选择原则

选择矩形波导尺寸应考虑以下几方面因素。

(1) 带宽。

保证在给定频率范围内的电磁波在波导中都能以单一的 TE_{10} 模传播,其他高次模都应截止。为此应满足:

$$\lambda_{c\mathrm{TE}_{20}}<\lambda<\lambda_{c\mathrm{TE}_{10}},\quad \lambda_{c\mathrm{TE}_{01}}<\lambda<\lambda_{c\mathrm{TE}_{10}} \tag{3.2.38}$$

将 TE_{10} 模、TE_{20} 模和 TE_{01} 模的截止波长代入式(3.2.38)得

$$\begin{cases}a<\lambda<2a\\2b<\lambda<2a\end{cases}\quad \text{或}\quad \begin{cases}\lambda/2<a<\lambda\\0<b<\lambda/2\end{cases}$$

即取 $b<a/2$。

(2) 功率容量。

在传播所要求的功率时,波导不至于发生击穿。由式(3.2.29)可知,适当增加 b 可增加功率容量,故 b 应尽可能大一些。

(3) 衰减。

通过波导后的微波信号功率不要损失太大。由式(3.2.37)可知,增大 b 也可使衰

减变小,故 b 应尽可能大一些。

综合上述因素,矩形波导的尺寸一般选为

$$a=0.7\lambda, \quad b=(0.4-0.5)a \tag{2.2.39}$$

通常将 $b=a/2$ 的波导称为标准波导;为了提高功率容量,选 $b>a/2$ 这种波导称为高波导;为了减小体积,减轻重量,有时也选 $b<a/2$ 的波导,这种波导称为扁波导。

3.3 圆波导

若将同轴线的内导体抽走,则在一定条件下,由外导体所包围的圆形空间也能传输电磁能量,这就是圆形波导,简称圆波导,如图 3-5 所示。圆波导具有加工方便、双极化、低损耗等优点,广泛应用于远距离通信、双极化馈线以及微波圆形谐振器等,是一种较为常用的规则金属波导。下面着重讨论圆波导中场分布及基本传输特性。

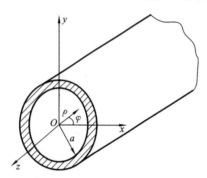

图 3-5 圆波导及其坐标系

3.3.1 圆波导中的场

与矩形波导一样,圆波导也只能传输 TE 和 TM 波。设圆形波导外导体内径为 a,并建立如图 3.5 所示的圆柱坐标。

1. TE 波

此时 $E_z=0$, $H_z=H_{oz}(\rho,\varphi)\mathrm{e}^{-\mathrm{j}\beta z}\neq 0$,且满足

$$\mathbf{V}_t^2 H_{oz}(\rho,\varphi)+k_c^2 H_{oz}(\rho,\varphi)=0 \tag{3.3.1}$$

在圆柱坐标系中,$\mathbf{V}_t^2=\dfrac{\partial^2}{\partial\rho^2}+\dfrac{1}{\rho}\dfrac{\partial}{\partial\rho}+\dfrac{1}{\rho^2}\dfrac{\partial^2}{\partial\varphi^2}$,式(3.3.1)可写为

$$\left(\dfrac{\partial^2}{\partial\rho^2}+\dfrac{1}{\rho}\dfrac{\partial}{\partial\rho}+\dfrac{1}{\rho^2}\dfrac{\partial^2}{\partial\varphi^2}\right)H_{oz}(\rho,\varphi)+k_c^2 H_{oz}(\rho,\varphi)=0 \tag{3.3.2}$$

应用分离变量法,令

$$H_{oz}(\rho,\varphi)=R(\rho)\Phi(\varphi) \tag{3.3.3}$$

代入式(3.3.2),并除以 $R(\rho)\Phi(\varphi)$,得

$$\dfrac{1}{R(\rho)}\left[\rho^2\dfrac{\mathrm{d}^2 R(\rho)}{\mathrm{d}\rho^2}+\rho\dfrac{\mathrm{d}R(\rho)}{\mathrm{d}\rho}+\rho^2 k_c^2 R(\rho)\right]=-\dfrac{1}{\Phi(\varphi)}\dfrac{\mathrm{d}^2\Phi(\varphi)}{\mathrm{d}\varphi^2} \tag{3.3.4}$$

要使式(3.3.4)成立,等号两边项必须均为常数,设该常数为 m^2,则得

$$\rho^2\dfrac{\mathrm{d}^2 R(\rho)}{\mathrm{d}\rho^2}+\rho\dfrac{\mathrm{d}R(\rho)}{\mathrm{d}\rho}+(\rho^2 k_c^2-m^2)R(\rho)=0 \tag{3.3.5a}$$

$$\dfrac{\mathrm{d}^2\Phi(\varphi)}{\mathrm{d}\varphi^2}+m^2\Phi(\varphi)=0 \tag{3.3.5b}$$

式(3.3.5a)的通解为

$$R(\rho)=A_1 J_m(k_c\rho)+A_2 N_m(k_c\rho) \tag{3.3.6a}$$

式中:$J_m(x)$、$N_m(x)$ 分别为第一类和第二类 m 阶贝塞尔函数。式(3.3.5b)的通解为

$$\Phi(\varphi)=B_1\cos(m\varphi)+B_2\sin(m\varphi)=B\begin{pmatrix}\cos(m\varphi)\\\sin(m\varphi)\end{pmatrix}\tag{3.3.6b}$$

式(3.3.6b)中后一种表示形式是考虑到圆波导的轴对称性,因此场的极化方向具有不确定性,使导行波的场分布在 φ 方向存在 $\cos(m\varphi)$ 和 $\sin(m\varphi)$ 两种可能的分布,它们独立存在,相互正交,截止波长相同,构成同一导行模的极化简并模。

另外,由于 $\rho\to0$ 时 $N_m(k_c\rho)\to-\infty$,故式(3.3.6a)中必然有 $A_2=0$。于是 $H_{oz}(\rho,\varphi)$ 的通解为

$$H_{oz}(\rho,\varphi)=A_1BJ_m(k_c\rho)\begin{pmatrix}\cos(m\varphi)\\\sin(m\varphi)\end{pmatrix}\tag{3.3.7}$$

由边界条件 $\dfrac{\partial H_{oz}}{\partial\rho}\Big|_{\rho=a}=0$ 以及式(3.3.7)得 $J'_m(k_ca)=0$。设 m 阶贝塞尔函数的一阶导数 $J'_m(x)$ 的第 n 个根为 μ_{mn},则有

$$k_ca=\mu_{mn}\quad\text{或}\quad k_c=\frac{\mu_{mn}}{a}\quad n=1,2,\cdots\tag{3.3.8}$$

于是圆波导 TE 模纵向磁场 H_z 的基本解为

$$H_z(\rho,\varphi,z)=A_1BJ_m\left(\frac{\mu_{mn}}{a}\rho\right)\begin{pmatrix}\cos(m\varphi)\\\sin(m\varphi)\end{pmatrix}e^{-j\beta z},\quad m=0,1,2,\cdots;n=1,2,\cdots\tag{3.3.9}$$

令模式振幅 $H_{mn}=A_1B$,则 $H_z(\rho,\varphi,z)$ 的通解为

$$H_z(\rho,\varphi,z)=\sum_{m=0}^{\infty}\sum_{n=1}^{\infty}H_{mn}J_m\left(\frac{\mu_{mn}}{a}\rho\right)\cos(m\varphi)e^{-j\beta z}$$

$$H_z(\rho,\varphi,z)=\sum_{m=0}^{\infty}\sum_{n=1}^{\infty}H_{mn}J_m\left(\frac{\mu_{mn}}{a}\rho\right)\sin(m\varphi)e^{-j\beta z}\tag{3.3.10}$$

于是可求得其他场分量为

$$\begin{cases}E_\rho=\pm\sum_{m=0}^{\infty}\sum_{n=1}^{\infty}\dfrac{j\omega\mu ma^2}{\mu_{mn}^2\rho}H_{mn}J_m\left(\frac{\mu_{mn}}{a}\rho\right)\begin{pmatrix}\sin(m\varphi)\\\cos(m\varphi)\end{pmatrix}e^{-j\beta z}\\E_\varphi=\sum_{m=0}^{\infty}\sum_{n=1}^{\infty}\dfrac{j\omega\mu a}{\mu_{mn}}H_{mn}J'_m\left(\frac{\mu_{mn}}{a}\rho\right)\begin{pmatrix}\cos(m\varphi)\\\sin(m\varphi)\end{pmatrix}e^{-j\beta z}\\E_z=0\\H_\rho=\sum_{m=0}^{\infty}\sum_{n=1}^{\infty}\dfrac{-j\beta a}{\mu_{mn}}H_{mn}J'_m\left(\frac{\mu_{mn}}{a}\rho\right)\begin{pmatrix}\cos(m\varphi)\\\sin(m\varphi)\end{pmatrix}e^{-j\beta z}\\H_\varphi=\pm\sum_{m=0}^{\infty}\sum_{n=1}^{\infty}\dfrac{j\beta ma^2}{\mu_{mn}^2\rho}H_{mn}J_m\left(\frac{\mu_{mn}}{a}\rho\right)\begin{pmatrix}\sin(m\varphi)\\\cos(m\varphi)\end{pmatrix}e^{-j\beta z}\end{cases}\tag{3.3.11}$$

可见圆波导中同样存在着无穷多种 TE 模,不同的 m 和 n 代表不同的模式,记作 TE_{mn},式中 m 表示场沿圆周分布的整波数,n 表示场沿半径分布的最大值个数。此时波阻抗为

$$Z_{\text{TE}_{mn}}=\frac{E_\rho}{H_\varphi}=\frac{\omega\mu}{\beta_{\text{TE}_{mn}}}\tag{3.3.12}$$

式中: $\beta_{\text{TE}_{mn}}=\sqrt{k^2-\left(\frac{\mu_{mn}}{a}\right)^2}$。

2. TM 波

通过与 TE 波相同的分析,可求得 TM 波纵向电场 $E_z(\rho,\varphi,z)$ 的通解为

$$
\begin{cases}
E_z(\rho,\varphi,z) = \sum_{m=0}^{\infty}\sum_{n=1}^{\infty} E_{mn} J_m\left(\frac{\nu_{mn}}{a}\rho\right)\cos(m\varphi)\mathrm{e}^{-\mathrm{j}\beta z} \\
E_z(\rho,\varphi,z) = \sum_{m=0}^{\infty}\sum_{n=1}^{\infty} E_{mn} J_m\left(\frac{\nu_{mn}}{a}\rho\right)\sin(m\varphi)\mathrm{e}^{-\mathrm{j}\beta z}
\end{cases}
\tag{3.3.13}
$$

$$
\begin{cases}
E_\rho = \sum_{m=0}^{\infty}\sum_{n=1}^{\infty} \frac{-\mathrm{j}\beta a}{\nu_{mn}} E_{mn} J'_m\left(\frac{\nu_{mn}}{a}\rho\right)\binom{\cos(m\varphi)}{\sin(m\varphi)}\mathrm{e}^{-\mathrm{j}\beta z} \\
E_\varphi = \pm \sum_{m=0}^{\infty}\sum_{n=1}^{\infty} \frac{\mathrm{j}\beta m a^2}{\nu_{mn}^2\rho} E_{mn} J_m\left(\frac{\nu_{mn}}{a}\rho\right)\binom{\sin(m\varphi)}{\cos(m\varphi)}\mathrm{e}^{-\mathrm{j}\beta z} \\
H_\rho = \mp \sum_{m=0}^{\infty}\sum_{n=1}^{\infty} \frac{\mathrm{j}\omega\varepsilon m a^2}{\nu_{mn}^2\rho} E_{mn} J_m\left(\frac{\nu_{mn}}{a}\rho\right)\binom{\sin(m\varphi)}{\cos(m\varphi)}\mathrm{e}^{-\mathrm{j}\beta z} \\
H_\varphi = \sum_{m=0}^{\infty}\sum_{n=1}^{\infty} \frac{-\mathrm{j}\omega\varepsilon a}{\nu_{mn}} E_{mn} J'_m\left(\frac{\nu_{mn}}{a}\rho\right)\binom{\cos(m\varphi)}{\sin(m\varphi)}\mathrm{e}^{-\mathrm{j}\beta z} \\
H_z = 0
\end{cases}
\tag{3.3.14}
$$

其中,ν_{mn} 是 m 阶贝塞尔函数 $J_m(x)$ 的第 n 个根,且 $k_{c\mathrm{TM}_{mn}} = \nu_{mn}/a$,于是可求得其他场分量(见式 3.3.14)。可见圆波导中存在着无穷多种 TM 模,波形指数 m 和 n 的意义与 TE 模的相同。此时波阻抗为

$$
Z_{\mathrm{TM}_{mn}} = \frac{E_\rho}{H_\varphi} = \frac{\beta_{\mathrm{TM}_{mn}}}{\omega\varepsilon}
\tag{3.3.15}
$$

式中:相移常数 $\beta_{\mathrm{TM}_{mn}} = \sqrt{k^2 - \left(\dfrac{\nu_{mn}}{a}\right)^2}$。

3.3.2 圆波导的传输特性

与矩形波导不同,圆波导的 TE 波和 TM 波的传输特性各不相同。

1. 截止波长

由前面分析,圆波导 TE_{mn} 模、TM_{mn} 模的截止波数分别为

$$
k_{c\mathrm{TE}_{mn}} = \frac{\mu_{mn}}{a}, \quad k_{c\mathrm{TM}_{mn}} = \frac{\nu_{mn}}{a}
\tag{3.3.16}
$$

式中:ν_{mn} 和 μ_{mn} 分别为 m 阶贝塞尔函数及其一阶导数的第 n 个根。于是各模式的截止波长分别为

$$
\lambda_{c\mathrm{TE}_{mn}} = \frac{2\pi}{k_{c\mathrm{TE}_{mn}}} = \frac{2\pi a}{\mu_{mn}}, \quad \lambda_{c\mathrm{TM}_{mn}} = \frac{2\pi}{k_{c\mathrm{TM}_{mn}}} = \frac{2\pi a}{\nu_{mn}}
\tag{3.3.17}
$$

在所有的模式中,TE_{11} 模截止波长最长,其次为 TM_{01} 模,三种典型模式的截止波长分别为

$$
\lambda_{c\mathrm{TE}_{11}} = 3.4126a, \quad \lambda_{c\mathrm{TM}_{01}} = 2.6127a, \quad \lambda_{c\mathrm{TE}_{01}} = 1.6398a
$$

图 3-6 为圆波导中各模式截止波长的分布图。

2. 简并模

圆波导中有两种简并模,即 E-H 简并和极化简并。

1) E-H 简并

由于贝塞尔函数具有 $J_0(x)' = -J_1(x)$ 的性质,所以一阶贝塞尔函数的根和零阶

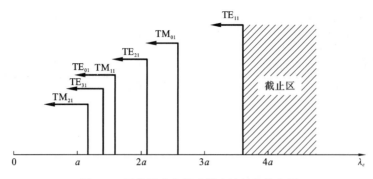

图 3-6 圆波导中各模式截止波长的分布图

贝塞尔函数导数的根相等,即 $\mu_{0n}=\nu_{1n}$,故有 $\lambda_{c\mathrm{TE}_{0n}}=\lambda_{c\mathrm{TM}_{1n}}$,从而形成 TE_{0n} 模和 TM_{1n} 模的简并。这种简并称为 E-H 简并。

2)极化简并

由于圆波导具有轴对称性,对 $m\neq0$ 的任意非圆对称模式,横向电磁场可以有任意的极化方向而截止波数相同,任意极化方向的电磁波可以看成是偶对称极化波和奇对称极化波的线性组合。偶对称极化波和奇对称极化波具有相同的场分布,故称为极化简并。正因为存在极化简并,所以波在传播过程中由于圆波导细微的不均匀而引起极化旋转,从而导致不能单模传输。同时,也正是因为有极化简并现象,工程上将圆波导用于构成极化分离器、极化衰减器等。

3. 传输功率

由式(3.2.28)可知,TE_{mn} 模和 TM_{mn} 模的传输功率分别为

$$P_{\mathrm{TE}_{mn}}=\frac{\pi a^{2}}{2\delta_{m}}\left(\frac{\beta}{k_{c}}\right)^{2}Z_{\mathrm{TE}}H_{mn}^{2}\left(1-\frac{m^{2}}{k_{c}^{2}a^{2}}\right)J_{m}^{2}(k_{c}a) \tag{3.3.18}$$

$$P_{\mathrm{TM}_{mn}}=\frac{\pi a^{2}}{2\delta_{m}}\left(\frac{\beta}{k_{c}}\right)^{2}\frac{E_{mn}^{2}}{z_{\mathrm{TM}}}J_{m}^{\prime2}(k_{c}a) \tag{3.3.19}$$

式中:$\delta_{m}=\begin{cases}2, & m\neq0\\1, & m=0\end{cases}$。

3.3.3 几种常用模式

由各模式截止波长分布图(见图 3.6)可知,圆波导中 TE_{11} 模的截止波长最长,其次是 TM_{01} 模。另外由于 TE_{01} 模场分布的特殊性,使之具有低损耗的特点,为此我们主要介绍这三种模式的特点及用途。

1. 主模 TE_{11} 模

TE_{11} 模的截止波长最长,是圆波导中的最低次模,也是主模。它的场分布如图 3-7所示。由图可见,圆波导中 TE_{11} 模的场分布与矩形波导的 TE_{10} 模的场分布很相似,因此工程上容易通过矩形波导的横截面逐渐过渡变为圆波导,从而构成方圆波导变换器。但由于圆波导中极化简并模的存在,所以很难实现单模传输,因此圆波导不太适合于远距离传输场合。

2. 圆对称 TM_{01} 模

TM_{01} 模是圆波导的第一个高次模,其场分布如图 3-8所示。由于它具有圆对称

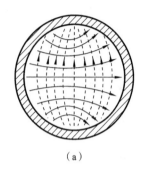 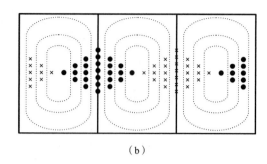

（a） （b）

图 3-7 圆波导 TE_{11} 场分布图

（a）横截面上场分布图；（b）纵剖面上场分布图

性，故不存在极化简并模，因此常作为雷达天线与馈线的旋转环节中的工作模式。另外，因其磁场只有 H_{φ} 分量，故波导内壁电流只有纵向分量，因此它可以有效地和轴向流动的电子流交换能量，由此将其应用于微波电子管中的谐振腔及直线电子加速器中的工作模式。

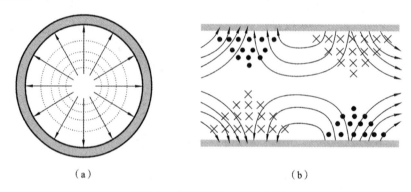

（a） （b）

图 3-8 圆波导 TM_{01} 场分布图

（a）横截面上场分布图；（b）纵剖面上场分布图

3. 低损耗的 TE_{01} 模

TE_{01} 模是圆波导的高次模式，比它低的模式有 TE_{11} 模、TM_{01} 模、TE_{21} 模，与 TM_{11} 模是简并模。它也是圆对称模，故无极化简并，其场分布如图 3-9 所示。由图可见，磁

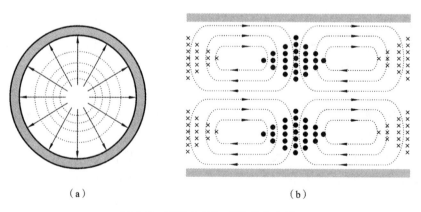

（a） （b）

图 3-9 圆波导 TE_{01} 场结构分布图

（a）横截面上场分布图；（b）纵剖面上场分布图

场只有径向和轴向分量,故波导管壁电流无纵向分量,只有周向电流。因此,当传输功率一定时,随着频率升高,管壁的热损耗将单调下降,故其损耗相对其他模式来说是低的,故工程上将工作在 TE_{01} 模的圆波导用于毫米波的远距离传输或制作高 Q 值的谐振腔。

为了更好地说明 TE_{01} 模的低损耗特性,图 3-10 给出了圆波导三种模式的导体衰减曲线。

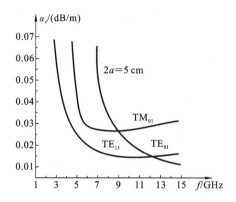

图 3-10　不同模式的导体衰减随频率变化曲线

3.4　介质波导

当工作频率处于毫米波波段时,普通的微带线将出现一系列新的问题,首先是高次模的出现使微带的设计和使用复杂化。人们自然又想到用波导来传输信号。频率越高,使用波导的尺寸越小,可是频率太高了,要制造出相应尺寸的金属波导会十分困难。于是人们积极研制适合于毫米波波段的传输器件,其中各种形式的介质波导在毫米波波段得到了广泛应用。介质波导可分为两大类:一类是开放式介质波导,主要包括圆形介质波导和介质镜像线等;另一类是半开放介质波导,主要包括 H 形波导、G 形波导等。本节着重讨论圆形介质波导的传输特性,同时对介质镜像线和 H 形波导加以简单介绍。

3.4.1　圆形介质波导

圆形介质波导由半径为 a、相对介电常数为 $\varepsilon_r(\mu_r=1)$ 的介质圆柱组成,如图 3-11 所示。分析表明,圆形介质波导不存在纯 TE_{mn} 模和 TM_{mn} 模,但存在 TE_{0n} 模和 TM_{0n} 模,一般情况下为混合 HE_{mn} 模和 EH_{mn} 模。其纵向场分量的横向分布函数 $E_z(T)$ 和 $H_z(T)$ 应满足以下标量亥姆霍兹方程:

$$\begin{cases} \mathbf{\nabla}_t^2 E_z(T)+k_c^2 E_z(T)=0 \\ \mathbf{\nabla}_t^2 H_z(T)+k_c^2 H_z(T)=0 \end{cases} \quad (3.4.1)$$

其中,$k_{c_i}^2=k_0^2\varepsilon_{r_i}-\beta^2$。$\varepsilon_{r_i}(i=1,2)$ 为介质内外相对介电常数,1、2 分别代表介质波导内部和外部,一般

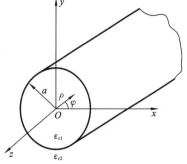

图 3-11　圆形介质波导的结构

有 $\varepsilon_{r_1}=\varepsilon_r$，$\varepsilon_{r_2}=1$。应用分离变量法，则有

$$E_z(T)=AR(\rho)\Phi(\phi)$$
$$H_z(T)=BR(\rho)\Phi(\phi)$$

(3.4.2)

把式(3.4.2)代入式(3.4.1)，经分离变量后可得 $R(\rho)$、$\Phi(\varphi)$ 各自满足的方程及其解，利用边界条件可求得混合模式下内外场的纵向分量，再由麦克斯韦方程组求得其他场分量。

下面是 HE_{mn} 模在介质波导内外的场分量。在波导内($\rho \leqslant a$)（取 $\cos(m\varphi)$ 模）：

$$\begin{cases} E_z = A\dfrac{k_{c_1}^2}{j\omega\varepsilon}J_m(k_{c_1}\rho)\sin(m\varphi) \\[2mm] H_z = -B\dfrac{k_{c_1}^2}{j\omega\mu_0}J_m(k_{c_1}\rho)\cos(m\varphi) \\[2mm] E_p = -\left[A\dfrac{k_{c_1}\beta}{\omega\varepsilon_0\varepsilon_r}J'_m(k_{c_1}\rho)+B\dfrac{m}{\rho}J_m(k_{c_1}\rho)\right]\sin(m\varphi) \\[2mm] E_\varphi = -\left[A\dfrac{m\beta}{\rho\omega\varepsilon_0\varepsilon_r}J_m(k_{c_1}\rho)+Bk_{c_1}J'_m(k_{c_1}\rho)\right]\cos(m\varphi) \\[2mm] H_p = \left[A\dfrac{m}{\rho}J_m(k_{c_1}\rho)+B\dfrac{k_{c_1}\beta}{\omega\mu_0}J'_m(k_{c_1}\rho)\right]\cos(m\varphi) \\[2mm] H_\varphi = -\left[Ak_{c_1}J'_m(k_{c_1}\rho)+B\dfrac{m\beta}{\rho\omega\mu_0}J_m(k_{c_1}\rho)\right]\sin(m\varphi) \end{cases}$$

(3.4.3)

在波导外($\rho > a$)：

$$\begin{cases} E_z = C\dfrac{k_{c_2}^2}{j\omega\varepsilon_0}H_m^{(2)}(k_{c_2}\rho)\sin(m\varphi) \\[2mm] H_z = -D\dfrac{k_{c_2}^2}{j\omega\mu_0}H_m^{(2)}(k_{c_2}\rho)\cos(m\varphi) \\[2mm] E_p = -\left[C\dfrac{k_{c_2}\beta}{\omega\varepsilon_0}H_m^{(2)'}(k_{c_2}\rho)+D\dfrac{m}{\rho}H_m^{(2)}(k_{c_2}\rho)\right]\sin(m\varphi) \\[2mm] E_\varphi = -\left[C\dfrac{m\beta}{\rho\omega\varepsilon_0}H_m^{(2)}(k_{c_2}\rho)+Dk_{c_2}H_m^{(2)'}(k_{c_2}\rho)\right]\cos(m\varphi) \\[2mm] H_p = \left[C\dfrac{m}{\rho}H_m^{(2)}(k_{c_2}\rho)+D\dfrac{k_{c_2}\beta}{\omega\mu_0}H_m^{(2)'}(k_{c_2}\rho)\right]\cos(m\varphi) \\[2mm] H_\varphi = -\left[Ck_{c_2}H_m^{(2)'}(k_{c_2}\rho)+D\dfrac{m\beta}{\rho\omega\mu_0}H_m^{(2)}(k_{c_2}\rho)\right]\sin(m\varphi) \end{cases}$$

(3.4.4)

式中：$J_m(x)$ 是 m 阶第一类贝塞尔函数；$H_m^{(2)}(x)$ 是 m 阶第二类汉克尔函数；而

$$k_{c_1}^2=\omega^2\mu_0\varepsilon_0\varepsilon_r-\beta^2=\frac{\omega^2}{a^2}$$

$$k_{c_2}^2=\omega^2\mu_0\varepsilon_0-\beta^2=\frac{u^2}{a^2}$$

利用 E_z、H_z 和 E_φ、H_φ 在 $r=a$ 处的连续条件，可得到以下本征方程：

$$\left[\frac{X}{u}-\frac{Y}{w}\right]\left[\varepsilon_r\frac{X}{u}-\frac{Y}{w}\right]=m^2\left[\frac{1}{u^2}-\frac{1}{w^2}\right]\left[\frac{\varepsilon_r}{u^2}-\frac{1}{w^2}\right], \quad u^2-w^2=k_0^2(\varepsilon_r-1)a^2$$

(3.4.5a)

其中，

$$X=\frac{J'_m(u)}{J_m(u)}, \quad Y=\frac{H_m^{(2)'}(w)}{H_m^{(2)}(w)}$$

求解上述方程可得相应相移常数 β。对每一个 m，上述方程具有无数个根。用 n 来表示其第 n 个根，则相应的相移常数为 β_{mn}，对应的模式便为 HE_{mn} 模，下面讨论几种常用模式。

(1) $m=0$。

此时式(3.4.5a)可简写为

$$\frac{1}{u}\frac{J'_0(u)}{J_0(u)}-\frac{1}{w}\frac{H_0^{(2)'}(w)}{H_0^{(2)}(w)}=0 \tag{3.4.5b}$$

或

$$\frac{\varepsilon_r}{u}\frac{J'_0(u)}{J_0(u)}-\frac{1}{w}\frac{H_0^{(2)'}(w)}{H_0^{(2)}(w)}=0 \tag{3.4.5c}$$

上述两式分别对应了 TE_{0n} 模和 TM_{0n} 模的特征方程。与金属波导一样，圆形介质波导中的 TE_{0n} 和 TM_{0n} 模也有截止现象。金属波导中以 $\gamma=0$ 作为截止的分界点，而圆形介质波导中的截止以 $w=0$ 作为分界，这是因为当 $w<0$ 时在介质波导外出现了辐射模。要使 $w=0$，同时满足式(3.4.5a)或式(3.4.5b)，必须有 $J_0(u)=0$，可见圆形介质波导的 TE_{0n} 和 TM_{0n} 模在截止时是简并的，它们的截止频率均为

$$f_{c0n}=\frac{v_{0n}c}{2\pi a\sqrt{\varepsilon_r-1}} \tag{3.4.6}$$

式中：v_{0n} 是零阶贝塞尔函数 $J_0(x)$ 的第 n 个根。特别地，当 $n=1$ 时，有

$$v_{01}=2.405, \quad f_{c01}=\frac{2.405c}{2\pi a\sqrt{\varepsilon_r-1}}$$

(2) $m=1$。

可以证明当 $m=1$ 时的截止频率为

$$f_{c1n}=\frac{v_{1n}c}{2\pi a\sqrt{\varepsilon_r-1}} \tag{3.4.7}$$

式中：v_{1n} 是一阶贝塞尔函数 $J_1(x)$ 的第 n 个根，$v_{11}=0$，$v_{12}=3.83$，$v_{13}=7.01$，…。可见，$f_{c11}=0$，即 HE_{11} 模没有截止频率，该模式是圆形介质波导传输的主模，而第一个高次模为 TE_{01} 模或 TM_{01} 模。因此，当工作频率 $f<f_{c01}$ 时，圆形介质波导内将实现单模传输。

HE_{11} 模具有以下优点：

① 它不具有截止波长，而其他模只有当波导直径大于 0.626λ 时，才有可能传输。

② 在很宽的频带和较大的直径变化范围内，HE_{11} 模的损耗较小。

③ 它可以直接由矩形波导的主模 TE_{10} 激励，而不需要波形变换。

近年来使用的单模光纤大多也工作在 HE_{11} 模。图 3-12 为 HE_{11} 模的电磁场分布图(图(a)为横向截面，图(b)为纵向截面)，图 3-13 为 HE_{11} 模的色散曲线。由图 3-13 可见，介电常数越大，色散越严重。

3.4.2 介质镜像线

对主模 HE_{11} 来说，由于圆形介质波导的 OO' 平面两侧场分布具有对称性，因此可以在 OO' 平面放置一金属导电板而不致影响其电磁场分布，从而可以构成介质镜像线，如图 3-14(a)所示。

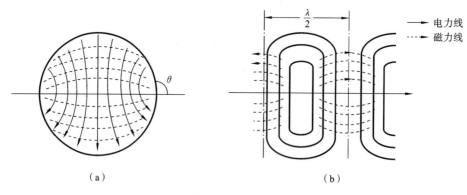

（a）

（b）

图 3-12 HE₁₁模的电磁场分布图

（a）横向截面；（b）纵向截面

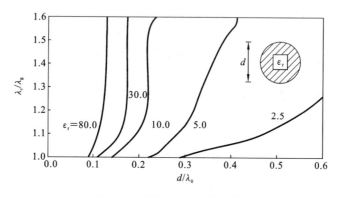

图 3-13 HE₁₁模的色散曲线

（a）

（b）

图 3-14 介质镜像线

（a）圆形介质镜像线；（b）矩形介质镜像线

  圆形介质镜像线是由一根半圆形介质杆和一块接地的金属片组成的。由于金属片和 OO' 对称平面吻合，因此在金属片上半个空间内，电磁场分布和圆形介质波导中 OO' 平面的上半空间的情况完全一样。利用介质镜像线来传输电磁波能量，就可以解决介质波导的屏蔽和支架的困难。在毫米波波段内，由于这类传输线比较容易制造，并且具有较低的损耗，因此使它远远比金属波导优越。

  除了有圆形介质镜像线外，还有矩形介质镜像线，如图 3-14（b）所示。矩形介质镜像线在有源电路中有较多应用。

3.4.3 H 形波导

  H 形波导由两块平行的金属板中间插入一块介质条带组成，如图 3-15 所示。与传统的金属波导相比，H 形波导具有制作工艺简单、损耗小、功率容量大、激励方便等优

点。H 形波导的传输模式通常是混合模式,可分为
LSM 和 LSE 两类,并且又分为奇模和偶模。LSE 模
的电力线位于空气-介质交界面相平行的平面内,故
称为纵截面电模(LSE),而 LSM 模的磁力线位于空
气-介质交界面,故称为纵截面磁模(LSM)。H 形波
导中传输的模式取决于介质条带的宽度和金属平板
的间距。合理地选择尺寸可使之工作于 LSM 模。此

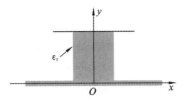

图 3-15 H 形波导的结构

时两金属板上无纵向电流,此模与金属波导的 TE_{0n} 模有类似的特性,并且可以通过与
波传播方向相正交的方向开槽来抑制其他模式,而不会对该模式有影响。在 H 形波导
中,主模为 LSE_{10e},其场结构完全类似于矩形金属波导的 TE_{10} 模,但它的截止频率为
零,通过选择两金属平板的间距可使边缘场衰减到最小,从而消除因辐射而引起的
衰减。

3.5 光纤

光纤又称为光导纤维,如图 3-16 所示,它是在圆形介质波导的基础上发展起来的
导光传输系统。光纤是由折射率为 n_1 的光学玻璃拉成的纤维作芯,表面覆盖一层折射
率为 n_2($n_2 < n_1$)的玻璃或塑料作为套层所构成,也可以在低折射率 n_2 的玻璃细管内充
以折射率为 n_1($n_2 < n_1$)的介质。包层除使传输的光波免受外界干扰之外,还起着控制
纤芯内传输模式的作用。

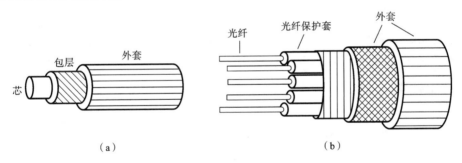

（a）   （b）

图 3-16 光纤和光缆的结构

（a）光纤的结构；（b）多芯光缆

光纤按组成材料可分为石英玻璃光纤、多组分玻璃光纤、塑料包层玻璃芯光纤和全
塑料光纤。其中,石英玻璃光纤损耗最小,最适合长距离、大容量通信。光纤按折射率
分布形状可分为阶跃型光纤和渐变型光纤;按传输模式可分为多模光纤和单模光纤。
本节主要介绍单模光纤和多模光纤的特点、基本参数和基本传输特性。

3.5.1 单模光纤和多模光纤

只传输一种模式的光纤称为单模光纤。由于是单模传输,避免了模式分散,因而传
输频带很宽,容量很大。单模光纤所传输的模式实际上就是圆形介质波导内的主模
HE_{11},它没有截止频率。根据前面的分析,圆形介质波导中第一个高次模为 TM_{01} 模,
其截止波长为

$$\lambda_{cTM_{01}} = \frac{1}{v_{01}} \pi D \sqrt{n_1^2 - n_2^2} \tag{3.5.1}$$

式中：$v_{01} = 2.405$ 是零阶贝塞尔函数 $J_0(x)$ 的第一个根；n_1 和 n_2 分别为光纤内芯与包层的折射率；D 为光纤的直径。

为避免高次模的出现，单模光纤的直径 D 必须满足以下条件：

$$D < \frac{2.405\lambda}{\pi \sqrt{n_1^2 - n_2^2}} \tag{3.5.2}$$

其中，λ 为工作波长。也就是说，单模光纤尺寸的上限和工作波长在同一量级。光纤工作波长在 $1~\mu m$ 量级，这给工艺制造带来了困难。

为了降低工艺制造的困难，可以减小 $(n_1^2 - n_2^2)$ 的值。设 $\frac{n_1^2 - n_2^2}{2n_1^2} \approx \frac{n_1 - n_2}{n_1}$，令 $n_1 = 1.5$，$\frac{n_1 - n_2}{n_1} = 0.001$，$\lambda = 0.9~\mu m$，则 $D < 10~\mu m$。由此可见，当 n_1、n_2 相差不大时，光纤的直径可以比波长大一个量级。也就是说，适当选择包层折射率，可以简化光纤制造工艺，另外还能保证单模传输，这也是光纤包层抑制高次模的原理所在。

多模光纤的内芯直径可达几十微米，它的制造工艺相对简单一些，同时对光源的要求也比较低，有发光二极管就可以了。但是在这样粗的光纤中有大量的模式以不同的幅度、相位与偏振方向传播，会出现较大的模式离散，从而使传播性能变差，容量变小。好在现阶段光纤的接收只考虑光功率和群速，而与相位及偏振关系不大，故相对传输性能比较好，因此，容量较大的渐变型多模光纤也可使用。

3.5.2 光纤的基本参数

描述光纤的基本参数除了光纤的直径 D 外，还有光波波长 λ_g、光纤芯与包层的相对折射率差 Δ、折射率分布因子 g 以及数值孔径 NA。

1. 光波波长 λ_g

与描述电磁波传播一样，光纤传播因子为 $e^{j(\omega t - \beta z)}$，其中 ω 是传导模的工作角频率，β 为光纤的相移常数。对于传导模，应满足

$$n_2 k < |\beta| < n_1 k \tag{3.5.3}$$

式中：$k = 2\pi/\lambda$（λ 为工作波长）。对应的光波波长为

$$\lambda_g = \frac{2\pi}{\beta} \tag{3.5.4}$$

2. 相对折射率差 Δ

光纤芯与包层的相对折射率差 Δ 定义为

$$\Delta = \frac{n_1 - n_2}{n_1} \tag{3.5.5}$$

它反映了包层与光纤芯折射率的接近程度。当 $\Delta \ll 1$ 时，称此光纤为弱传导光纤，此时 $\beta \approx n_2 k$，光纤近似工作在线极化状态。

3. 折射率分布因子 g

光纤的折射率分布因子 g 是描述光纤折射率分布的参数。一般情况下，光纤折射率随径向变化，如下式所示：

$$n(r)=\begin{cases} n_1\left[1-2\Delta\left(\dfrac{r}{a}\right)^g\right], & r\leqslant a \\[2mm] n_2, & r>a \end{cases} \tag{3.5.6}$$

式中:a 为光纤芯半径。对阶跃型光纤而言,$g\to\infty$;对于渐变型光纤,g 为某一常数。当 $g=2$ 时为抛物型光纤。

4. 数值孔径 NA

光纤的数值孔径 NA 是描述光纤收集光能力的一个参数。从几何光学的关系看,并不是所有入射到光纤端面上的光都能进入光纤内部进行传播,都能从光纤入射端进去从出射端出来,而只有角度小于某一个角度 θ 的光线,才能在光纤内部传播,如图 3-17 所示。我们将这一角度的正弦值定义为光纤数值孔径,θ 定义为光纤的接收锥角,二者关系为

$$\mathrm{NA}=\sin\theta \tag{3.5.7}$$

光纤的数值孔径 NA 还可以用相对折射率差 Δ 来描述:

$$\mathrm{NA}=n_1(2\Delta)^{1/2} \tag{3.5.8}$$

这说明为了取得较大的数值孔径,相对折射率差 Δ 应取大一些。

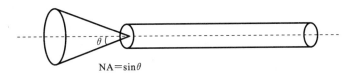

$$\mathrm{NA}=\sin\theta$$

图 3-17 光纤波导的数值孔径 NA

3.5.3 光纤的传输特性

描述光纤传输特性的参数主要有光纤的损耗和色散。

1. 光纤的损耗

引起光纤损耗的主要原因大致有光纤材料不纯、光纤几何结构不完善及光纤材料的本征损耗等。光纤损耗大致可分为吸收损耗、散射损耗和其他损耗。

吸收损耗是指光在光纤中传播时,被光纤材料吸收变成热能的一种损耗,它主要包括:本征吸收损耗、杂质吸收损耗和原子缺陷吸收损耗。散射损耗是由于光纤结构的不均匀,光波在传播过程中变更传播方向,使本来沿内部传播的一部分光由于散射而跑到光纤外面去了。散射的结果是光波能量减少。散射损耗有瑞利散射损耗、非线性效应散射损耗和波导效应散射损耗等。其他损耗包括由于光纤的弯曲或连接等引起的信号损耗等。

图 3-18 所示的为单模光纤波长与损耗的关系曲线。由图可见,在 1.3 $\mu\mathrm{m}$ 和 1.55 $\mu\mathrm{m}$ 波长附近损耗较低,且带宽较宽。

损耗可归纳为光在光纤传播过程中引起的功率衰减,一般用衰减常数 α 来表示:

$$\alpha=-\frac{10\lg(P_1/P_0)}{L} \tag{3.5.9}$$

式中:P_0、P_1 分别是入端和出端功率;L 是光纤长度。当功率采用 dBm 表示时,衰减常数 α 可用下列公式来表示:

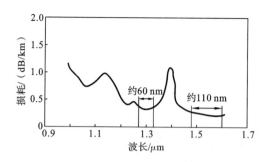

图 3-18 单模光纤波长与损耗的关系曲线

$$\alpha = \frac{P_0(\text{dBm}) - P_1(\text{dBm})}{L} \tag{3.5.10}$$

表 3-1 所示的是几种常用光纤的损耗及其用途。

表 3-1 常用光纤的损耗与用途

光	纤	损耗/(dB/km)	用 途
短波	0.8 μm	3.0	短距离,低速
长波	1.3 μm	0.5	中距离,高速
	1.55 μm	0.2	长距离,高速

2. 光纤的色散特性

所谓光纤的色散是指光纤传播的信号波形发生畸变的一种物理现象,表现为使光脉冲宽度展宽。光脉冲变宽后有可能使到达接收端的前后两个脉冲无法分辨,因此脉冲加宽就会限制传送数据的速率,从而限制了通信容量。

光纤色散主要有材料色散、波导色散和模间色散三种色散效应。所谓材料色散就是由于制作光纤的材料随着工作频率 ω 的改变而变化,也即光纤材料的折射率不是常数,而是频率的函数($n = n(\omega)$),从而引起色散。波导色散是由于波导的结构引起的色散,主要体现在相移常数 β 是频率的函数,在传输过程中,含有一定频谱的调制信号,其各个分量经受不同延迟,必然使信号发生畸变。模间色散是由于光纤中不同模式有不同的群速度,从而在光纤中传输时间不一样,同一波长的输入光脉冲,不同的模式将先后到达输出端,在输出端叠加形成展宽了的脉冲波形。显然,只有多模光纤才会存在模间色散。

通常用时延差来表示色散引起的光脉冲展宽程度。材料色散引起的时延差 $\Delta\tau_\text{m}$ 可表示为

$$\Delta\tau_\text{m} = \frac{L}{c} \cdot \frac{\Delta\lambda}{\lambda}\lambda^2\frac{\text{d}^2 n}{\text{d}\lambda^2} = -L\frac{\Delta\lambda}{\lambda}D_n \tag{3.5.11}$$

式中:c 为真空中的光速;L 为光纤长度;$\Delta\lambda/\lambda$ 为光源的相对谱线宽度;D_n 为材料色散系数。

由波导色散引起的时延差 $\Delta\tau_\beta$ 可表示为

$$\Delta\tau_\beta = -L\frac{\lambda}{\omega}\frac{\text{d}\beta}{\text{d}\lambda} \tag{3.5.12}$$

式中:β 满足 $\beta^2 = n_1^2 k_0^2 - k_{c_1}^2$ ($k_0 = \omega\sqrt{\mu_0\varepsilon_0}$,$k_{c_1}$ 为截止波数)。可见材料色散与波导色散

随波长的变化呈相反的变化趋势,所以总会存在着两种色散大小相等符号相反的波长区,也就是总色散为零或很小的区域。1.55 μm 零色散单模光纤就是根据这一原理制成的。

总之,光纤通信是以光纤为传输媒质来传递信息的,光纤的传输原理与圆形介质波导十分相似。描述光纤传输特性的主要有损耗和色散。光纤的损耗影响了传输距离,而光纤的色散影响了传输带宽和通信容量。

3.6 微波集成传输线

前面介绍了规则金属波导传输系统的传输原理及特性,这类传输系统具有损耗小、结构牢固、功率容量高及电磁波限定在导管内等优点,其缺点是比较笨重、高频下批量成本高、频带较窄等。随着航空、航天事业发展的需要,对微波设备提出了体积要小、重量要轻、可靠性要高、性能要优越、一致性要好、成本要低等要求,这就促成了微波技术与半导体器件及集成电路的结合,产生了微波集成电路。

对微波集成传输元件的基本要求之一就是它必须具有平面型结构,这样可以通过调整单一平面尺寸来控制其传输特性,从而实现微波电路的集成化。集成微波传输系统归纳起来可以分为四大类:

(1) 准 TEM 波传输线,主要包括微带传输线和共面波导等;

(2) 非 TEM 波传输线,主要包括槽线、鳍线等;

(3) 开放式介质波导传输线,主要包括介质波导、镜像波导等;

(4) 半开放式介质波导传输线,主要包括 H 形波导、G 形波导等。

平面波导结构是由相对较薄的介质基板在其双面或单面金属化而得来的。利用光刻或蚀刻金属面来得到各种无源器件、传输线和匹配电路,而有源器件也能很方便地集成到平面波导结构中。这使复杂的微波、毫米波电路实现起来更紧凑、更便宜,在工程上得到了广泛应用。

平面型传输线主要包括带状线、微带线、耦合微带线、共面波导、槽线和共面带状线等,下面主要讨论前面四种结构。

3.6.1 带状线

带状线是由同轴线演化而来的,即将同轴线的外导体对半分开后,再将两半外导体向左右展平,并将内导体制成扁平带线。图 3-19 给出了带状线的演化过程及结构,从其电场分布结构可见其演化特性。显然,带状线仍可理解为与同轴线一样的对称双导体传输线,主要传输的是 TEM 波。

带状线又称三板线,是由两块相距为 b 的接地板与中间宽度为 w、厚度为 t 的矩形截面导体构成,接地板之间填充均匀介质或空气,如图 3-19 所示。由前面的分析可知,由于带状线由同轴线演化而来,因此与同轴线具有相似的特性,这主要体现在其传输主模为 TEM 模,也存在高次 TE 和 TM 模。带状线的传输特性参量主要有:特性阻抗 Z_0、衰减常数 α、相速 v_p 和波导波长 λ_g。

1. 特性阻抗 Z_0

由于带状线上的传输主模为 TEM 模,因此可以用准静态的分析方法求得单位长

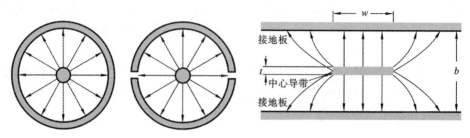

图 3-19 带状线的演化过程及结构

分布电容 C 和分布电感 L，从而有

$$Z_0 = \sqrt{\frac{L}{C}} = \frac{1}{v_p C} \qquad (3.6.1)$$

式中：相速 $v_p = 1/\sqrt{LC} = c/\sqrt{\varepsilon_r}$（$c$ 为自由空间中的光速）。

由式(3.6.1)可知，只要求出带状线的单位长分布电容 C，就可求得其特性阻抗。求解分布电容的方法很多，但常用的是等效电容法和保角变换法。由于计算结果中包含了椭圆函数而且对有厚度的情形还需修正，故不便于工程应用。在这里给出了一组比较实用的公式，这组公式分为导带厚度为零和导带厚度不为零两种情况。

（1）导带厚度为零时的特性阻抗计算公式为

$$Z_0 = \frac{30\pi}{\sqrt{\varepsilon_r}} \frac{b}{w_e + 0.441b} \quad (\Omega) \qquad (3.6.2)$$

式中：w_e 是中心导带的有效宽度，由下式给出：

$$\frac{w_e}{b} = \begin{cases} \dfrac{w}{b}, & w/b > 0.35 \\ \dfrac{w}{b} - \left(0.35 - \dfrac{w}{b}\right)^2, & w/b < 0.35 \end{cases} \qquad (3.6.3)$$

（2）导带厚度不为零时的特性阻抗计算公式为

$$Z_0 = \frac{30}{\sqrt{\varepsilon_r}} \ln\left\{1 + \frac{4}{\pi} \cdot \frac{1}{m}\left[\frac{8}{\pi} \cdot \frac{1}{m} + \sqrt{\left(\frac{8}{\pi} \cdot \frac{1}{m}\right)^2 + 6.27}\right]\right\} \qquad (3.6.4)$$

式中：$m = \dfrac{w}{b-t} + \dfrac{\Delta w}{b-t}$；$\dfrac{\Delta w}{b-t} = \dfrac{x}{\pi(1-x)}\left\{1 - 0.5\ln\left[\left(\dfrac{x}{2-x}\right)^2 + \left(\dfrac{0.0796x}{w/b + 1.1x}\right)^n\right]\right\}$，而 $n = \dfrac{2}{1 + \dfrac{2}{3}\dfrac{x}{1-x}}$，$x = \dfrac{t}{b}$。

对上述公式用 MATLAB 编制计算带状线特性阻抗的计算程序，结果如图 3-20 所示。由图可见，带状线特性阻抗随着 w/b 的增大而减小，而且也随着 t/b 的增大而减小。

2. 衰减常数 α

带状线的损耗包括由中心导带和接地板导体引起的导体损耗、两接地板间填充的介质损耗及辐射损耗。由于接地板通常比中心导带宽得多，因此辐射损耗可忽略不计。所以带状线的衰减主要由导体损耗和介质损耗引起，即

$$\alpha = \alpha_c + \alpha_d \qquad (3.6.5)$$

式中：α 为带状线总的衰减常数；α_c 为导体衰减常数；α_d 为介质衰减常数。

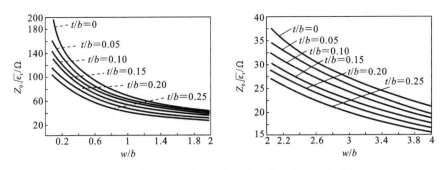

图 3-20 带状线特性阻抗随形状参数 w/b 的变化曲线

介质衰减常数由以下公式给出:

$$\alpha_d = \frac{1}{2}GZ_0 = \frac{27.3\sqrt{\varepsilon_r}}{l_0}\tan\delta \quad (\text{dB/m}) \tag{3.6.6}$$

式中:G 为带状线单位长漏电导;$\tan\delta$ 为介质材料的损耗角正切。

导体衰减常数通常由以下公式给出(单位为 Np/m):

$$\alpha_c = \begin{cases} \dfrac{2.7\times10^{-3}R_s\varepsilon_r Z_0}{30\pi(b-t)}A, & \sqrt{\varepsilon_r}Z_0 < 120\text{ W} \\ \dfrac{0.16R_s}{Z_0 b}B, & \sqrt{\varepsilon_r}Z_0 > 120\text{ W} \end{cases} \tag{3.6.7}$$

式中:$A=1+\dfrac{2w}{b-t}+\dfrac{1}{\pi}\dfrac{b+t}{b-t}\ln\left(\dfrac{2b-t}{t}\right)$;$B=1+\dfrac{b}{0.5w+0.7t}\left(0.5+\dfrac{0.414t}{w}+\dfrac{1}{2\pi}\ln\dfrac{4\pi w}{t}\right)$;$R_s$ 为导体的表面电阻。

3. 相速度和波导波长

由于带状线传输的主模为 TEM 模,故其相速为

$$v_p = \frac{c}{\sqrt{\varepsilon_r}} \tag{3.6.8}$$

而波导波长为

$$\lambda_g = \frac{\lambda_0}{\sqrt{\varepsilon_r}} \tag{3.6.9}$$

式中:λ_0 为自由空间波长;c 为自由空间光速。

4. 带状线的尺寸选择

带状线传输的主模是 TEM 模,但若尺寸选择不合理也会引起高次模 TE 模和 TM 模。在 TE 模中最低次模是 TE_{10} 模,其截止波长为

$$\lambda_{c\text{TE}_{10}} \approx 2w\sqrt{\varepsilon_r} \tag{3.6.10}$$

在 TM 模中最低次模是 TM_{10} 模,其截止波长为

$$\lambda_{c\text{TM}_{10}} \approx 2b\sqrt{\varepsilon_r} \tag{3.6.11}$$

因此,为了抑制带状线中的高次模,带状线的最短工作波长应满足

$$\lambda_{0\min} > \lambda_{c\text{TE}_{10}} = 2w\sqrt{\varepsilon_r}, \quad \lambda_{0\min} > \lambda_{c\text{TM}_{10}} = 2b\sqrt{\varepsilon_r} \tag{3.6.12}$$

于是带状线的尺寸应满足

$$w < \frac{\lambda_{0\min}}{2\sqrt{\varepsilon_r}}, \quad b < \frac{\lambda_{0\min}}{2\sqrt{\varepsilon_r}} \tag{3.6.13}$$

3.6.2 微带线

微带线是由沉积在介质基片上的金属导体带和接地板构成的一种特殊传输系统，它可以看成由双导体传输线演化而来，即将无限薄的导体板垂直插入双导体中间，因为导体板和所有电力线垂直，所以不影响原来的场分布，再将导体圆柱变换成导体带，并在导体带之间加入介质材料，从而构成微带线，它的演化过程及结构如图 3-21 所示。

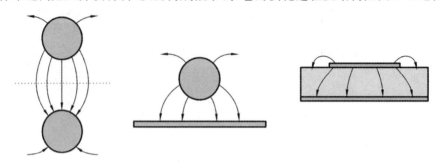

图 3-21 微带线的演化过程及结构

由于在中心导带和接地板之间加入了介质，因此所传输的波已经不是标准的 TEM 波。介质的存在使微带中传输的波存在纵向电场分量 E_z 和纵向磁场分量 H_z。下面从麦克斯韦方程组出发证明纵向分量的存在。

建立如图 3-22 所示的坐标系，介质边界两边电磁场均满足无源麦克斯韦方程组（见式(3.1.1)）。由于理想介质表面既无传导电流，也无自由电荷，在介质和空气的交界面上，电场和磁场的切向分量均连续，即

$$E_{x1}=E_{x2}, \quad E_{z1}=E_{z2}, \quad H_{x1}=H_{x2}, \quad H_{z1}=H_{z2} \tag{3.6.14}$$

式中：下标 1、2 分别代表介质基片区域和空气区域。

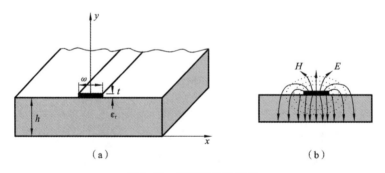

图 3-22 微带线及其坐标

(a) 微带线结构图；(b) 微带线场分布图

在 $y=h$ 处，电磁场的法向分量应满足：

$$E_{y2}=\varepsilon_r E_{y1}, \quad H_{y2}=H_{y1} \tag{3.6.15}$$

先考虑磁场，由式(3.1.1)中的第一式得

$$\frac{\partial H_{z1}}{\partial y}-\frac{\partial H_{y1}}{\partial z}=j\omega\varepsilon_0\varepsilon_r E_{x1}, \quad \frac{\partial H_{z2}}{\partial y}-\frac{\partial H_{y2}}{\partial z}=j\omega\varepsilon_0 E_{x2} \tag{3.6.16}$$

由边界条件可得

$$\frac{\partial H_{z1}}{\partial y}-\frac{\partial H_{y1}}{\partial z}=\varepsilon_r\left(\frac{\partial H_{z2}}{\partial y}-\frac{\partial H_{y2}}{\partial z}\right) \tag{3.6.17}$$

设微带线中波的传播方向为 $+z$ 方向,故电磁场的相位因子为 $\mathrm{e}^{\mathrm{j}(\omega t - \beta z)}$,而 $\beta_1 = \beta_2 = \beta$,故有

$$\frac{\partial H_{y2}}{\partial z} = -\mathrm{j}\beta H_{y2}, \quad \frac{\partial H_{y1}}{\partial z} = -\mathrm{j}\beta H_{y1} \tag{3.6.18}$$

把式(3.6.18)代入式(3.6.17)得

$$\frac{\partial H_{z1}}{\partial y} - \varepsilon_r \frac{\partial H_{z2}}{\partial y} = \mathrm{j}\beta(\varepsilon_r - 1) H_{y2} \tag{3.6.19}$$

同理可得

$$\frac{\partial E_{z1}}{\partial y} - \varepsilon_r \frac{\partial E_{z2}}{\partial y} = \mathrm{j}\beta\left(1 - \frac{1}{\varepsilon_r}\right) E_{y2} \tag{3.6.20}$$

可见当 $\varepsilon_r \neq 1$ 时,必然存在纵向分量 E_z 和 H_z,亦即不存在纯 TEM 模。但是当频率不是很高时,由于微带线基片厚度 h 远小于微带波长,此时纵向分量很小,其场结构与 TEM 模相似,因此一般称之为准 TEM 模。下面分析微带传输线的主要特性。

(1) 特性阻抗 Z_0 与相速。

微带线与其他传输线一样,满足传输线方程,对于准 TEM 模而言,若忽略损耗,则

$$Z_0 = \sqrt{\frac{L}{C}} = \frac{1}{v_p C}, \quad v_p = \frac{1}{\sqrt{LC}}$$

式中:L 和 C 分别为微带线上单位长分布电感和分布电容。

然而,由于微带线周围不只填充一种介质,其中一部分为基片介质,另一部分为空气,这两部分对相速均产生影响,其影响程度由介电常数 ε 和边界条件共同决定。当不存在介质基片即空气填充时,传输的是纯 TEM 波,此时的相速与真空中光速 c 几乎相等,即 $v_p \approx c = 3 \times 10^8$ m/s;而当微带线周围全部用介质填充时,传输的也是纯 TEM 波,其相速 $v_p = c/\sqrt{\varepsilon_r}$。由此可见,实际介质部分填充的微带线(简称介质微带)的相速 v_p 必然介于 c 和 $c/\sqrt{\varepsilon_r}$ 之间,为此引入有效介电常数 ε_e,令

$$\varepsilon_e = \left(\frac{c}{v_p}\right)^2 \tag{3.6.21}$$

则介质微带线的相速为

$$v_p = \frac{c}{\sqrt{\varepsilon_e}} \tag{3.6.22}$$

有效介电常数 ε_e 的取值在 1 与 ε_r 之间,具体数值由相对介电常数 ε_r 和边界条件决定。现设空气微带线的分布电容为 C_0,介质微带线的分布电容为 C_1,于是

$$c = \frac{1}{\sqrt{LC_0}}, \quad v_p = \frac{1}{\sqrt{LC_1}} \tag{3.6.23}$$

由式(3.6.22)及式(3.6.23)得

$$C_1 = \varepsilon_e C_0 \quad 或 \quad \varepsilon_e = \frac{C_1}{C_0} \tag{3.6.24}$$

由式(3.6.24)可知,有效介电常数 ε_e 就是介质微带线的分布电容 C_1 和空气微带线的分布电容 C_0 之比。于是,介质微带线的特性阻抗 Z_0 与空气微带线的特性阻抗 Z_0^a 有如下关系:

$$Z_0 = \frac{Z_0^a}{\sqrt{\varepsilon_e}} \tag{3.6.25}$$

由此可见,只要求得空气微带线的特性阻抗 Z_0^a 及有效介电常数 ε_e,则介质微带线

的特性阻抗就可由式(3.6.25)求得。可以通过保角变换及复变函数求得 Z_0^a 及 ε_e 的严格解，但结果较复杂，工程上一般采用近似公式。下面给出一组实用的计算公式。

① 导带厚度为零时的空气微带线的特性阻抗 Z_0^a 及有效介电常数 ε_e。

$$\begin{cases} Z_0^a = 59.952\ln\left(\dfrac{8h}{w}+\dfrac{w}{4h}\right), & w/h\leqslant 1 \\[3mm] Z_0^a = \dfrac{119.904\pi}{\dfrac{w}{h}+2.42-\dfrac{0.44h}{w}+\left(1-\dfrac{h}{w}\right)^6}, & w/h>1 \end{cases} \tag{3.6.26}$$

$$\varepsilon_e = 1+q(\varepsilon_r-1) \tag{3.6.27}$$

其中，

$$\begin{cases} q=\dfrac{1}{2}+\dfrac{1}{2}\left[\left(1+\dfrac{12h}{w}\right)^{-\frac{1}{2}}+0.041\left(1-\dfrac{w}{h}\right)^2\right], & w/h\leqslant 1 \\[3mm] q=\dfrac{1}{2}+\dfrac{1}{2}\left(1+\dfrac{12h}{w}\right)^{-\frac{1}{2}}, & w/h>1 \end{cases} \tag{3.6.28}$$

式中：w/h 是微带线的形状比，w 是微带线的导带宽度，h 是介质基片厚度；q 为填充因子，它的大小反映了介质填充的程度；当 $q=0$ 时，$\varepsilon_e=1$，对应于全空气填充，当 $q=1$ 时，$\varepsilon_e=\varepsilon_r$，对应于全介质填充。

工程上，很多时候是已知微带线的特性阻抗 Z_0 及介质的相对介电常数 ε_r，反过来求 w/h。此时分为以下两种情形。

a. $Z_0>44-2\varepsilon_r(\Omega)$：

$$\frac{w}{h}=\left[\frac{\exp(A)}{8}-\frac{1}{4\exp(A)}\right]^{-1} \tag{3.6.29}$$

其中

$$A=\frac{Z_0}{119.9}\sqrt{2(\varepsilon_r+1)}+\frac{\varepsilon_r-1}{2(\varepsilon_r+1)}\left(\ln\frac{\pi}{2}+\frac{1}{\varepsilon_r}\ln\frac{4}{\pi}\right) \tag{3.6.30}$$

此时的有效介电常数表示式为

$$\varepsilon_e=\frac{\varepsilon_r+1}{2}\left[1-\frac{\varepsilon_r-1}{2A(\varepsilon_r+1)}\left(\ln\frac{\pi}{2}+\frac{1}{\varepsilon_r}\ln\frac{4}{\pi}\right)\right]^{-2} \tag{3.6.31}$$

其中，A 可由式(3.6.30)求出，也可作为 w/h 的函数由下式给出

$$A=\ln\left[4\frac{h}{w}+\sqrt{16\left(\frac{h}{w}\right)^2+2}\right] \tag{3.6.32}$$

b. $Z_0<44-2\varepsilon_r(\Omega)$：

$$\frac{w}{h}=\frac{2}{\pi}\left[(B-1)-\ln(2B-1)\right]+\frac{\varepsilon_r-1}{\pi\varepsilon_r}\left[\ln(B-1)+0.293-\frac{0.517}{\varepsilon_r}\right] \tag{3.6.33}$$

其中，$B=\dfrac{59.95\pi^2}{Z_0\sqrt{\varepsilon_r}}$，由此可算出有效介电常数

$$\varepsilon_e=\frac{\varepsilon_r+1}{2}+\frac{\varepsilon_r-1}{2}\left(1+10\frac{h}{w}\right)^{-0.555} \tag{3.6.34}$$

若先知道 Z_0 也可由下式求得 ε_e，即

$$\varepsilon_e=\frac{\varepsilon_r}{0.96+\varepsilon_r(0.109-0.004\varepsilon_r)\left[\lg(10+Z_0)-1\right]} \tag{3.6.35}$$

上述相互转换公式在微带器件的设计中是十分有用的。

② 导带厚度不为零时空气微带线的特性阻抗 Z_0^a。

当导带厚度不为零时,介质微带线的有效介电常数和空气微带线的特性阻抗 Z_0^a 必须修正。此时导体厚度 $t\neq 0$ 可等效为导体宽度加宽为 w_e,这是因为当 $t\neq 0$ 时,导带的边缘电容增大,相当于导带的等效宽度增加。当 $t<h,t<w/2$ 时,相应的修正公式为

$$\frac{w_e}{h}=\frac{w}{h}+\frac{t}{\pi h}\left(1+\ln\frac{2h}{t}\right),\quad \frac{w}{h}\geqslant\frac{1}{2\pi} \tag{3.6.36}$$

$$\frac{w_e}{h}=\frac{w}{h}+\frac{t}{\pi h}\left(1+\ln\frac{4\pi w}{t}\right),\quad \frac{w}{h}\leqslant\frac{1}{2\pi} \tag{3.6.37}$$

在前述零厚度特性阻抗计算公式中,用 w_e/h 代替 w/h 即可得非零厚度时的特性阻抗。利用上述公式用 MATLAB 编制了计算微带线的特性阻抗的计算程序,计算结果如图 3-23 所示。由图可见,介质微带线的特性阻抗随着 w/h 的增大而减小;相同尺寸条件下,ε_r 越大,特性阻抗越小。

(2) 波导波长 λ_g。

微带线的波导波长也称为带内波长,即

$$\lambda_g=\frac{\lambda_0}{\sqrt{\varepsilon_e}} \tag{3.6.38}$$

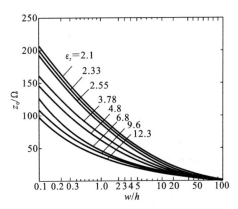

图 3-23　微带线的特性阻抗随 w/h 的变化曲线

显然,微带线的波导波长与有效介电常数 ε_e 有关,也就是与 $\frac{w}{h}$ 有关,亦即与特性阻抗 Z_0 有关。对同一工作频率,不同特性阻抗的微带线有不同的波导波长。

(3) 微带线的衰减常数 α。

由于微带线是半开放结构,因此除了有导体损耗和介质损耗之外,还有一定的辐射损耗。不过当基片厚度很小、相对介电常数 ε_r 较大时,绝大部分功率集中在导带附近的空间里,所以辐射损耗是很小的,与其他两种损耗相比可以忽略。因此,下面着重讨论导体损耗和介质损耗引起的衰减。

① 导体衰减常数 α_c。

由于微带线的金属导体带和接地板上都存在高频表面电流,因此存在热损耗,但由于表面电流的精确分布难以求得,所以也就难以得出计算导体衰减的精确计算公式。工程上一般采用以下近似计算公式(以 dB 表示):

$$\begin{cases}\dfrac{\alpha_c Z_0 h}{R_S}=\dfrac{8.68}{2\pi}\left[1-\left(\dfrac{w_e}{4h}\right)^2\right]\left\{1+\dfrac{h}{w_e}+\dfrac{h}{\pi w_e}\left[\ln\left(4\pi\dfrac{w/h}{t/h}+\dfrac{t/h}{w/h}\right)\right]\right\},&w/h\leqslant 0.16\\[4mm]\dfrac{\alpha_c Z_0 h}{R_S}=\dfrac{8.68}{2\pi}\left[1-\left(\dfrac{w_e}{4h}\right)^2\right]\left[1+\dfrac{h}{w_e}+\dfrac{h}{\pi w_e}\left(\ln\dfrac{2h}{t}-\dfrac{t}{h}\right)\right],&0.16\leqslant w/h\leqslant 2\\[4mm]\dfrac{\alpha_c Z_0 h}{R_S}=\dfrac{8.68}{\dfrac{w_e}{h}+\dfrac{2}{\pi}\ln\left[2\pi e\left(\dfrac{w_e}{2h}+0.94\right)\right]}\left[\dfrac{w_e}{h}+\dfrac{\dfrac{w_e}{\pi h}}{\dfrac{w_e}{2h}+0.094}\right]\\[6mm]\qquad\cdot\left[1+\dfrac{h}{w_e}+\dfrac{h}{\pi w_e}\left(\ln\dfrac{2h}{t}-\dfrac{t}{h}\right)\right],&w/h\geqslant 2\end{cases}$$

$$\tag{3.6.39}$$

式中：w_e 为 t 不为零时导带的等效宽度；R_S 为导体表面电阻。

为了降低导体的损耗，除了选择表面电阻率很小的导体材料（如金、银、铜）之外，对微带线的加工工艺也有严格的要求。一方面加大导体带厚度，这是由于趋肤效应的影响，导体带越厚，导体损耗越小，故一般取导体厚度为 5～8 倍的趋肤深度；另一方面，导体带表面的粗糙度要尽可能小，一般应在微米量级以下。

② 介质衰减常数 α_d。

对均匀介质传输线，其介质衰减常数由下式决定：

$$\alpha_d = \frac{1}{2}GZ_0 = \frac{27.3\sqrt{\varepsilon_r}}{\lambda_0}\tan\delta \qquad (3.6.40)$$

式中：$\tan\delta$ 为介质材料的损耗角正切。

由于实际微带只有部分介质填充，因此必须使用以下修正公式：

$$\alpha_d = \frac{27.3\sqrt{\varepsilon_r}}{\lambda_0}q_e\tan\delta \qquad (3.6.41)$$

式中：$q_e = \varepsilon_r(\varepsilon_e - 1)/[\varepsilon_e(\varepsilon_r - 1)]$ 为介质损耗角的填充系数。一般情况下，微带线的导体衰减远大于介质衰减，因此一般可忽略介质衰减。但当用硅和砷化镓等半导体材料作为介质基片时，微带线的介质衰减相对较大，不可忽略。

（4）微带线的色散特性。

前面对微带线的分析都是基于准 TEM 模条件下进行的。当频率较低时，这种假设是符合实际的。然而，实验证明，当工作频率高于 5 GHz 时，介质微带线的特性阻抗和相速的计算结果与实际相差较多。这表明频率较高时，微带线中由 TE 模和 TM 模组成的高次模使特性阻抗和相速随着频率的变化而变化，也即具有色散特性。事实上，频率升高时，相速 v_p 要降低，则 ε_e 应增大，而相应的特性阻抗 Z_0 应减小。为此，一般用修正公式来计算介质微带线的传输特性。下面给出的这组公式的适用范围为：$2 \leqslant \varepsilon_r \leqslant 16$，$0.06 \leqslant w/h \leqslant 16$ 以及 $f \leqslant 100$ GHz。有效介电常数 $\varepsilon_e(f)$ 可用以下公式计算：

$$\varepsilon_e(f) = \left(\frac{\sqrt{\varepsilon_r} - \sqrt{\varepsilon_e}}{1 + 4F^{-1.5}} + \sqrt{\varepsilon_e}\right)^2 \qquad (3.6.42)$$

式中：$F = \frac{4h\sqrt{\varepsilon_r - 1}}{\lambda_0}\left\{0.5 + \left[1 + 2\ln\left(1 + \frac{w}{h}\right)\right]^2\right\}$。特性阻抗计算公式为

$$Z_0(f) = Z_0\frac{\varepsilon_e(f) - 1}{\varepsilon_e - 1}\sqrt{\frac{\varepsilon_e}{\varepsilon_e(f)}} \qquad (3.6.43)$$

（5）高次模与微带尺寸的选择。

微带线的高次模有两种模式：波导模式和表面波模式。波导模式存在于导带与接地板之间，表面波模式则只要在接地板上有介质基片即能存在。波导模式可分为 TE 模和 TM 模，其中 TE 模最低模式为 TE_{10} 模，其截止波长为

$$\lambda_{cTE_{10}} = \begin{cases} 2w\sqrt{\varepsilon_r}, & t = 0 \\ 2\sqrt{\varepsilon_r}(w + 0.4h), & t \neq 0 \end{cases} \qquad (3.6.44a)$$

而 TM 模最低模式为 TM_{01} 模，其截止波长为

$$\lambda_{cTM_{01}} = 2h\sqrt{\varepsilon_r} \qquad (3.6.44b)$$

对于表面波模式，导体表面的介质基片使电磁波束缚在导体表面附近而不扩散，并使电磁波沿导体表面传输，故称为表面波，其中最低次模是 TM_0 模，其次是 TE_1 模。TM_0 模的截止波长为 ∞，即任何频率下 TM_0 模均存在。TE_1 模的截止波长为

$$\lambda_{cTE_1} = 4h \sqrt{\varepsilon_r - 1} \tag{3.6.45}$$

根据以上分析,为抑制高次模的产生,微带的尺寸应满足

$$w < \frac{(\lambda_0)_{\min}}{2\sqrt{\varepsilon_r}} - 0.4h \tag{3.6.46}$$

$$h < \min\left[\frac{(\lambda_0)_{\min}}{2\sqrt{\varepsilon_r}}, \quad \frac{(\lambda_0)_{\min}}{4\sqrt{\varepsilon_r-1}}\right] \tag{3.6.47}$$

实际常用微带所采用的基片有纯度为 99.5% 的氧化铝陶瓷($\varepsilon_r = 9.5 \sim 10$, $\tan\delta = 0.0003$)、聚四氟乙烯($\varepsilon_r = 2.1$, $\tan\delta = 0.0004$)和聚四氟乙烯玻璃纤维板($\varepsilon_r = 2.55$, $\tan\delta = 0.008$),使用基片厚度一般为 $0.008 \sim 0.08$ mm,而且一般都有金属屏蔽盒,使之免受外界干扰。屏蔽盒的高度取 $H \geqslant (5 \sim 6)h$,接地板宽度取 $a \geqslant (5 \sim 6)w$。

3.6.3 耦合微带线

耦合微带线由两根平行放置、彼此靠近的微带线构成。耦合微带线有不对称和对称两种结构。两根微带线的尺寸完全相同的就是对称耦合微带线,尺寸不相同的就是不对称耦合微带线。耦合微带线可用来设计各种定向耦合器、滤波器、平衡与不平衡变换器等。这里只介绍对称耦合微带线,其结构与场分布如图 3-24 所示,其中 w 为导带宽度,s 为两导带间距离。

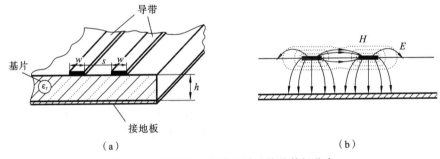

图 3-24 对称耦合微带线的结构及其场分布

(a) 耦合微带线结构;(b) 电磁场分布

耦合微带线与微带线一样,是部分填充介质的不均匀结构,因此传输的不是纯 TEM 模,而是具有色散特性的混合模,分析过程较为复杂,一般采用奇偶模法进行分析。

设两耦合线上的电压分布分别为 $U_1(z)$ 和 $U_2(z)$,线上电流分别为 $I_1(z)$ 和 $I_2(z)$,且传输线工作在无耗状态,此时两耦合线上任一微分小段 dz 的等效电路如图 3-25 所示,其中 C_a、C_b 为各自独立的分布电容,C_{ab} 为互分布电容,L_a、L_b 为各自独立的分布电感,L_{ab} 为互分布电感,对于对称结构,有

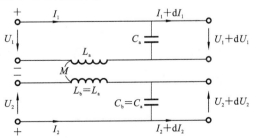

图 3-25 对称耦合微带线的等效电路

$$C_a = C_b, \quad L_a = L_b, \quad L_{ab} = M$$

由电路理论可得

$$\begin{cases} -\dfrac{dU_1}{dz} = j\omega L I_1 + j\omega L_{ab} I_2 \\[2mm] -\dfrac{dU_2}{dz} = j\omega L_{ab} I_1 + j\omega L I_2 \\[2mm] -\dfrac{dI_1}{dz} = j\omega C U_1 - j\omega C_{ab} U_2 \\[2mm] -\dfrac{dI_2}{dz} = -j\omega C_{ab} U_1 + j\omega C U_2 \end{cases} \tag{3.6.48}$$

式中：$L = L_a$ 与 $C = C_a + C_{ab}$ 分别表示另一根耦合线存在时的单线分布电感和分布电容。式(3.6.48)即为耦合传输线方程。

对于对称耦合微带线，可以将激励分为奇模激励和偶模激励。设两线的激励电压分别为 U_1、U_2，则可表示为两个等幅同相电压 U_e 激励（即偶模激励）和两个等幅反相电压 U_o 激励（即奇模激励）。U_1 和 U_2 与 U_e 和 U_o 之间的关系为

$$\begin{cases} U_e + U_o = U_1 \\ U_e - U_o = U_2 \end{cases} \tag{3.6.49}$$

于是，解得

$$\begin{cases} U_e = \dfrac{U_1 + U_2}{2} \\[2mm] U_o = \dfrac{U_1 - U_2}{2} \end{cases} \tag{3.6.50}$$

1. 偶模激励

当对耦合微带线进行偶模激励时，对称面上磁场的切向分量为零，电力线平行于对称面，对称面可等效为"磁壁"，如图 3-26(a)所示。此时，令式(3.6.48)中 $U_1 = U_2 = U_e$，$I_1 = I_2 = I_e$，得

$$\begin{cases} -\dfrac{dU_e}{dz} = j\omega(L + L_{ab})I_e \\[2mm] -\dfrac{dI_e}{dz} = j\omega(C - C_{ab})U_e \end{cases} \tag{3.6.51}$$

于是可得偶模传输线方程为

$$\begin{cases} \dfrac{d^2 U_e}{dz^2} + \omega^2 LC\left(1 + \dfrac{L_{ab}}{L}\right)\left(1 - \dfrac{C_{ab}}{C}\right)U_e = 0 \\[3mm] \dfrac{d^2 I_e}{dz^2} + \omega^2 LC\left(1 + \dfrac{L_{ab}}{L}\right)\left(1 - \dfrac{C_{ab}}{C}\right)I_e = 0 \end{cases} \tag{3.6.52}$$

令 $K_L = L_{ab}/L$ 与 $K_C = C_{ab}/C$ 分别为电感耦合系数和电容耦合系数。由第 2 章均匀传输线理论可得偶模传输常数 β_e、相速 v_{pe} 及特性阻抗 Z_{0e} 分别为

$$\begin{cases} \beta_e = \omega \sqrt{LC(1 + K_L)(1 - K_C)} \\[2mm] v_{pe} = \dfrac{\omega}{\beta_e} = \dfrac{1}{\sqrt{LC(1 + K_L)(1 - K_C)}} \\[3mm] Z_{0e} = \dfrac{1}{v_{pe} C_{0e}} = \sqrt{\dfrac{L(1 + K_L)}{C(1 - K_C)}} \end{cases} \tag{3.6.53}$$

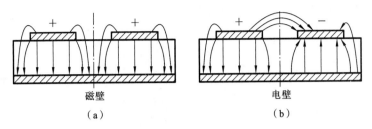

图 3-26 偶模激励和奇模激励时的电力线分布

(a) 偶模；(b) 奇模

式中：$C_{0e}=C(1-K_C)=C_a$ 为偶模电容。

2. 奇模激励

当对耦合微带线进行奇模激励时，对称面上电场的切向分量为零，对称面可等效为"电壁"，如图 3-26(b)所示。此时，令式(3.6.48)中 $U_1=-U_2=U_o$，$I_1=-I_2=I_o$，得

$$\begin{cases} -\dfrac{\mathrm{d}U_o}{\mathrm{d}z}=\mathrm{j}\omega L(1-K_L)I_o \\[2mm] -\dfrac{\mathrm{d}I_o}{\mathrm{d}z}=\mathrm{j}\omega C(1+K_C)U_o \end{cases} \tag{3.6.54}$$

经同样分析可得奇模传输常数 β_o、相速 v_{po} 及特性阻抗 Z_{0o} 分别为

$$\begin{cases} \beta_o=\omega\sqrt{LC(1-K_L)(1+K_C)} \\[2mm] v_{po}=\dfrac{\omega}{\beta_o}=\dfrac{1}{\sqrt{LC(1-K_L)(1+K_L)}} \\[2mm] Z_{0o}=\dfrac{1}{v_{po}C_{0o}}=\sqrt{\dfrac{L(1-K_L)}{C(1+K_C)}} \end{cases} \tag{3.6.55}$$

式中：$C_{0o}=C(1+K_C)=C_a+2C_{ab}$ 为奇模电容。

3. 奇偶模有效介电常数与耦合系数

设空气介质情况下奇、偶模电容分别为 $C_{0o}(1)$ 和 $C_{0e}(1)$，而实际介质情况下的奇、偶模电容分别为 $C_{0o}(\varepsilon_r)$ 和 $C_{0e}(\varepsilon_r)$，则耦合微带线的奇、偶模有效介电常数分别为

$$\varepsilon_{eo}=\frac{C_{0o}(\varepsilon_r)}{C_{0o}(1)}=1+q_o(\varepsilon_r-1)，\quad \varepsilon_{ee}=\frac{C_{0e}(\varepsilon_r)}{C_{0o}(1)}=1+q_e(\varepsilon_r-1) \tag{3.6.56}$$

式中：q_o、q_e 分别为奇、偶模的填充因子。此时，奇偶模的相速和特性阻抗可分别表达为

$$\begin{cases} v_{po}=\dfrac{c}{\sqrt{\varepsilon_{eo}}} \\[2mm] v_{pe}=\dfrac{c}{\sqrt{\varepsilon_{ee}}} \end{cases}，\quad \begin{cases} Z_{0o}=\dfrac{1}{v_{po}C_{0o}(\varepsilon_r)}=\dfrac{Z_{0o}^a}{\sqrt{\varepsilon_{eo}}} \\[2mm] Z_{0e}=\dfrac{1}{v_{pe}C_{0e}(\varepsilon_r)}=\dfrac{Z_{0e}^a}{\sqrt{\varepsilon_{ee}}} \end{cases} \tag{3.6.57}$$

式中：Z_{0o}^a 和 Z_{0e}^a 分别为空气耦合微带的奇、偶模特性阻抗。可见，由于耦合微带线的 ε_{eo} 和 ε_{ee} 不相等，故奇、偶模的波导波长也不相等，它们分别为

$$\lambda_{go}=\frac{\lambda_0}{\sqrt{\varepsilon_{eo}}}，\quad \lambda_{ge}=\frac{\lambda_0}{\sqrt{\varepsilon_{ee}}} \tag{3.6.58}$$

当介质为空气时，$\varepsilon_{eo}=\varepsilon_{ee}=1$，奇、偶模相速均为光速，此时必有

$$K_L=K_C=K \tag{3.6.59}$$

称 K 为耦合系数,由式(3.6.53)和式(3.6.55)得

$$Z_{0e}^a = \sqrt{\frac{L}{C}}\sqrt{\frac{1+K}{1-K}}, \quad Z_{0o}^a = \sqrt{\frac{L}{C}}\sqrt{\frac{1-K}{1+K}} \tag{3.6.60}$$

设 $Z_{0C}^a = \sqrt{L/C}$,它是考虑到另一根耦合线存在条件下空气填充时单根微带线的特性阻抗,于是有

$$\sqrt{Z_{0e}^a Z_{0o}^a} = Z_{0C}^a, \quad Z_{0C}^a = Z_0^a\sqrt{1-K^2} \tag{3.6.61}$$

式中:Z_0^a 是空气填充时孤立单线的特性阻抗。根据以上分析,结论如下:

(1) 对空气耦合微带线,奇偶模的特性阻抗虽然随耦合状况而变,但两者的乘积等于存在另一根耦合线时的单线特性阻抗的平方;

(2) 耦合越紧,Z_{0o}^a 和 Z_{0e}^a 差值越大;耦合越松,Z_{0o}^a 和 Z_{0e}^a 差值越小。当耦合很弱时,$K\to 0$,此时奇、偶特性阻抗相当接近且趋于孤立单线的特性阻抗。

3.6.4 共面波导

共面波导传输线是在传统微带线的基础上变化而来的,它是将地与金属条带置于同一平面而构成的,如图 3-27 所示。共面波导有三种基本形式,即无限宽地共面波导、有限宽地共面波导和金属衬底共面波导,如图 3-28 所示。共面波导由于其金属条带与地在同一平面而具备很多优点:

(1) 低色散、宽频带特性;

(2) 便于与其他元器件连接;

(3) 特性阻抗调整方便;

(4) 方便构成无源部件(如定向耦合器)及平面天线的馈电。

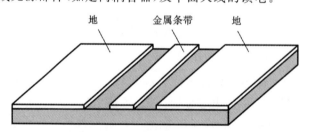

图 3-27　共面波导结构示意图

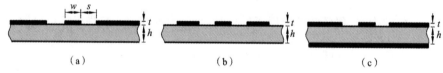

图 3-28　三种基本共面波导结构

(a) 无限宽地共面波导;(b) 有限宽地共面波导;(c) 金属衬底共面波导

上述特点使得共面波导得到了广泛的应用,并且有很多变化的结构满足不同的需求。当金属条带(宽度为 w)与地之间的缝(缝宽为 s)比较小时,共面波导也工作在准TEM模,因此其传输特性也可以用特性阻抗和有效介电常数两个参数来表征。通常采用下面的计算公式:

$$\varepsilon_{re} = 1 + \frac{\varepsilon_r - 1}{2}\frac{K(k_2)}{K'(k_2)}\frac{K'(k_1)}{K(k_1)}, \quad Z_0 = \frac{30\pi}{\sqrt{\varepsilon_{re}}}\frac{K'(k_1)}{K(k_1)} \tag{3.6.62}$$

其中,

$$\frac{K(k)}{K'(k)}=\begin{cases} \dfrac{\pi}{\ln\left[2\left(1+\sqrt[4]{1-k^2}\right)/\left(1-\sqrt[4]{1-k^2}\right)\right]}, & 0\leqslant k<0.707 \\[2ex] \dfrac{\ln\left[2(1+\sqrt{k})/(1-\sqrt{k})\right]}{\pi}, & 0.707\leqslant k\leqslant 1 \end{cases} \quad (3.6.63)$$

$$k_1=\frac{a}{b}, \quad k_2=\frac{\sinh(\pi a/2h)}{\sinh(\pi b/2h)} \quad (3.6.64)$$

参数 a 和 b 与缝宽 s 及条带宽度 w 之间的关系为

$$w=2a, \quad s=b-a \quad (3.6.65)$$

根据上述公式,我们用 MATLAB 计算得到了 $\varepsilon_r=10.2,w=1.2$ mm 时特性阻抗随 s/w 及 h/w 的变化曲线和有效介电常数随 s/w 及 h/w 的变化曲线,如图 3-29 所示。由图 3-29(a)可见,h/w 越大,特性阻抗 Z_0 越小,有效介电常数随 s/w 变化缓慢;当 $h/w>10$ 时,有效介电常数几乎为常数,如图 3-29(b)所示。

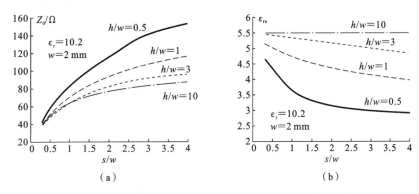

图 3-29 共面波导的特性阻抗和有效介电常数与结构参数的关系

(a) 共面波导特性阻抗与结构尺寸的关系;(b) 共面波导有效介电常数与结构参数的关系

3.7 基片集成波导

它是近些年来提出的三维周期性导波结构,将两排金属过孔阵列模拟金属电壁,此时金属过孔阵列的一侧就相当于矩形波导结构的窄边,当波导的工作波长远大于通孔间距时,电磁波就不会通过通孔之间缝隙泄漏出去,从而达到抑制电磁波向外辐射的目的,使得电磁波只能在特定空间内进行传输。

3.7.1 基本结构

如图 3-30 所示,它的中间为介质基板,基板的左右两侧为两排周期性金属过孔阵列,上、下两个面覆盖的是金属。S 为同一侧相邻过孔之间的周期距离,d 为过孔的直径,W_{siw} 为结构的宽度(两排过孔之间的距离),h 是介质基板的厚度。为了表述方便,如无特加说明,基本结构的尺寸都用这些字母来表示。当 S 小于波导波长的 1/5 且 $S<4d$ 时,孔间的辐射损耗是可以忽略的。

基片集成波导与传统金属波导之间不仅在构造上类似,两者的传输响应也相似。因此,在分析其电磁特性时一般可以将其等效为传统金属波导进行分析。它的截止频

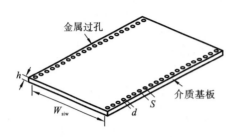

金属过孔

h

W_{siw}

S

d

介质基板

图 3-30 基片集成波导基本结构

率一般情况下可由两列过孔之间距离的大小 W_{siw} 决定,但与传统金属波导不一样的是,两个窄边由于金属过孔之间缝隙的存在使其不能成为理想电壁,我们可以将其称为"准"电壁。在电磁波传输时,基片集成波导的表面会有电流存在,而由于形成波导两个窄边的两列金属圆柱之间有缝隙的存在,因此会使得能量发生泄露。能量泄露的大小与金属圆柱之间的缝隙成正比,当缝隙为零时,能量将不会泄露,但此时基板的结构就会被破坏。金属圆柱之间的缝隙会使得表面电流被阻断,从而导致辐射的发生,微波能量就无法传播。因此在结构中只存在 TE_{n0} 模式的波。假设 TM 模的波能够存在于其中,则它的侧壁就会形成垂直电流,金属圆柱间的空隙会把垂直电流阻断从而出现大量的辐射,因此基片集成波导中不会产生 TM 模式的波。

基片集成波导中 TE_{10} 模和 TE_{20} 模的截止频率与结构尺寸对应的公式为

$$f_{c\mathrm{TE}_{10}} = \frac{c}{2\sqrt{\varepsilon_{\mathrm{r}}}}\left(W_{\mathrm{siw}} - \frac{D^2}{0.95 \times S}\right)^{-1} \tag{3.7.1}$$

$$f_{c\mathrm{TE}_{20}} = \frac{c}{\sqrt{\varepsilon_{\mathrm{r}}}}\left(W_{\mathrm{siw}} - \frac{D^2}{1.1 \times S} - \frac{D^3}{6.6 \times S^2}\right)^{-1} \tag{3.7.2}$$

式(3.7.1)与式(3.7.2)中 c 表示真空中的光速,ε_{r} 表示的是所用介质的相对介电常数。从上述公式中可以看出,截止频率与介质基板的厚度 h 没有关系,但 h 会影响谐振腔的 Q 值。

对比在填充介质的传统金属波导中,TE_{mn} 模截止频率为

$$f_{c\mathrm{TE}_{mn}} = \frac{1}{2\sqrt{\mu\varepsilon}}\sqrt{\left(\frac{m}{a}\right)^2 + \left(\frac{n}{b}\right)^2} \tag{3.7.3}$$

可得到 TE_{10} 模的截止频率为

$$f_{c\mathrm{TE}_{10}} = \frac{1}{2\sqrt{\mu\varepsilon}}a^{-1} = \frac{1}{2\sqrt{\varepsilon_{\mathrm{r}}}}a^{-1} \tag{3.7.4}$$

所以能够得到基片集成波导结构的等效宽度为

$$W_{\mathrm{eff}} = W_{\mathrm{siw}} - \frac{D^2}{0.95S} \tag{3.7.5}$$

3.7.2 传输特性及损耗特性

基片集成波导的实质就是一种介质填充的矩形波导结构,其上、下表面金属层相当于它的宽边,两列金属过孔阵列相当于它的窄边,电磁波则在介质上、下表面金属层与两列金属过孔阵列所组成的空间传输。与传统的矩形波导相似,截止频率主要由 W_{siw} 决定,也就是说,它具有高通滤波特性。但也有与传统矩形波导不一样的地方,即采用两列金属过孔阵列来模拟矩形波导的窄边,由于相邻通孔之间存在间隙,则不可避免地会造成电磁波的损耗,所以说金属过孔之间的距离将会影响电磁波的损耗。很明显相邻金属过孔间距越小,电磁波的损耗随之减少,当间距变成零时,此时通孔连在一起,就没有电磁波泄漏了,但是介质基片的结构遭到了破坏。所以,工程上使用 PCB 工艺和

LTCC 工艺对其结构进行加工时,会对过孔的直径大小及过孔之间的距离作出严格的规定。因此,实际设计基片集成波导器件的时候,在能够实现的电路工艺前提下,通过优化金属过孔半径和过孔间距减小电磁波损耗。

图 3-31 所示的是两边开缝隙的矩形波导 TE_{10} 模的表面电流分布。从图 3-31 中可知,侧壁方向的槽和表面电流方向相同,从而不会阻断表面电流的流动,所以可以传播 TE_{10} 模,TE_{mn} 模同理;相反的,对于 TM 模,横向的磁场所形成的纵向表面电流将会阻断窄边表面电流的流动,因此这种结构不能传播 TM 模,TM_{mn} 模同理。我们可以把基片集成波导结构看成是

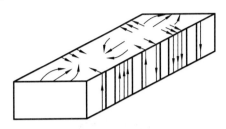

图 3-31 两边开缝隙的矩形波导

在侧壁方向开槽的矩形波导,因此在该结构中只能传输 TE_{mn} 模,主模为 TE_{10} 模。由于它和矩形波导结构的相似特性,我们可以很容易地推导出其等效截止波长为

$$\lambda_{cTE_{mn}} = \frac{2}{\sqrt{\left(\frac{m}{W_{\text{eff}}}\right)^2 + \left(\frac{n}{h}\right)^2}} \qquad (3.7.6)$$

由于仅存在 TE_{mn} 模,从而有

$$\lambda_{cTE_{n0}} = \frac{2W_{\text{eff}}}{n} \qquad (3.7.7)$$

主模 TE_{10} 的 f_c 及 λ_g 分别为

$$f_{cTE_{10}} = \frac{c}{2W_{\text{eff}}\sqrt{\varepsilon_r}} \qquad (3.7.8)$$

$$\lambda_{gTE_{10}} = \frac{\lambda}{\sqrt{1 - \left(\frac{\lambda}{2W_{\text{eff}}}\right)^2}} \qquad (3.7.9)$$

$$\lambda = \frac{2\pi}{k} = \frac{c_0}{f\sqrt{\varepsilon_0}} \qquad (3.7.10)$$

式中:c 是自由空间中的光速;ε_r 是填充介质的相对介电常数;λ_g 则是波导波长。由于主模 TE_{10} 的截止波长为 $\lambda_c = 2W_{\text{eff}}$,$W_{\text{eff}}$ 取值需符合下式:

$$0.5\lambda < W_{\text{eff}} < \lambda, \quad 0 < h < 0.5\lambda$$

根据传统矩形波导的阻抗公式,我们同样可以得出基片集成波导结构主模的波阻抗

$$Z_e = \frac{h\eta_0}{W_{\text{eff}}\sqrt{\varepsilon_r - \left(\frac{\lambda}{2W_{\text{eff}}}\right)^2}} \qquad (3.7.11)$$

式中:$\eta_0 = 120\pi \ \Omega$ 为空气中的波阻抗。

因为相邻过孔之间存在间隙,电磁波能量泄漏在所难免。所以为了能更好地将此技术用于实际,研究它的衰减特性是很有必要的。一般而言,基片集成波导结构的电磁损耗来源于以下三个方面:其一为金属的欧姆损耗 α_c;其二为波导侧壁的不连续性所导致的辐射损耗 α_r,其三为介质损耗 α_L。总衰减 α 可以表示为这三种衰减之和,即

$$\alpha = \alpha_r + \alpha_c + \alpha_L \qquad (3.7.12)$$

辐射损耗可以通过适当优化过孔的直径和相邻过孔间距来减小,欧姆损耗主要与

结构的宽度和厚度有关。一般来说,当基片厚度增大时,相应的欧姆损耗就会减小,但是随着厚度的增加,与之相连的微带线的基片厚度也要随之增加,致使微带线的辐射损耗增大,所以在选择基片厚度的时候要根据实际情况来决定。介质损耗一般可以采用下式来进行计算:

$$\alpha_L = \frac{1}{L} 10 \lg \left(\frac{|S_{21}|^2}{1 - |S_{11}|^2} \right) \tag{3.7.13}$$

式中:L 为波导传播方向的长度;S_{11}、S_{21} 为波导的传输函数,可以通过计算或者仿真得到。

3.7.3　半模基片集成波导

为了减小基片集成波导的尺寸,在研究了它的结构及传输特性后提出了半模结构。基片集成波导工作在主模时,由于对称面可以看成理想磁壁,将其沿对称面进行切割就构成了半模基片集成波导。切开后,在切口上的辐射并不是很大,这是由于该结构的宽高比很大,可以看成近似理想磁壁。图 3-32 为基片集成波导和半模基片集成波导结构图,其中图 3-32(a)为基片集成波导结构图,图 3-32(b)为沿对称面切开后的半模结构图,它保留了基片集成波导的优点,同时减小了近一半的尺寸,而且同样能够实现微波器件的设计。

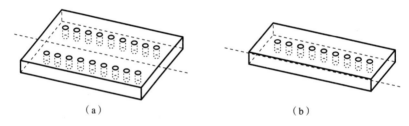

图 3-32　基片集成波导和半模基片集成波导结构示意图
(a)基片集成波导结构图;(b)半模基片集成波导结构图

半模基片集成波导传的主模式是基片集成波导传输主模式 TE_{10} 模的一半,即 $TE_{0.5,0}$ 模,利用这种传输特性设计的带通滤波器,其寄生通带更远。虽然它的开放边界会引起一定的辐射损耗,但是开放边界的存在使得这种传输结构尺寸减小近一半,并且其特性阻抗几乎为基片集成波导的 2 倍,场分布没有明显的变化。因此,可以利用半模基片集成波导这一特性设计尺寸更小的器件。

3.8　波导的激励与耦合

波导的激励与耦合就本质而言是电磁波的辐射和接收,是微波源向波导内有限空间的辐射或在波导的有限空间内接收微波信息。前面分析了波导中可能存在的电磁场模式,如何在波导中产生这些导行模呢?这就涉及波导的激励。另外,要从波导中提取微波信息,即波导的耦合。由于辐射和接收是互易的,因此激励与耦合具有相同的场结构,所以我们只介绍波导的激励,严格地用数学方法来分析波导的激励问题比较困难,这里仅做定性说明。工程上激励波导的方法通常有三种:电激励、磁激励和孔缝激励。

3.8.1 电激励

　　将同轴线的内导体延伸一小段,沿电场方向插入矩形波导内,构成探针激励,波导测量的实验就采用这个方法。如图 3-33(a)所示,这种激励类似于电偶极子的辐射,故称为电激励。在探针附近,电场强度会有 E_z 分量,电磁场分布与 TE_{10} 模有所不同,而必然会有高次模被激发。当波导尺寸只允许主模传输时,激发起的高次模随着探针位置的远离快速衰减,因此不会在波导内传播。为了提高耦合效率,在探针位置两边,波导与同轴线的阻抗应匹配,为此往往在波导一端接上一个短路活塞,如图 3-33(b)所示。调节探针插入深度 d 和短路活塞位置 l,使同轴线耦合到波导中的功率达到最大。短路活塞用以提供一个可调电抗以抵消和高次模相对应的探针电抗。

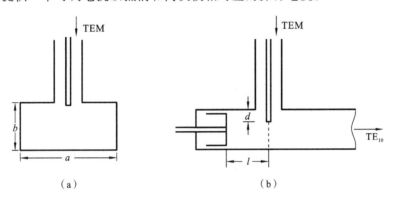

图 3-33　探针激励及其调配
(a) 横截面结构;(b) 纵剖面结构

3.8.2 磁激励

　　将同轴线的内导体延伸一小段后弯成环形,将其端部焊在外导体上,然后插入波导中所需激励模式的磁场最强处,并使小环法线平行于磁力线,如图 3-34 所示,由于这种激励类似于磁偶极子辐射,故称为磁激励。同样,也可连接一短路活塞以提高功率耦合效率。由于耦合环不容易和波导耦合,而且匹配困难,频带较窄,最大耦合功率也比探针激励小,因此在实际中常用探针耦合。

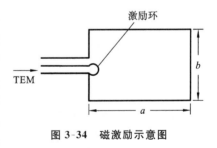

图 3-34　磁激励示意图

3.8.3 孔缝激励

　　除了上述两种激励之外,在波导之间的激励往往采用小孔耦合,即在两个波导的公共壁上开孔或缝,使一部分能量辐射到另一波导中去,以此建立所要的传输模式。由于波导开口处的辐射类似于孔缝的辐射,故称为孔缝激励。小孔耦合最典型的应用是定向耦合器、合路器等。它在主波导和副波导的公共壁上开有小孔,以实现主波导向副波导传送能量,如图 3-35 所示。另外小孔或缝的激励还可采用波导与谐振腔之间的耦合、两条微带之间的耦合以及平面天线的激励等。

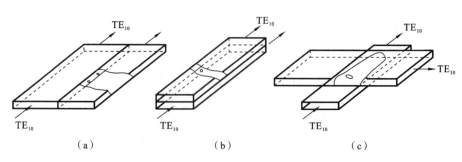

图 3-35 波导的小孔耦合；

(a) 平行波导侧孔耦合；(b) 平行波导上下孔耦合；(c) 正交波导上下孔耦合

3.9 本章小结

本章从麦克斯韦方程组出发，利用电磁场分析的方法讨论了规则金属波导中场分布的一般规律，得到了均匀金属波导中只存在 TE 波和 TM 波，不存在 TEM 波的结论。接着从波导中的场分布出发，给出了矩形波导中 TE 波和 TM 波的场表达。分析了模式传输条件，着重对矩形波导的主模 TE_{10} 模及传输特性（如截止波数及截止波长、波导波长、波阻抗、相速和群速及传输功率等）进行了讨论，并分析了矩形波导的尺寸选择原则。然后讨论了圆形金属波导的简并问题和三种常用模式，接着分别对圆形介质波导、介质镜像线和 H 形介质波导进行了分析，重点讨论了圆形介质波导的主要传播模式，并对其他两种结构的传播原理进行了定性分析。讨论了光纤的结构、分类、基本参数以及主要传输特性，重点讨论了单模光纤和多模光纤、光纤的基本参数、光纤的损耗和色散。介绍了各种微波集成传输线的结构，然后分别讨论了带状线、微带线、耦合微带线和共面波导等四种常用的平面传输线，讨论了各自的结构特点、传输特性与结构参数的关系，重点对微带线的准 TEM 特性、微带线的有效介电常数以及微带线的设计原则进行了讨论，分析了耦合微带线中的奇偶模特性、共面波导有效介电常数，并给出了其计算公式。最后介绍了波导的激励与耦合的三种基本方法——电激励、磁激励和孔缝激励，指出了激励和耦合的互易性。本章内容主要培养学生学会用"场"的概念去分析和解决微波器件的工程问题，引导学生在掌握知识的基础上，通过自主学习的方法，拓展知识和提高能力，培养学生具有自我发展的规划和目标，进而自觉学习新知识、新思想和新技术以适应技术的不断发展。

学习重点：掌握矩形波导、圆波导的主模场分布特点，传输特性的相移常数、截止波数、相速、波导波长、群速、波阻抗和传输功率等参数，理解简并模的概念，以及在工程使用中带来的问题，正确分析模式传输条件。掌握圆形介质波导的主要传播模式、微带线的设计原则，理解微带线的准 TEM 特性、有效介电常数。

学习难点：耦合微带线中的奇偶模特性、共面波导有效介电常数。

本章建议学时为 12 学时，如学时不足，基片集成波导可不讲，光纤部分和波导激励部分可不讲或少讲。

习　题

3-1　在规则金属管中可以传输 TEM 波吗,为什么?

3-2　矩形波导的横截面尺寸为 $a\times b=22.86$ mm$\times10.16$ mm,将自由空间波长为 20 mm、30 mm 和 50 mm 的信号接入此波导,求波导中可以传输的电磁波模式。

3-3　矩形波导的横截面尺寸为 $a\times b=23$ mm$\times10$ mm,波导内充满空气,信号源频率为 10 GHz,求:(1) 矩形波导中可以传输的电磁波模式;(2) 该模式的截止波长 λ_c、相移常数 β、波导波长 λ_g、相速度 v_p。

3-4　用 BJ-100 矩形波导(尺寸为 $a\times b=22.86$ mm$\times10.16$ mm)以主模传输 10 GHz 的微波信号,求:(1) λ_c、λ_g、β 和波阻抗 Z;(2) 若波导宽边尺寸增加一倍,上述各量如何变化?(3) 若波导窄边尺寸增加一倍,上述各量如何变化?(4) 若尺寸不变,工作频率变为 15 GHz,上述各量如何变化?

3-5　如何理解工作波长、截止波长和波导波长?它们之间满足什么关系?

3-6　已知矩形波导的宽边 $a=30$ mm,窄边 $b=15$ mm,填充媒质的参数为 $\mu_r=1$,$\varepsilon_r=25$,波导内传输的是 TE$_{10}$ 波,又测得电磁波的工作频率为 $f=1.25$ GHz,求波导波长是多少?

3-7　已知矩形波导中填充媒质的参数为 $\mu_r=1$,$\varepsilon_r=4$,波导的横向尺寸为 $a=20$ mm,$b=9$ mm,又知电磁波的工作频率 $f=6.25$ GHz,请确定此波导中能传输的电磁波模式是什么?并求出其波导波长和波阻抗各为多少?

3-8　矩形波导横截面尺寸 $a=22.86$ mm,$b=10.16$ mm,空气的击穿电场强度为 $E_{击穿}=3\times10^6$ V/m,工作频率为 $f=9.375$ GHz,求波导中 TE$_{10}$ 模不引起击穿的最大传输功率是多少?

3-9　若矩形波导的横截面尺寸为 $a\times b=60$ mm$\times30$ mm,内充空气,工作频率为 3 GHz,工作在主模,求该波导能承受的最大功率。

3-10　已知矩形波导的尺寸为 $a\times b=23$ mm$\times10$ mm,求传输模的单模工作频带。

3-11　圆波导半径为 $a=20$ mm,波导内电磁波的工作波长为 $\lambda=36$ mm,求此波导内可能存在的电磁波模式有哪些?

3-12　已知圆波导的直径为 50 mm,填充空气,求:(1) TE$_{11}$、TE$_{01}$、TM$_{01}$ 三种模式的截止波长;(2) 当工作波长分别为 70 mm、60 mm、30 mm 时,波导中出现上述哪些模式?(3) 当工作波长 $\lambda=70$ mm 时,求最低次模的波导波长 λ_g。

3-13　已知信号工作波长为 8 mm,通过尺寸为 $a\times b=7.112$ mm$\times3.556$ mm 的矩形波导,现转换到圆波导 TE$_{01}$ 模传输,要求圆波导与上述矩形波导相速度相等,求圆波导的直径;若过渡到圆波导后要求传输 TE$_{11}$ 模且相速度一样,求此时圆波导的直径。

3-14　已知工作波长 $\lambda=5$ mm,要求单模传输,请确定所选圆波导的半径,并指出是什么模式?

3-15　圆波导中有哪三种常见模式?简述各自模式的场分布特点及应用场合。

3-16　什么叫模式简并?矩形波导和圆波导中模式简并有何异同?

3-17　在矩形波导和圆波导中,TE$_{mn}$ 波和 TM$_{mn}$ 波中的 m、n 的意义有什么不同?

3-18　圆形介质波导的主模是什么?它有哪些特点?

3-19 介质镜像波导的工作原理是什么?

3-20 H 形波导属于哪一类波导? 与传统的金属波导相比它有哪些特点?

3-21 已知光纤直径 $D=50~\mu\mathrm{m}$, $n_1=1.84$, $\Delta=0.01$, 求单模工作的频率范围。

3-22 已知 $n_1=1.487$、$n_2=1.480$ 的阶跃光纤, 求 $\lambda=820~\mathrm{nm}$ 的单模光纤直径, 并求此光纤的 NA。

3-23 描述光纤传输特性的主要参数有哪些? 它们分别影响什么?

3-24 零色散单模光纤的工作原理是什么?

3-25 微带工作在什么模式? 其相速和光速、带内波长及空间波长分别有什么关系?

3-26 一根以无耗介质材料($\varepsilon_r=2.25$)为填充材料的带状线, 已知 $b=5~\mathrm{mm}$, $w=2~\mathrm{mm}$, 若不考虑导带厚度, 求此带状线的特性阻抗。

3-27 一根以聚四氟乙烯($\varepsilon_r=2.1$)为填充介质的带状线, 已知 $b=5~\mathrm{mm}$, $t=0.25~\mathrm{mm}$, $w=2~\mathrm{mm}$, 求此带状线的特性阻抗及其不出现高次模式的最高工作频率。

3-28 已知某微带的导带宽度为 $w=2~\mathrm{mm}$, 厚度 $t\to 0$, 介质基片厚度 $h=1~\mathrm{mm}$, 相对介电常数 $\varepsilon_r=9$, 求此微带的有效填充因子 q 和有效介电常数 ε_e 及特性阻抗 Z_0 (设空气微带特性阻抗 $Z_0^a=88~\Omega$)。

3-29 在 $h=1~\mathrm{mm}$ 的陶瓷基片上($\varepsilon_r=9.6$)制作 $\lambda_g/4$ 的 50 Ω、20 Ω、100 Ω 的微带线, 设工作频率为 6 GHz, 导带厚度 $t\approx 0$, 分别求它们的导带宽度和长度。

3-30 什么是偶模激励和奇模激励? 如何定义偶模和奇模特性阻抗?

3-31 已知某耦合微带线, 介质为空气时奇、偶特性阻抗分别为 $Z_{0o}^a=40~\Omega$ 和 $Z_{0e}^a=100~\Omega$, 实际介质 $\varepsilon_r=10$ 时的奇、偶模填充因子为 $q_o=0.4$ 和 $q_e=0.6$, 试求介质填充耦合微带线的奇、偶模特性阻抗、相速和波导波长各为多少?

3-32 基片集成波导 TE_{10} 模的截止频率是多少? 与金属波导 TE_{10} 模的截止频率有何不同?

3-33 为什么一般矩形波导测量线探针开槽开在波导宽边中心线上?

3-34 在波导激励中常用哪三种激励方式?

微波网络基础

为了提取所要的信息,常常需要利用电子线路对给定的电信号进行处理,这包括增强弱信号的强度或滤出某个频带信号等。多数电路都可以模拟为一个"黑盒子",它包含一个由电阻、电感、电容和非独立源组成的线性网络。因此,它可以包括电子器件,但是不能包括独立源。进一步说,它有 4 个端子或两个端口,两个用于信号输入,另外两个用于信号输出。少数额外的端子是为了对电子器件提供偏置电压,然而,这些偏置条件隐藏在等效的非独立源中。因此,有一大类电子线路能够以二端口网络作为模型。二端口网络性能的参量是用每个端口的电压和电流来完整地描述其性能的,当二端口网络连接到更大的系统中时,这些参量可简化其运算描述。图 4-1 所示的为在端子处加有适当的电压和电流的二端口网络,有时称端口 1 为输入端口,端口 2 为输出端口。习惯上假定上面的端子为正(相对于同侧下面的端子);另外,每个端口的电流从正端子进入。因为线性网络不包括独立源,所以,各自的负端子有相同的电流流出。可以有几种方法表征这种网络。本章从低频电路的网络理论入手介绍二端口网络的某些参量和它们之间的关系,包括阻抗参量、导纳参量、混合参量和传输参量。本章最后还将介绍表征高频和微波电路的散射参量。

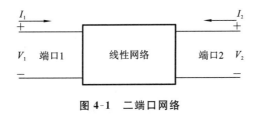

图 4-1　二端口网络

4.1　阻抗参量

考虑图 4-1 所示的二端口网络,因为这个网络是线性的,所以可利用叠加原理。假定网络不包含独立源,在端口 1 的电压 V_1 可以用两个电流表示如下:

$$V_1 = Z_{11} I_1 + Z_{12} I_2 \tag{4.1.1}$$

因为 V_1 的单位是伏特(V),I_1 和 I_2 的单位是安培(A),所以参量 Z_{11} 和 Z_{12} 的单位必定是欧姆(Ω),称为阻抗参量。同样可将 V_2 用 I_1 和 I_2 表示如下:

$$V_2 = Z_{21} I_1 + Z_{22} I_2 \tag{4.1.2}$$

利用矩阵表示式,可以写为

$$\begin{bmatrix} V_1 \\ V_2 \end{bmatrix} = \begin{bmatrix} Z_{11} & Z_{12} \\ Z_{21} & Z_{22} \end{bmatrix} \begin{bmatrix} I_1 \\ I_2 \end{bmatrix} \tag{4.1.3}$$

或

$$[V] = [Z][I] \tag{4.1.4}$$

其中,$[Z]$ 称为二端口网络的阻抗矩阵。

假如网络的端口 2 是断开的,I_2 将是零,这种情况下由式(4.1.1)和式(4.1.2)得

$$Z_{11} = \frac{V_1}{I_1} \bigg|_{I_2=0} \tag{4.1.5}$$

$$Z_{21} = \frac{V_2}{I_1} \bigg|_{I_2=0} \tag{4.1.6}$$

同样,如果端口 2 与源相连接,而端口 1 开路,则可求得

$$Z_{12} = \frac{V_1}{I_2} \bigg|_{I_1=0} \tag{4.1.7}$$

$$Z_{22} = \frac{V_2}{I_2} \bigg|_{I_1=0} \tag{4.1.8}$$

式(4.1.5)～式(4.1.8)是二端口网络阻抗参量的定义。

【例 4.1】 求出图 4-2 所示的二端口网络的阻抗参量。

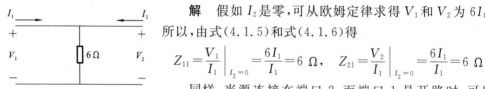

解 假如 I_2 是零,可从欧姆定律求得 V_1 和 V_2 为 $6I_1$,所以,由式(4.1.5)和式(4.1.6)得

$$Z_{11} = \frac{V_1}{I_1} \bigg|_{I_2=0} = \frac{6I_1}{I_1} = 6 \ \Omega, \quad Z_{21} = \frac{V_2}{I_1} \bigg|_{I_2=0} = \frac{6I_1}{I_1} = 6 \ \Omega$$

同样,当源连接在端口 2,而端口 1 是开路时,可以求得

$$V_2 = V_1 = 6I_2$$

图 4-2 例 4.1 的二端口网络

因此,由式(4.1.7)和式(4.1.8)得

$$Z_{12} = \frac{V_1}{I_2} \bigg|_{I_1=0} = \frac{6I_2}{I_2} = 6 \ \Omega, \quad Z_{22} = \frac{V_2}{I_2} \bigg|_{I_1=0} = \frac{6I_2}{I_2} = 6 \ \Omega$$

所以

$$\begin{bmatrix} Z_{11} & Z_{12} \\ Z_{21} & Z_{22} \end{bmatrix} = \begin{bmatrix} 6 & 6 \\ 6 & 6 \end{bmatrix}$$

【例 4.2】 求出图 4-3 所示的二端口网络的阻抗参量。

解 与前面的一样,假定源连接在端口 1,而端口 2 开路,在这种情况下,$V_1 = 12I_1$,$V_2 = 0$,所以

$$Z_{11} = \frac{V_1}{I_1} \bigg|_{I_2=0} = \frac{12I_1}{I_1} = 12 \ \Omega, \quad Z_{21} = \frac{V_2}{I_1} \bigg|_{I_2=0} = 0$$

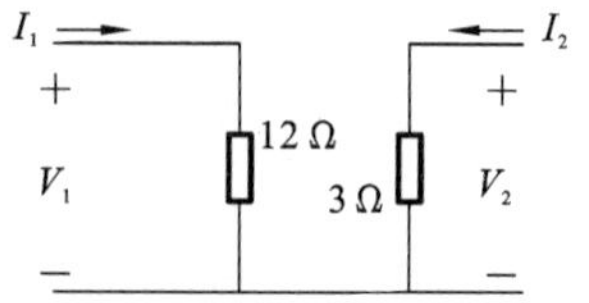

同样,当源连接在端口 2,而端口 1 开路时,可以求得

$$V_2 = 3I_1, \quad V_1 = 0$$

因此,由式(4.1.7)和式(4.1.8)得

图 4-3 例 4.2 的二端口网络

$$Z_{12} = \frac{V_1}{I_2} \bigg|_{I_1=0} = 0, \quad Z_{22} = \frac{V_2}{I_2} \bigg|_{I_1=0} = \frac{3I_2}{I_2} = 3 \ \Omega$$

所以

$$\begin{bmatrix} Z_{11} & Z_{12} \\ Z_{21} & Z_{22} \end{bmatrix} = \begin{bmatrix} 12 & 0 \\ 0 & 3 \end{bmatrix}$$

【例 4.3】 求出图 4-4 所示的传输线网络阻抗参量。

解 假定源连接在端口 1,而端口 2 开路,可以求得

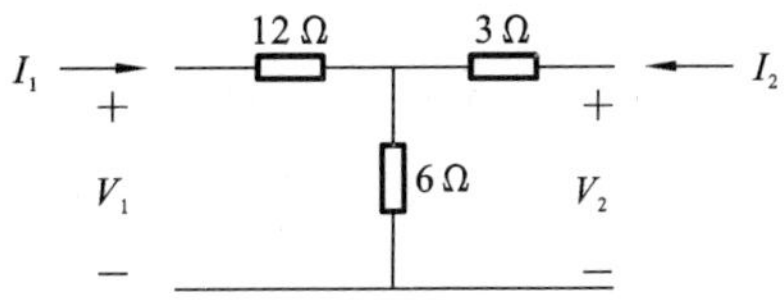

$$V_1 = (12+6)I_1 = 18I_1, \quad V_2 = 6I_1$$

注意,因为端口 2 是断开的,没有电流流过 3 Ω 的电阻,所以

图 4-4 例 4.3 的二端口网络

$$Z_{11} = \frac{V_1}{I_1}\bigg|_{I_2=0} = \frac{18I_1}{I_1} = 18 \ \Omega, \quad Z_{21} = \frac{V_2}{I_1}\bigg|_{I_2=0} = \frac{6I_1}{I_1} = 6 \ \Omega$$

同样,当端口 2 连接源,而端口 1 开路时,可以求得

$$V_2 = (6+3)I_2 = 9I_2, \quad V_1 = 6I_2$$

这时,因为端口 1 是开路的,所以没有电流流过 12 Ω 的电阻,因此,由式(4.1.7)和式(4.1.8)可得

$$Z_{12} = \frac{V_1}{I_2}\bigg|_{I_1=0} = \frac{6I_2}{I_2} = 6 \ \Omega, \quad Z_{22} = \frac{V_2}{I_2}\bigg|_{I_1=0} = \frac{9I_2}{I_2} = 9 \ \Omega$$

所以

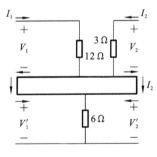

图 4-5 例 4.3 的电路

$$\begin{bmatrix} Z_{11} & Z_{12} \\ Z_{21} & Z_{22} \end{bmatrix} = \begin{bmatrix} 18 & 6 \\ 6 & 9 \end{bmatrix}$$

分析例 4.1～例 4.3 的结果表明,这三种电路 Z_{12} 都等于 Z_{21}。事实上,它是这种网络的固有特性,任何互易网络都具有这种特性。例如,给定的网络是对称的,Z_{11} 也等于 Z_{22}。另外,例 4.3 获得的阻抗参量等于例 4.1 和例 4.2 求得的相应参量的和。之所以出现这种情况是因为假定这两个例题的电路是串联在一起的,最后得出例 4.3 的电路如图 4-5 所示。

【例 4.4】 求出图 4-6 所示的传输线网络的阻抗参量。

解 这个电路是对称的,因为端口 1 和端口 2 互换对网络没有影响,所以 Z_{22} 一定等于 Z_{11}。另外,假如在端口 1 的电流 I 在端口 2 处产生一个开路电压 V,进入端口 2 的电流 I 在端口 1 处产生电压 V,因而,它是一个互易电路,所以,$Z_{12} = Z_{21}$。假定源与端

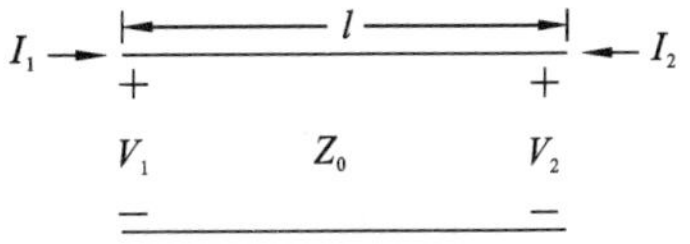

图 4-6 例 4.4 的传输线网络

口 1 相连接,而另一个端口开路,如果 V_{in} 是端口 1 的输入电压,则端口 2 的电压是 $V_{\text{in}} \mathrm{e}^{-\gamma l}$,因为开路的反射系数是 $+1$,在这个端口处的反射电压等于入射电压,所以,到达端口 1 处的反射电压为 $V_{\text{in}} \mathrm{e}^{-2\gamma l}$,因此

$$V_1 = V_{\text{in}} + V_{\text{in}} \mathrm{e}^{-2\gamma l}, \quad V_2 = 2V_{\text{in}} \mathrm{e}^{-\gamma l}$$

$$I_1 = \frac{V_{\text{in}}}{Z_0}(1 - \mathrm{e}^{-2\gamma l}), \quad I_2 = 0$$

所以

$$Z_{11} = \frac{V_1}{I_1}\bigg|_{I_2=0} = \frac{V_{in}(1+e^{-2\gamma l})}{(V_{in}/Z_0)(1-e^{-2\gamma l})} = Z_0\frac{e^{\gamma l}+e^{-\gamma l}}{e^{\gamma l}-e^{-\gamma l}} = \frac{Z_0}{\tanh(\gamma l)} = Z_0\coth(\gamma l)$$

和

$$Z_{21} = \frac{V_2}{I_1}\bigg|_{I_2=0} = \frac{2V_{in}e^{-\gamma l}}{(V_{in}/Z_0)(1-e^{-2\gamma l})} = Z_0\frac{2}{e^{+\gamma l}-e^{-\gamma l}} = \frac{Z_0}{\sinh(\gamma l)}$$

对于无耗传输线 $\gamma = j\beta$,所以

$$Z_{11} = \frac{Z_0}{j\tan(\beta l)} = -jZ_0\cot(\beta l), \quad Z_{21} = \frac{Z_0}{j\sin(\beta l)} = -j\frac{Z_0}{\sin(\beta l)}$$

4.2 导纳参量

再次考虑图 4-1 所示的二端口网络。因为这个网络是线性的,所以可应用叠加原理。假定它不包含独立源,在端口 1 的电流 I_1 可用两个电压表示:

$$I_1 = Y_{11}V_1 + Y_{12}V_2 \tag{4.2.1}$$

因为 I_1 的单位是安培(A),V_1 和 V_2 的单位是伏特(V),所以参量 Y_{11} 和 Y_{12} 的单位必定是西门子(S),因此称为导纳参量。同样 I_2 可用 V_1 和 V_2 表示如下:

$$I_2 = Y_{21}V_1 + Y_{22}V_2 \tag{4.2.2}$$

用矩阵表示式可以写为

$$\begin{bmatrix} I_1 \\ I_2 \end{bmatrix} = \begin{bmatrix} Y_{11} & Y_{12} \\ Y_{21} & Y_{22} \end{bmatrix}\begin{bmatrix} V_1 \\ V_2 \end{bmatrix} \tag{4.2.3}$$

或

$$[I] = [Y][V] \tag{4.2.4}$$

其中,$[Y]$ 称为二端口网络的导纳矩阵。

假如网络的端口 2 接短截线,则 $V_2 = 0$,这种情况下由式(4.2.1)和式(4.2.2)得

$$Y_{11} = \frac{I_1}{V_1}\bigg|_{V_2=0} \tag{4.2.5}$$

$$Y_{21} = \frac{I_2}{V_1}\bigg|_{V_2=0} \tag{4.2.6}$$

同样,将源连接在端口 2,而端口 1 短路,则

$$Y_{12} = \frac{I_1}{V_2}\bigg|_{V_1=0} \tag{4.2.7}$$

$$Y_{22} = \frac{I_2}{V_2}\bigg|_{V_1=0} \tag{4.2.8}$$

式(4.2.5)~式(4.2.8)是二端口网络导纳参量的定义。

【**例 4.5**】 求出图 4-7 所示的电路的导纳参量。

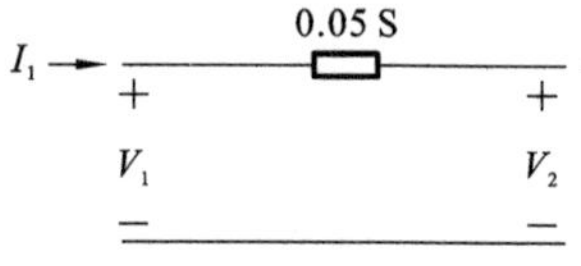

图 4-7 例 4.5 的电路

解 假定 $V_2 = 0$,则 $I_1 = 0.05V_1$,$I_2 = -0.05V_1$,因此,由式(4.2.5)和式(4.2.6)得

$$Y_{11} = \frac{I_1}{V_1}\bigg|_{V_2=0} = \frac{0.05V_1}{V_1} = 0.05 \text{ S}$$

$$Y_{21} = \frac{I_2}{V_1}\bigg|_{V_2=0} = \frac{-0.05V_1}{V_1} = -0.05 \text{ S}$$

同样,将源连接在端口 2,而端口 1 短路,则

$$I_2 = -I_1 = 0.05V_2$$

因此,由式(4.2.7)和式(4.2.8)得

$$Y_{12} = \frac{I_1}{V_2}\bigg|_{V_1=0} = \frac{-0.05V_2}{V_2} = -0.05 \text{ S}, \quad Y_{22} = \frac{I_2}{V_2}\bigg|_{V_1=0} = \frac{0.05V_2}{V_2} = 0.05 \text{ S}$$

所以

$$\begin{bmatrix} Y_{11} & Y_{12} \\ Y_{21} & Y_{22} \end{bmatrix} = \begin{bmatrix} 0.05 & -0.05 \\ -0.05 & 0.05 \end{bmatrix}$$

我们又得到 Y_{11} 等于 Y_{22},因此这个电路是对称的。同样,Y_{12} 等于 Y_{21},它是互易的。

【例 4.6】 求出图 4-8 所示的二端口网络的导纳参量。

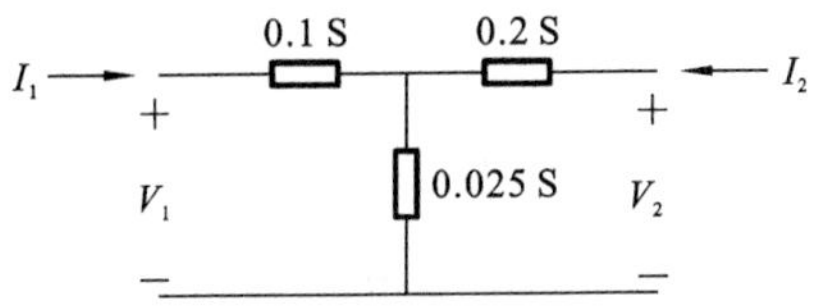

解 假定源连接在端口 1,而端口 2 短路,可以求得

$$I_1 = \frac{0.1(0.2+0.025)}{0.1+0.2+0.025}V_1 = \frac{0.0225}{0.325}V_1 \text{(A)}$$

假定横跨 0.2 S 的电压是 V_N,则

$$V_N = \frac{I_1}{0.2+0.025} = \frac{0.0225}{0.225\times0.325}V_1 = \frac{V_1}{3.25} \text{ (V)}$$

图 4-8 例 4.6 的二端口网络

所以

$$I_2 = -0.2V_N = -\frac{0.2}{3.25}V_1 \text{(A)}$$

因此,由式(4.2.5)和式(4.2.6)得

$$Y_{11} = \frac{I_1}{V_1}\bigg|_{V_2=0} = \frac{0.0225}{0.325} = 0.0692 \text{ S}, \quad Y_{21} = \frac{I_2}{V_1}\bigg|_{V_2=0} = -\frac{0.2}{3.25} = -0.0615 \text{ S}$$

同样,将源连接到端口 2,而端口 1 短路,则

$$I_2 = \frac{0.1(0.2+0.025)}{0.1+0.2+0.025}V_1 = \frac{0.025}{0.325}V_2 \text{(A)}$$

假定横跨 0.1 S 的电压是 V_M,则

$$V_M = \frac{I_2}{0.1+0.025} = \frac{0.025}{0.125\times0.325}V_2 = \frac{2V_2}{3.25} \text{ (V)}$$

所以

$$I_1 = -0.1V_M = -\frac{0.2}{3.25}V_2 \text{(A)}$$

因此,由式(4.2.7)和式(4.2.8)得

$$Y_{12} = \frac{I_1}{V_2}\bigg|_{V_1=0} = -\frac{0.2}{3.25} = -0.0615 \text{ S}, \quad Y_{22} = \frac{I_2}{V_2}\bigg|_{V_1=0} = \frac{0.025}{0.325} = 0.0769 \text{ S}$$

所以

$$\begin{bmatrix} Y_{11} & Y_{12} \\ Y_{21} & Y_{22} \end{bmatrix} = \begin{bmatrix} 0.0692 & -0.0615 \\ -0.0615 & 0.0769 \end{bmatrix}$$

正如所料,$Y_{12} = Y_{21}$,但是 $Y_{11} \neq Y_{22}$,这是因为所给的电路是互易的,但不是对称的。

【例 4.7】 求出图 4-9 所示的二端口网络的导纳参量。

解 假定源连接在端口 1,而端口 2 短路,可以求得

$$I_1 = \left[0.05 + \frac{0.1(0.2+0.025)}{0.1+0.2+0.025} \right] V_1 = 0.1192V_1 \text{ A}$$

假定通过 0.05 S 的电流是 I_N，则

$$I_N = \frac{0.05}{0.05 + [0.1(0.2+0.025)/(0.1+0.2+0.025)]} I_1 = 0.05V_1 \text{ A}$$

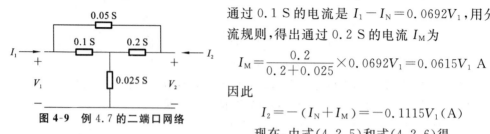

图 4-9 例 4.7 的二端口网络

通过 0.1 S 的电流是 $I_1 - I_N = 0.0692V_1$，用分流规则，得出通过 0.2 S 的电流 I_M 为

$$I_M = \frac{0.2}{0.2+0.025} \times 0.0692V_1 = 0.0615V_1 \text{ A}$$

因此

$$I_2 = -(I_N + I_M) = -0.1115V_1 (\text{A})$$

现在，由式(4.2.5)和式(4.2.6)得

$$Y_{11} = \frac{I_1}{V_1} \bigg|_{V_2=0} = 0.1192 \text{ S}, \quad Y_{21} = \frac{I_2}{V_1} \bigg|_{V_2=0} = -0.1115 \text{ S}$$

同样，将源连接在端口 2，而端口 1 短路，在端口 2 的电流 I_2 为

$$I_2 = \left[0.05 + \frac{0.2(0.1+0.025)}{0.2+0.1+0.025} \right] V_2 = 0.1269V_2 (\text{A})$$

求出通过 0.05 S 的电流 I_N 为

$$I_N = \frac{0.05}{0.05 + [0.2(0.1+0.025)/(0.2+0.1+0.025)]} I_2 = 0.05V_2 \text{ A}$$

通过 0.2 S 的电流是 $I_2 - I_N = 0.0769V_2$，再次用分流规则得到通过 0.1 S 的电流 I_M 为

$$I_M = \frac{0.1}{0.1+0.025} \times 0.0769V_2 = 0.0615V_2 (\text{A})$$

因此，$I_1 = -(I_N + I_M) = -0.1115V_2 (\text{A})$，由式(4.2.7)和式(4.2.8)得

$$Y_{12} = \frac{I_1}{V_2} \bigg|_{V_1=0} = -0.1115 \text{ S}, \quad Y_{22} = \frac{I_2}{V_2} \bigg|_{V_1=0} = 0.1269 \text{ S}$$

所以

$$\begin{bmatrix} Y_{11} & Y_{12} \\ Y_{21} & Y_{22} \end{bmatrix} = \begin{bmatrix} 0.1192 & -0.1115 \\ -0.1115 & 0.1269 \end{bmatrix}$$

正如所料，$Y_{12} = Y_{21}$，但是 $Y_{11} \neq Y_{22}$，这是因为所给的电路是互易的，但不是对称的。另外，我们发现从例 4.7 得到的导纳参量等于例 4.5 和 4.6 对应的导纳参量的和，这是因为这两个例题的电路是并联的，最后将例 4.7 的电路表示为图 4-10 所示的形式。

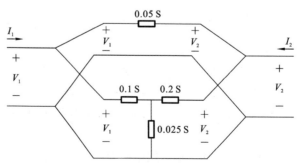

图 4-10 例 4.7 的电路

【**例 4.8**】 计算图 4-11 所示的长度为 l 的传输线的导纳参量。

解 这个电路是对称的,因为端口 1 和端口 2 互换对电路没有影响,所以,Y_{22} 必定等于 Y_{11}。另外,假定在端口 1 的电压 V 在端口 2 产生短路电流 I;在端口 2 的电压 V 将在端口 1 产生电流 I,因此,它是互易电路,所以 Y_{12} 等于 Y_{21}。假定源连接在端口 1,而

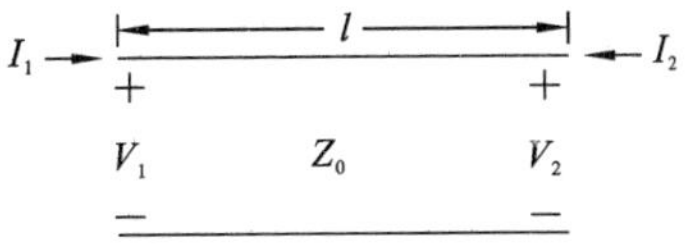

图 4-11 例 4.8 的示意图

另一端短路,如果 V_{in} 是端口 1 的输入电压,那么它出现在端口 2 时是 $V_{in}e^{-\gamma l}$,因为短路的反射系数是 -1,在这个端口的反射电压与入射电压相位相差 $180°$,所以,到达端口 1 处的反射电压是 $-V_{in}e^{-2\gamma l}$,因此

$$V_1 = V_{in} - V_{in}e^{-2\gamma l}, \quad V_2 = 0$$

$$I_1 = \frac{V_{in}}{Z_0}(1 + e^{-2\gamma l}), \quad I_2 = -\frac{2V_{in}}{Z_0}e^{-\gamma l}$$

所以

$$Y_{11} = \frac{I_1}{V_1}\bigg|_{V_2=0} = \frac{(V_{in}/Z_0)(1+e^{-2\gamma l})}{V_{in}(1-e^{-2\gamma l})} = \frac{e^{+\gamma l}+e^{-\gamma l}}{Z_0(e^{+\gamma l}-e^{-\gamma l})} = \frac{1}{Z_0\tanh(\gamma l)}$$

$$Y_{21} = \frac{I_2}{V_1}\bigg|_{V_2=0} = \frac{-(2V_{in}/Z_0)e^{-\gamma l}}{V_{in}(1-e^{-2\gamma l})} = \frac{2}{Z_0(e^{+\gamma l}-e^{-\gamma l})} = -\frac{1}{Z_0\sinh(\gamma l)}$$

对于无耗传输线,$\gamma = j\beta$,所以

$$Y_{11} = \frac{1}{jZ_0\tan(\beta l)}, \quad Y_{21} = -\frac{1}{jZ_0\sin(\beta l)} = j\frac{1}{Z_0\sin(\beta l)}$$

4.3 混合参量

再次考虑图 4-1 所示的二端口网络。因为网络是线性的,因此可应用叠加原理。假定该网络内不包含独立源,在端口 1 处的电压 V_1 可用端口 1 处的电流 I_1 和端口 2 处的电压 V_2 表示:

$$V_1 = h_{11}I_1 + h_{12}V_2 \tag{4.3.1}$$

同样,可以用 I_1 和 V_2 表示 I_2:

$$I_2 = h_{21}I_1 + h_{22}V_2 \tag{4.3.2}$$

因为 V_1 和 V_2 以伏特(V)为单位,I_1 和 I_2 以安培(A)为单位,所以参量 h_{11} 必定以欧姆(Ω)为单位,h_{12} 和 h_{21} 必定是无量纲量,而 h_{22} 以西门子(S)为单位,所以,它们被称为混合参量。

利用矩阵表示式可写为

$$\begin{bmatrix} V_1 \\ I_2 \end{bmatrix} = \begin{bmatrix} h_{11} & h_{12} \\ h_{21} & h_{22} \end{bmatrix} \begin{bmatrix} I_1 \\ V_2 \end{bmatrix} \tag{4.3.3}$$

在晶体管电路分析中,混合参量是特别重要的。这些参量确定如下:假定端口 2 短路,V_2 将是零。在这种情况下,由式(4.3.1)和式(4.3.2)得

$$h_{11} = \frac{V_1}{I_1}\bigg|_{V_2=0} \tag{4.3.4}$$

$$h_{21} = \frac{I_2}{I_1}\bigg|_{V_2=0} \tag{4.3.5}$$

同样,当源连接在端口 2,而端口 1 开路时,可得

$$h_{12} = \frac{V_1}{V_2}\bigg|_{I_1=0} \qquad (4.3.6)$$

$$h_{22} = \frac{I_2}{V_2}\bigg|_{I_1=0} \qquad (4.3.7)$$

所以,参量 h_{11} 和 h_{21} 分别代表当端口 2 短路时的输入阻抗和前向电流增益。同样,h_{12} 和 h_{22} 分别代表当端口 1 开路时的反向电压增益和输出导纳。因为这是混合体,所以称为混合参量。在晶体管电路分析中,通常分别用 h_i、h_y、h_r 和 h_o 表示。

【例 4.9】 计算图 4-12 所示的二端口网络的混合参量。

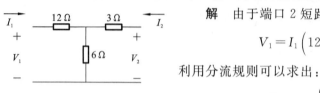

图 4-12 例 4.9 的二端口网络

解 由于端口 2 短路,可得

$$V_1 = I_1\left(12 + \frac{6\times3}{6+3}\right) = 14I_1$$

利用分流规则可以求出:

$$I_2 = -\frac{6}{6+3}I_1 = -\frac{2}{3}I_1$$

所以,由式(4.3.4)和式(4.3.5)得

$$h_{11} = \frac{V_1}{I_1}\bigg|_{V_2=0} = 14\ \Omega, \qquad h_{21} = \frac{I_2}{I_1}\bigg|_{V_2=0} = -\frac{2}{3}$$

同样,将源连接在端口 2,而同时端口 1 开路,求得

$$V_2 = (3+6)I_2 = 9I_2, \qquad V_1 = 6I_2$$

因为没有电流流过 12 Ω 的电阻,因此,由式(4.3.6)和式(4.3.7)得

$$h_{12} = \frac{V_1}{V_2}\bigg|_{I_1=0} = \frac{6I_2}{9I_2} = \frac{2}{3}, \qquad h_{22} = \frac{I_2}{V_2}\bigg|_{I_1=0} = \frac{1}{9}\ \text{S}$$

所以

$$\begin{bmatrix} h_{11} & h_{12} \\ h_{21} & h_{22} \end{bmatrix} = \begin{bmatrix} 14 & \dfrac{2}{3} \\ -\dfrac{2}{3} & \dfrac{1}{9} \end{bmatrix}$$

4.4 传输参量

再次考虑图 4-1 所示的二端口网络。因为该网络是线性的,因此可以应用叠加原理。假定该网络内不包含独立源,在端口 1 处的电压 V_1 和电流 I_1 可用端口 2 处的电流 I_2 和电压 V_2 表示如下:

$$V_1 = AV_2 - BI_2 \qquad (4.4.1)$$

同样,可以用 I_2 和 V_2 表示 I_1:

$$I_1 = CV_2 - DI_2 \qquad (4.4.2)$$

因为 V_1 和 V_2 以伏特(V)为单位,I_1 和 I_2 以安培(A)为单位,所以 A 和 D 必定是无量纲量,B 是以欧姆(Ω)为单位,而 C 的单位是西门子(S)。

利用矩阵表示式,式(4.4.1)和式(4.4.2)可写成如下形式:

$$\begin{bmatrix} V_1 \\ I_1 \end{bmatrix} = \begin{bmatrix} A & B \\ C & D \end{bmatrix}\begin{bmatrix} V_2 \\ -I_2 \end{bmatrix} \qquad (4.4.3)$$

传输参量也称为链式矩阵元,它对于级联电路的分析是特别重要的。这些参量确定如下:假如端口 2 短路,V_2 将是零,在这种情况下,由式(4.4.1)和式(4.4.2)可得

$$B = \frac{V_1}{-I_2}\bigg|_{V_2=0} \tag{4.4.4}$$

$$D = \frac{I_1}{-I_2}\bigg|_{V_2=0} \tag{4.4.5}$$

同样,将源连接到端口 1,而端口 2 开路,可以求得

$$A = \frac{V_1}{V_2}\bigg|_{I_2=0} \tag{4.4.6}$$

$$C = \frac{I_1}{V_2}\bigg|_{I_2=0} \tag{4.4.7}$$

【例 4.10】 确定图 4-13 所示网络的传输参量。

解 将源连接到端口 1,而端口 2 短路(从而 $V_2=0$),可以求得

$$I_2 = -I_1, \quad V_1 = 1 \times I_1 = I_1$$

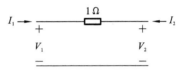

图 4-13 例 4.10 的网络

所以,式(4.4.4)和式(4.4.5)得

$$B = \frac{V_1}{-I_2}\bigg|_{V_2=0} = 1 \ \Omega \quad 和 \quad D = \frac{I_1}{-I_2}\bigg|_{V_2=0} = 1$$

同样,将源连接到端口 1,而端口 2 开路(所以 $I_2=0$ 是零),可以求得

$$V_2 = V_1, \quad I_1 = 0$$

所以,由式(4.4.6)和式(4.4.7)得

$$A = \frac{V_1}{V_2}\bigg|_{I_2=0} = 1 \quad 和 \quad C = \frac{I_1}{V_2}\bigg|_{I_2=0} = 0$$

因此,这个网络的传输矩阵是

$$\begin{bmatrix} A & B \\ C & D \end{bmatrix} = \begin{bmatrix} 1 & 1 \\ 0 & 1 \end{bmatrix}$$

【例 4.11】 确定图 4-14 所示网络的传输参量。

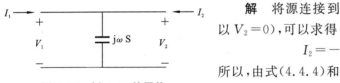

图 4-14 例 4.11 的网络

解 将源连接到端口 1,而端口 2 短路(所以 $V_2=0$),可以求得

$$I_2 = -I_1, \quad V_1 = 0$$

所以,由式(4.4.4)和式(4.4.5)得

$$B = \frac{V_1}{-I_2}\bigg|_{V_2=0} = 0, \quad D = \frac{I_1}{-I_2}\bigg|_{V_2=0} = 1$$

同样,将源连接到端口 1,而端口 2 开路(所以 $I_2=0$),可以求得

$$V_2 = V_1, \quad I_1 = j\omega V_1 (A)$$

所以,由式(4.4.6)和式(4.4.7)得

$$A = \frac{V_1}{V_2}\bigg|_{I_2=0} = 1, \quad C = \frac{I_1}{V_2}\bigg|_{I_2=0} = j\omega \ (S)$$

因此,这个网络的传输矩阵是

$$\begin{bmatrix} A & B \\ C & D \end{bmatrix} = \begin{bmatrix} 1 & 0 \\ j\omega & 1 \end{bmatrix}$$

【例 4.12】 确定图 4-15 所示网络的传输参量。

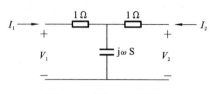

图 4-15 例 4.12 的网络

解 将源连接到端口 1,而端口 2 短路(从而 V_2 是零),可以求得

$$V_1 = \left(1 + \frac{1}{1+j\omega}\right)I_1 = \frac{2+j\omega}{1+j\omega}I_1$$

$$I_2 = -\frac{\frac{1}{j\omega}}{1/j\omega + 1}I_1 = -\frac{1}{1+j\omega}I_1$$

所以,由式(4.4.4)和式(4.4.5)得

$$B = \frac{V_1}{-I_2}\bigg|_{V_2=0} = 2+j\omega \ (\Omega), \quad D = \frac{I_1}{-I_2}\bigg|_{V_2=0} = 1+j\omega$$

同样,将源连接到端口 1,而端口 2 开路(所以 I_2 是零),可以求得

$$V_1 = \left(1 + \frac{1}{j\omega}\right)I_1 = \frac{1+j\omega}{j\omega}I_1, \quad V_2 = \frac{1}{j\omega}I_1$$

所以,由式(4.4.6)和式(4.4.7)得

$$A = \frac{V_1}{V_2}\bigg|_{I_2=0} = 1+j\omega, \quad C = \frac{I_1}{V_2}\bigg|_{I_2=0} = j\omega \ (S)$$

因此,这个网络的传输矩阵是

$$\begin{bmatrix} A & B \\ C & D \end{bmatrix} = \begin{bmatrix} 1+j\omega & 2+j\omega \\ j\omega & 1+j\omega \end{bmatrix}$$

【例 4.13】 确定图 4-16 所示传输线的传输参量。

解 假定源连接到端口 1,而端口 2 短路,如果 V_{in} 是端口 1 的输入电压,则它在端口 2 将是 $V_{in}e^{-\gamma l}$,因为短路的反射系数是 -1,在这个端口反射电压与入射电压相位相差 180°,所以,反射电压到达端口 1 处是 $-V_{in}e^{-2\gamma l}$,因此,

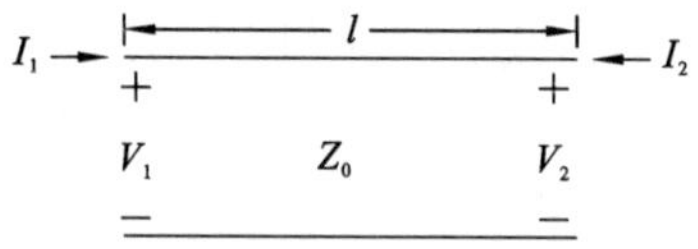

图 4-16 例 4.13 的传输线

$$V_1 = V_{in} - V_{in}e^{-2\gamma l}, \quad V_2 = 0$$

$$I_1 = \frac{V_{in}}{Z_0}(1+e^{-2\gamma l}), \quad I_2 = -\frac{2V_{in}}{Z_0}e^{-\gamma l}$$

所以,由式(4.4.4)式(4.4.5)得

$$B = \frac{V_1}{-I_2}\bigg|_{V_2=0} = \frac{Z_0}{2e^{-\gamma l}}(1-e^{-2\gamma l}) = Z_0\frac{e^{\gamma l}-e^{-\gamma l}}{2} = Z_0\sinh(\gamma l) \ (\Omega)$$

$$D = \frac{I_1}{-I_2}\bigg|_{V_2=0} = \frac{1+e^{-2\gamma l}}{2e^{-\gamma l}} = \frac{e^{\gamma l}+e^{-\gamma l}}{2} = \cosh(\gamma l)$$

现在,假定端口 2 开路,而源仍连接到端口 1,如果 V_{in} 是端口 1 的输入电压,则在端口 2 它将是 $V_{in}e^{-\gamma l}$,因为开路的反射系数是 +1,在端口 2 的反射电压等于入射电压,所以,反射电压到达端口 1 处是 $V_{in}e^{-2\gamma l}$,因此,

$$V_1 = V_{in} + V_{in}e^{-2\gamma l}, \quad V_2 = 2V_{in}e^{-\gamma l}$$

$$I_1 = \frac{V_{in}}{Z_0}(1-e^{-2\gamma l}), \quad I_2 = 0$$

所以,由式(4.4.6)和式(4.4.7)得

$$A = \frac{V_1}{V_2}\bigg|_{I_2=0} = \frac{1+e^{-2\gamma l}}{2e^{-\gamma l}} = \cosh(\gamma l), \quad C = \frac{I_1}{V_2}\bigg|_{I_2=0} = \frac{1-e^{-2\gamma l}}{2Z_0e^{-\gamma l}} = \frac{1}{Z_0}\sinh(\gamma l)$$

因此,有限长度传输线的传输矩阵是

$$\begin{bmatrix} A & B \\ C & D \end{bmatrix} = \begin{bmatrix} \cosh(\gamma l) & Z_0\sinh(\gamma l) \\ \dfrac{1}{Z_0}\sinh(\gamma l) & \cosh(\gamma l) \end{bmatrix}$$

对于无耗传输线,$\gamma = \mathrm{j}\beta$,所以可简化为

$$\begin{bmatrix} A & B \\ C & D \end{bmatrix} = \begin{bmatrix} \cos(\beta l) & \mathrm{j}Z_0\sin(\beta l) \\ \mathrm{j}\,\dfrac{1}{Z_0}\sin(\beta l) & \cos(\beta l) \end{bmatrix}$$

对例 4.10~例 4.13 的结果所做的分析表明,对于这 4 种电路都满足下列条件:

$$AD - BC = 1 \tag{4.4.8}$$

这是因为这些电路是互易的。换句话说,假如已知给定的电路是互易的,则必定满足式 (4.4.8)。另外我们发现,在所有这 4 种情况下,传输参量 A 等于 D,如果给定的电路是互易的,那么这种情况总是会发生的。

在例 4.11 中,A 和 D 是实数,B 是零,C 是虚数。对于例 4.13 中的无耗传输线,A 和 D 简化为实数,而 C 和 D 变为纯虚数。这种传输参量的特性是与任一无耗电路相联系的。将例 4.10~例 4.12 的电路进行比较可以看出,例 4.12 的二端口网络可通过把例 4.10 级联在例 4.11 的两侧得到,如图 4-17 所示。

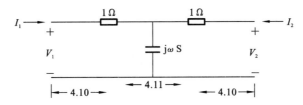

图 4-17 例 4.12 的二端口网络

所以,对于例 4.12 所示网络的传输(或者链式)矩阵,可由 3 个传输矩阵相乘得到,结果如下:

$$\begin{bmatrix} 1 & 1 \\ 0 & 1 \end{bmatrix} \cdot \begin{bmatrix} 1 & 0 \\ \mathrm{j}\omega & 1 \end{bmatrix} \cdot \begin{bmatrix} 1 & 1 \\ 0 & 1 \end{bmatrix} = \begin{bmatrix} 1 & 1 \\ 0 & 1 \end{bmatrix} \cdot \begin{bmatrix} 1 & 1 \\ \mathrm{j}\omega & \mathrm{j}\omega+1 \end{bmatrix} = \begin{bmatrix} 1+\mathrm{j}\omega & 2+\mathrm{j}\omega \\ \mathrm{j}\omega & 1+\mathrm{j}\omega \end{bmatrix}$$

这表明:在网络级联的分析和设计中采用链式矩阵比较方便。

4.5 阻抗、导纳、混合和传输参量的转换

通过各自的定义公式可将网络参量的一种类型转换为另一种类型。例如,网络的导纳参量可从它的阻抗参量求得。由式(4.2.3)和式(4.1.3)可以得出

$$\begin{bmatrix} I_1 \\ I_2 \end{bmatrix} = \begin{bmatrix} Y_{11} & Y_{12} \\ Y_{21} & Y_{22} \end{bmatrix}\begin{bmatrix} V_1 \\ V_2 \end{bmatrix} = \begin{bmatrix} Z_{11} & Z_{12} \\ Z_{21} & Z_{22} \end{bmatrix}^{-1}\begin{bmatrix} V_1 \\ V_2 \end{bmatrix}$$

因此,

$$\begin{bmatrix} Y_{11} & Y_{12} \\ Y_{21} & Y_{22} \end{bmatrix} = \begin{bmatrix} Z_{11} & Z_{12} \\ Z_{21} & Z_{22} \end{bmatrix}^{-1} = \frac{1}{Z_{11}Z_{22}-Z_{12}Z_{21}}\begin{bmatrix} Z_{22} & -Z_{12} \\ -Z_{21} & Z_{11} \end{bmatrix}$$

同样,式(4.3.3)可重新整理如下:

$$\begin{bmatrix} I_1 \\ I_2 \end{bmatrix} = \begin{bmatrix} \dfrac{D}{B} & -\dfrac{AD-BC}{B} \\ -\dfrac{1}{B} & \dfrac{A}{B} \end{bmatrix} \begin{bmatrix} V_1 \\ V_2 \end{bmatrix}$$

因此
$$\begin{bmatrix} Y_{11} & Y_{12} \\ Y_{21} & Y_{22} \end{bmatrix} = \begin{bmatrix} \dfrac{D}{B} & -\dfrac{AD-BC}{B} \\ -\dfrac{1}{B} & \dfrac{A}{B} \end{bmatrix}$$

其他参量之间的关系也可按照同样的过程求得。这些关系在表 4.1 中给出。

表 4.1　阻抗、导纳、传输和混合参量之间的转换

$Z_{11} = \dfrac{Y_{22}}{Y_{11}Y_{22}-Y_{12}Y_{21}}$	$Z_{11} = \dfrac{A}{C}$	$Z_{11} = \dfrac{h_{11}h_{22}-h_{12}h_{21}}{h_{22}}$
$Z_{12} = \dfrac{-Y_{12}}{Y_{11}Y_{22}-Y_{12}Y_{21}}$	$Z_{12} = \dfrac{AD-BC}{C}$	$Z_{12} = \dfrac{h_{12}}{h_{22}}$
$Z_{21} = \dfrac{-Y_{21}}{Y_{11}Y_{22}-Y_{12}Y_{21}}$	$Z_{21} = \dfrac{1}{C}$	$Z_{21} = \dfrac{-h_{21}}{h_{22}}$
$Z_{22} = \dfrac{Y_{11}}{Y_{11}Y_{22}-Y_{12}Y_{21}}$	$Z_{22} = \dfrac{D}{C}$	$Z_{22} = \dfrac{1}{h_{22}}$
$Y_{11} = \dfrac{Z_{22}}{Z_{11}Z_{22}-Z_{12}Z_{21}}$	$Y_{11} = \dfrac{D}{B}$	$Y_{11} = \dfrac{1}{h_{11}}$
$Y_{12} = \dfrac{-Z_{12}}{Z_{11}Z_{22}-Z_{12}Z_{21}}$	$Y_{12} = \dfrac{-(AD-BC)}{B}$	$Y_{12} = \dfrac{-h_{12}}{h_{11}}$
$Y_{21} = \dfrac{-Z_{21}}{Z_{11}Z_{22}-Z_{12}Z_{21}}$	$Y_{21} = \dfrac{-1}{B}$	$Y_{21} = \dfrac{h_{21}}{h_{11}}$
$Y_{22} = \dfrac{Z_{11}}{Z_{11}Z_{22}-Z_{12}Z_{21}}$	$Y_{22} = \dfrac{A}{B}$	$Y_{22} = \dfrac{h_{11}h_{22}-h_{12}h_{21}}{h_{11}}$
$A = \dfrac{Z_{11}}{Z_{21}}$	$A = \dfrac{-Y_{22}}{Y_{21}}$	$A = \dfrac{-(h_{11}h_{22}-h_{12}h_{21})}{h_{11}}$
$B = \dfrac{Z_{11}Z_{22}-Z_{12}Z_{21}}{Z_{21}}$	$B = \dfrac{-1}{Y_{21}}$	$B = \dfrac{-h_{11}}{h_{21}}$
$C = \dfrac{1}{Z_{21}}$	$C = \dfrac{-(Y_{11}Y_{22}-Y_{12}Y_{21})}{Y_{21}}$	$C = \dfrac{-h_{22}}{h_{21}}$
$D = \dfrac{Z_{22}}{Z_{21}}$	$D = \dfrac{-Y_{11}}{Y_{21}}$	$D = \dfrac{-1}{h_{21}}$
$h_{11} = \dfrac{Z_{11}Z_{22}-Z_{12}Z_{21}}{Z_{22}}$	$h_{11} = \dfrac{1}{Y_{11}}$	$h_{11} = \dfrac{B}{D}$
$h_{12} = \dfrac{Z_{12}}{Z_{22}}$	$h_{12} = \dfrac{-Y_{12}}{Y_{11}}$	$h_{12} = \dfrac{AD-BC}{D}$
$h_{21} = \dfrac{-Z_{21}}{Z_{22}}$	$h_{21} = \dfrac{Y_{21}}{Y_{11}}$	$h_{21} = \dfrac{-1}{D}$
$h_{22} = \dfrac{1}{Z_{22}}$	$h_{22} = \dfrac{Y_{11}Y_{22}-Y_{12}Y_{21}}{Y_{11}}$	$h_{22} = \dfrac{C}{D}$

4.6　散射参量

正如前面所述,在分析串联电路时 Z 参量很有用,而 Y 参量可以简化并联电路的分析。同样,传输参量对于链路或级联电路很有用。然而,在确定这些参量性质的过程中,需要在网络的另一端开路或短路。为了确定网络的参量,在射频或微波波段形成这种开路或短路的全反射是很困难的(有时是不可能的)。所以,定义了一种基于行波特征的新的表示形式,称为网络的散射矩阵,该矩阵的元称为散射参量。

4.6.1　散射参量的物理意义

图 4-18 所示的为一个网络及其两个端口的入射波和反射波。采用惯用的表示法,用 a_i 表示第 i 个端口的入射波,用 b_i 表示第 i 个端口的反射波。因此,在第 1 个端口处 a_1 是入射波,b_1 是反射波。同样,a_2 和 b_2 分别代表第 2 个端口处的入射波和反射波。将源连接在端口 1,它产生入射波 a_1,该波的一部分在网络的输入处被反射回来(由于阻抗不匹配),而其余的信号通过网络进行传输,在进入端口 2 之前,该信号的幅值以及相位有可能改变。根据这个端口的终端负载,一部分信号在入射到端口 2 时被反射回去。因此,反射波 b_1 与入射波 a_1 以及在端口 2 的 a_2 有关。同样,出射波 b_2 也与 a_1 和 a_2 有关。数学上表示为

$$b_1 = S_{11}a_1 + S_{12}a_2 \tag{4.6.1}$$

$$b_2 = S_{21}a_1 + S_{22}a_2 \tag{4.6.2}$$

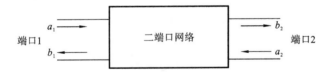

图 4-18　与入射波和反射波相关联的二端口网络

用矩阵法可表示为

$$\begin{bmatrix} b_1 \\ b_2 \end{bmatrix} = \begin{bmatrix} S_{11} & S_{12} \\ S_{21} & S_{22} \end{bmatrix} \begin{bmatrix} a_1 \\ a_2 \end{bmatrix} \tag{4.6.3}$$

或

$$[b] = [S][a] \tag{4.6.4}$$

其中,S_{ij} 称为这个网络的散射参量;a_i 表示第 i 个端口处的入射波;b_i 表示第 i 个端口处的反射波。

假如端口 2 连接匹配终端,a_1 是端口 1 的入射波,a_2 是零,在这种情况下,由式(4.6.1)和式(4.6.2)得

$$S_{11} = \frac{b_1}{a_1} \bigg|_{a_2=0} \tag{4.6.5}$$

$$S_{21} = \frac{b_2}{a_1} \bigg|_{a_2=0} \tag{4.6.6}$$

同样,在端口 2 连接源,而在端口 1 接匹配负载,可以得

$$S_{12} = \frac{b_1}{a_2}\bigg|_{a_1=0} \tag{4.6.7}$$

$$S_{22} = \frac{b_2}{a_2}\bigg|_{a_1=0} \tag{4.6.8}$$

因此，S_{ii}是另一端口匹配时第i个端口处的反射系数Γ_i；S_{ij}是另一端接匹配负载时第j个端口处的前向传输系数（当$i>j$时）或反向传输系数（当$i<j$时）。

下面按照电压、电流或功率来定义a_i和b_i。为了达到这个目的，在第i个端口处的稳态电压和电流表述如下：

$$V_i = V_i^{\text{in}} + V_i^{\text{ref}} \tag{4.6.9}$$

$$I_i = \frac{1}{Z_{0i}}(V_i^{\text{in}} - V_i^{\text{ref}}) \tag{4.6.10}$$

此处，上角标"in"和"ref"分别表示入射电压和反射电压。Z_{0i}是第i个端口的特性阻抗，可通过求式（4.6.9）和式（4.6.10）得出用第i个端口的总电压和电流表示的入射波和反射波电压。因此，

$$V_i^{\text{in}} = \frac{1}{2}(V_i + Z_{0i}I_i) \tag{4.6.11}$$

和

$$V_i^{\text{ref}} = \frac{1}{2}(V_i - Z_{0i}I_i) \tag{4.6.12}$$

假定两个端口是无耗的，所以Z_{0i}是实数，第i个端口的平均入射功率是

$$P_i^{\text{in}} = \frac{1}{2}\text{Re}\left[V_i^{\text{in}}\ (I_i^{\text{in}})^*\right] = \frac{1}{2}\text{Re}\left[V_i^{\text{in}}\left(\frac{V_i^{\text{in}}}{Z_{0i}}\right)^*\right] = \frac{1}{2Z_{0i}}|V_i^{\text{in}}|^2 \tag{4.6.13}$$

第i个端口的平均反射功率是

$$P_i^{\text{ref}} = \frac{1}{2}\text{Re}\left[V_i^{\text{ref}}\ (I_i^{\text{ref}})^*\right] = \frac{1}{2}\text{Re}\left[V_i^{\text{ref}}\left(\frac{V_i^{\text{ref}}}{Z_{0i}}\right)^*\right] = \frac{1}{2Z_{0i}}|V_i^{\text{ref}}|^2 \tag{4.6.14}$$

a_i和b_i定义的方法是：它们的幅值的平方代表相应方向上的功率流，因此

$$a_i = \frac{V_i^{\text{in}}}{\sqrt{2Z_{0i}}} = \frac{1}{2}\left(\frac{V_i + Z_{0i}I_i}{\sqrt{2Z_{0i}}}\right) = \frac{1}{2\sqrt{2}}\left(\frac{V_i}{\sqrt{Z_{0i}}} + \sqrt{Z_{0i}}I_i\right) \tag{4.6.15}$$

$$b_i = \frac{V_i^{\text{ref}}}{\sqrt{2Z_{0i}}} = \frac{1}{2}\left(\frac{V_i - Z_{0i}I_i}{\sqrt{2Z_{0i}}}\right) = \frac{1}{2\sqrt{2}}\left(\frac{V_i}{\sqrt{Z_{0i}}} - \sqrt{Z_{0i}}I_i\right) \tag{4.6.16}$$

所以，a_i和b_i的单位是

$$\sqrt{\text{瓦}} = \frac{\text{伏特}}{\sqrt{\text{欧姆}}} = \text{安培} \cdot \sqrt{\text{欧姆}}$$

在端口 1，来自源的可用功率 P_{avs} 为

$$P_{\text{avs}} = |a_1|^2$$

从端口 1 反射的功率 P_{ref} 为

$$P_{\text{ref}} = |b_1|^2$$

输送到端口（并由此到网络）的功率 P_d 为

$$P_d = P_{\text{avs}} - P_{\text{ref}} = |a_1|^2 - |b_1|^2$$

现考虑图 4-19 所示的电路布局。在端口 1 连接电压源 V_{s1}，而在端口 2 端接负载阻抗 Z_L，源内阻是 Z_s。在这个网络的两个端口处画出了各种电压波和电流波。另外，假定端口 1 和端口 2 的特性阻抗分别是 Z_{01} 和 Z_{02}。在网络的端口 1 的输入阻抗 Z_1 定

义为当端口 2 端接负载 Z_L 而内阻为 Z_s 的源 V_{s1} 断开时跨接端口 1 的阻抗。同样,在网络的端口 2 的输出阻抗 Z_2 定义为负载 Z_L 断开且电压源 V_{s1} 用一短路线代替时跨接在端口 2 的阻抗。因此,在这种情况下,源阻抗 Z_s 端接在网络的端口 1 时,输入阻抗 Z_1 和输出阻抗 Z_2 分别决定着输入反射系数 $\varGamma_1$ 和输出反射系数 $\varGamma_2$。因此,b_1 与 a_1 之比代表 $\varGamma_1$,而 b_2 与 a_2 之比代表 $\varGamma_2$。对于二端口网络,可以写为

图 4-19 端口 1 连接电压源而端口 2 连接终端负载的二端口网络

$$b_1 = S_{11} a_1 + S_{12} a_2 \tag{4.6.17}$$

$$b_2 = S_{21} a_1 + S_{22} a_2 \tag{4.6.18}$$

负载反射系数 $\varGamma_L$ 为

$$\varGamma_L = \frac{Z_L - Z_{02}}{Z_L + Z_{02}} = \frac{a_2}{b_2} \tag{4.6.19}$$

注意,b_2 是离开端口 2 并进入负载 Z 的。同样,从负载处反射回来的波作为 a_2 又进入端口 2。可求得源反射系数 $\varGamma_s$ 为

$$\varGamma_s = \frac{Z_s - Z_{01}}{Z_s + Z_{01}} = \frac{a_1}{b_1} \tag{4.6.20}$$

因为 b_1 是离开网络端口 1 的,因此它是到 Z_s 的入射波,而 a_1 是反射波。

输入和输出反射系数分别为

$$\varGamma_1 = \frac{Z_1 - Z_{01}}{Z_1 + Z_{01}} = \frac{b_1}{a_1} \tag{4.6.21}$$

$$\varGamma_2 = \frac{Z_2 - Z_{02}}{Z_2 + Z_{02}} = \frac{b_2}{a_2} \tag{4.6.22}$$

式(4.6.17)被 a_1 除,再应用式(4.6.21),可得

$$\frac{b_1}{a_1} = \varGamma_1 = \frac{Z_1 - Z_{01}}{Z_1 + Z_{01}} = S_{11} + S_{12} \frac{a_2}{a_1} \tag{4.6.23}$$

现在,式(4.6.18)被 a_2 除,再与式(4.6.19)组合,可得

$$\frac{b_2}{a_2} = S_{22} + S_{21} \frac{a_1}{a_2} = \frac{1}{\varGamma_L} \Rightarrow \frac{a_1}{a_2} = \frac{1 - S_{22} \varGamma_L}{S_{21} \varGamma_L} \tag{4.6.24}$$

由式(4.6.23)和式(4.6.24)得

$$\varGamma_1 = S_{11} + \frac{S_{12} S_{21} \varGamma_L}{1 - S_{22} \varGamma_L} \tag{4.6.25}$$

如果匹配负载端接在端口 2,则 $\varGamma_L = 0$,且式(4.6.25)简化为 $\varGamma_1 = S_{11}$。

同样,由式(4.6.18)和式(4.6.22)得

$$\frac{b_2}{a_2} = \varGamma_2 = \frac{Z_2 - Z_{02}}{Z_2 + Z_{02}} = S_{22} + S_{21} \frac{a_1}{a_2} \tag{4.6.26}$$

由式(4.6.17)和式(4.6.20)得

$$\frac{b_1}{a_1} = S_{11} + S_{12} \frac{a_2}{a_1} = \frac{1}{\varGamma_s} \Rightarrow \frac{a_2}{a_1} = \frac{1 - S_{11} \varGamma_s}{S_{12} \varGamma_s} \tag{4.6.27}$$

将式(4.6.27)代入式(4.6.26)得

$$\Gamma_2 = S_{22} + \frac{S_{21} S_{12} \Gamma_s}{1 - S_{11} \Gamma_s} \qquad (4.6.28)$$

如果 Z_s 等于 Z_{01}，端口 1 是匹配的，且 $\Gamma_s = 0$，所以式(4.6.28)可简化为

$$\Gamma_2 = S_{22}$$

因此，S_{11} 和 S_{22} 可以通过计算各自端口的反射系数（当另一端口匹配时）求得。

现在，来确定二端口网络的另外两个参量 S_{21} 和 S_{12}。从式(4.6.6)开始：

$$S_{21} = \frac{b_2}{a_1} \bigg|_{a_2=0}$$

现在，当 $i=2$ 时，由式(4.6.15)可求得 a_2，再令其等于零，则得

$$a_2 = \frac{1}{2} \left(\frac{V_2 + Z_{02} I_2}{\sqrt{2 Z_{02}}} \right) = 0 \Rightarrow V_2 = -Z_{02} I_2 \qquad (4.6.29)$$

将式(4.6.29)代入由式(4.6.16)（用 $i=2$）得到的 b_2 表示式中，可得

$$b_2 = \frac{1}{2} \left(\frac{V_2 - Z_{02} I_2}{\sqrt{2 Z_{02}}} \right) = -I_2 \sqrt{\frac{Z_{02}}{2}} \qquad (4.6.30)$$

当 $i=1$ 时，由式(4.6.15)可以得到 a_1 的表示式，当 Z_s 等于 Z_{01} 时简化为

$$a_1 = \frac{1}{2} \left(\frac{V_1 + Z_{01} I_1}{\sqrt{2 Z_{01}}} \right) = \frac{V_{s1}}{2 \sqrt{2 Z_{01}}} \qquad (4.6.31)$$

将式(4.6.30)和式(4.6.31)代入式(4.6.6)可以得到 S_{21} 为

$$S_{21} = \frac{b_2}{a_1} \bigg|_{a_2=0} = \frac{- \sqrt{Z_{02}} I_2 / \sqrt{2}}{V_{s1} / (2 \sqrt{2 Z_{01}})} = \frac{2 V_2}{V_{s1}} \sqrt{\frac{Z_{01}}{Z_{02}}} \qquad (4.6.32)$$

遵循同样的过程可求得 S_{12} 为

$$S_{12} = \frac{b_1}{a_2} \bigg|_{a_1=0} = \frac{2 V_1}{V_{s2}} \sqrt{\frac{Z_{02}}{Z_{01}}} \qquad (4.6.33)$$

分析这些 S 参量可以看出

$$|S_{11}|^2 = \frac{|b_1|^2}{|a_1|^2} \bigg|_{a_2=0} = \frac{P_{avs} - P_d}{P_{avs}} \qquad (4.6.34)$$

其中，P_{avs} 是来自源的可用功率，P_d 是传送到端口 1 的功率。假如源阻抗是 Z_1 的复共轭，则这两个功率是相等的。同样，由式(4.6.32)可得

$$|S_{21}|^2 = \frac{Z_{02} (I_2 / \sqrt{2})^2}{\left(\frac{1}{4} Z_{01} \right) (V_{s1} / \sqrt{2})^2} = \frac{Z_{02} (I_2 / \sqrt{2})^2}{\frac{1}{2} (1/2 Z_{01}) (V_{s1} / \sqrt{2})^2} = \frac{P_{AVN}}{P_{avs}} \qquad (4.6.35)$$

其中，P_{AVN} 是网络端口 2 处的可用功率，假如这个端口的负载是匹配的，它等于传送到负载的功率。式(4.6.35)的功率比可称为转换器功率增益。

按照相同的步骤，可以得出当端口 1 接匹配负载时，$|S_{22}|^2$ 是来自端口 2 的反射功率与在端口 2 处来自源的可用功率之比，$|S_{12}|^2$ 表示反向转换器功率增益。

4.6.2 参考面对散射参量的影响

考虑图 4-20 所示的二端口网络。假定 a_i 和 b_i 分别是第 i 个端口不带撇号的参考平面处的入射波和反射波。对于这种情况，采用不带撇号的 S 参量。下一步考虑将平面 A—A 移动距离 l_1 到 A'—A'。在这个平面，a_1' 和 b_1' 分别表示输入行波和输出行波。同样，a_2' 和 b_2' 分别表示在 B'—B' 平面的输入行波和输出行波。在每侧带撇号的平面

处,我们也将其散射参量用撇号标注。因此

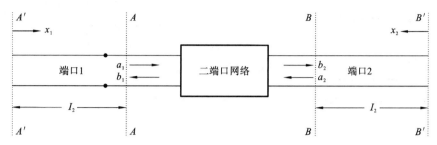

图 4-20 在每一边有两个参考平面的二端口网络

$$\begin{bmatrix} b_1 \\ b_2 \end{bmatrix} = \begin{bmatrix} S_{11} & S_{12} \\ S_{21} & S_{22} \end{bmatrix} \begin{bmatrix} a_1 \\ a_2 \end{bmatrix} \tag{4.6.36}$$

$$\begin{bmatrix} b_1' \\ b_2' \end{bmatrix} = \begin{bmatrix} S_{11}' & S_{12}' \\ S_{21}' & S_{22}' \end{bmatrix} \begin{bmatrix} a_1' \\ a_2' \end{bmatrix} \tag{4.6.37}$$

b_1 波由 A 行进到 A',其相位延迟了 βl_1,这意味着 b_1 和 b_1' 相比其相位超前了,因此

$$b_1 = b_1' \mathrm{e}^{\mathrm{j}\beta l_1} \tag{4.6.38}$$

a_1 波从平面 A' 进到 A,所以与 a_1' 相比,其相位延迟了 βl_1,相应的数学表示式为

$$a_1 = a_1' \mathrm{e}^{-\mathrm{j}\beta l_1} \tag{4.6.39}$$

在端口 2,根据同样的考虑,可以得到

$$b_2 = b_2' \mathrm{e}^{\mathrm{j}\beta l_2} \tag{4.6.40}$$

$$a_2 = a_2' \mathrm{e}^{-\mathrm{j}\beta l_2} \tag{4.6.41}$$

将式(4.6.38)~式(4.6.41)代入式(4.6.36)的 b_1、a_1、b_2 和 a_2 中,可得

$$\begin{bmatrix} b_1' \mathrm{e}^{\mathrm{j}\beta l_1} \\ b_2' \mathrm{e}^{\mathrm{j}\beta l_2} \end{bmatrix} = \begin{bmatrix} S_{11} & S_{12} \\ S_{21} & S_{22} \end{bmatrix} \begin{bmatrix} a_1' \mathrm{e}^{-\mathrm{j}\beta l_1} \\ a_2' \mathrm{e}^{-\mathrm{j}\beta l_2} \end{bmatrix} \tag{4.6.42}$$

可将这些公式重新整理如下:

$$\begin{bmatrix} b_1' \\ b_2' \end{bmatrix} = \begin{bmatrix} S_{11} \mathrm{e}^{-\mathrm{j}2\beta l_1} & S_{12} \mathrm{e}^{-\mathrm{j}\beta(l_1+l_2)} \\ S_{21} \mathrm{e}^{-\mathrm{j}\beta(l_1+l_2)} & S_{22} \mathrm{e}^{-\mathrm{j}2\beta l_2} \end{bmatrix} \begin{bmatrix} a_1' \\ a_2' \end{bmatrix} \tag{4.6.43}$$

现在,对式(4.6.43)和式(4.6.37)进行比较,可以发现:

$$\begin{bmatrix} S_{11}' & S_{12}' \\ S_{21}' & S_{22}' \end{bmatrix} = \begin{bmatrix} S_{11} \mathrm{e}^{-\mathrm{j}2\beta l_1} & S_{12} \mathrm{e}^{-\mathrm{j}\beta(l_1+l_2)} \\ S_{21} \mathrm{e}^{-\mathrm{j}\beta(l_1+l_2)} & S_{22} \mathrm{e}^{-\mathrm{j}2\beta l_2} \end{bmatrix} \tag{4.6.44}$$

按照相同的步骤,可以求出另一个关系式:

$$\begin{bmatrix} S_{11} & S_{12} \\ S_{21} & S_{22} \end{bmatrix} = \begin{bmatrix} S_{11}' \mathrm{e}^{\mathrm{j}2\beta l_1} & S_{12}' \mathrm{e}^{\mathrm{j}\beta(l_1+l_2)} \\ S_{21}' \mathrm{e}^{\mathrm{j}\beta(l_1+l_2)} & S_{22}' \mathrm{e}^{\mathrm{j}2\beta l_2} \end{bmatrix} \tag{4.6.45}$$

【例 4.14】 如图 4-21 所示,已知在网络的两个端口处,总的电压和电流如下:$V_1 = 10\angle 0° \text{ V}$,$I_1 = 0.1\angle 40° \text{ A}$,$V_2 = 12\angle 30° \text{ V}$ 和 $I_2 = 0.15\angle 100° \text{ A}$。假定两个端口处的特性阻抗是 50 Ω,确定网络两个端口处的入射电压和反射电压。

解 当 $i = 1$ 时,由式(4.6.11)和式(4.6.12)可得

$$V_1^{\mathrm{in}} = \frac{1}{2}(10\angle 0° + 50 \times 0.1\angle 40°) \text{ V} = 6.915 + \mathrm{j}1.607 \text{ V}$$

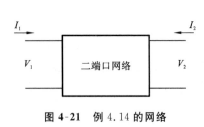

图 4-21 例 4.14 的网络

$$V_1^{\text{ref}} = \frac{1}{2}(10\angle 0° - 50\times 0.1\angle 40°) \text{ V}$$

$$= 3.085 - \text{j}1.607 \text{ V}$$

同样,当 $i=2$ 时,可求得端口 2 处的入射电压和反射电压分别为

$$V_2^{\text{in}} = \frac{1}{2}(12\angle 30° + 50\times 0.15\angle 100°) \text{ V}$$

$$= 4.545 + \text{j}6.695 \text{ V}$$

$$V_2^{\text{ref}} = \frac{1}{2}(12\angle 30° - 50\times 0.15\angle 100°) \text{ V} = 5.845 - \text{j}0.691 \text{ V}$$

【例 4.15】 如图 4-22 所示,求出连接在两个端口之间的串联阻抗 Z 的 S 参量。

解 当 $\varGamma_{\text{L}}=0$(即端口 2 接匹配负载)时,由式(4.6.25)得

$$S_{11} = \varGamma_1 \big|_{a_2=0} = \frac{(Z+Z_0)-Z_0}{(Z+Z_0)+Z_0} = \frac{Z}{Z+2Z_0}$$

同样,当 $\varGamma_{\text{s}}=0$(即端口 1 接匹配负载)时,由式(4.6.28)得

$$S_{22} = \varGamma_2 \big|_{a_1=0} = \frac{(Z+Z_0)-Z_0}{(Z+Z_0)+Z_0} = \frac{Z}{Z+2Z_0}$$

S_{21} 和 S_{12} 分别由式(4.6.32)和式(4.6.33)决定。为了求解 S_{21},在端口 1 连接电压源 V_{s1},在端口 2 接 Z_0,如图 4-23 所示。源的阻抗是 Z_0。

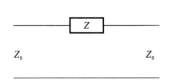

图 4-22 例 4.15 的电路结构

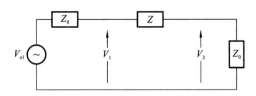

图 4-23 例 4.15 中确定 S_{21} 的电路布置

利用分压公式可表示为

$$V_2 = \frac{Z_0}{Z+2Z_0}V_{\text{s1}}$$

因此,由式(4.6.32)得

$$S_{21} = \frac{2V_2}{V_{\text{s1}}} = \frac{2Z_0}{Z+2Z_0} = \frac{2Z_0+Z-Z}{Z+2Z_0} = 1 - \frac{Z}{Z+2Z_0}$$

为了求解 S_{12},我们在端口 2 连接电压源 V_{s2},而端口 1 端接 Z_0,如图 4-24 所示。源的阻抗是 Z_0。我们再用分压法则求得

$$V_1 = \frac{Z_0}{Z+2Z_0}V_{\text{s2}}$$

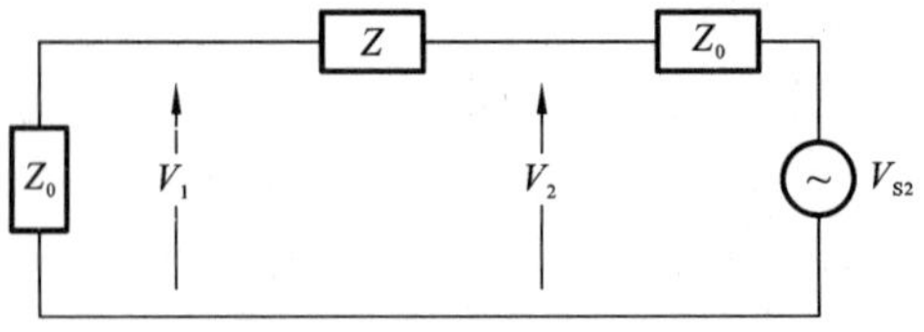

图 4-24 例 4.15 中确定 S_{12} 的电路布置

由式(4.6.33)可得

$$S_{12} = \frac{2V_1}{V_{s2}} = \frac{2Z_0}{Z + 2Z_0} = \frac{2Z_0 + Z - Z}{Z + 2Z_0} = 1 - \frac{Z}{Z + 2Z_0}$$

所以

$$\begin{bmatrix} S_{11} & S_{12} \\ S_{21} & S_{22} \end{bmatrix} = \begin{bmatrix} \Gamma_1 & 1 - \Gamma_1 \\ 1 - \Gamma_1 & \Gamma_1 \end{bmatrix}$$

其中,

$$\Gamma_1 = \frac{Z}{Z + 2Z_0}$$

通过分析 S 参量可以看出,S_{11} 等于 S_{22},这是因为所给定的二端口网络是对称的。另外,S_{12} 也等于 S_{21},这是因为这个网络是互易的。

考虑一种特殊情况,假定串联阻抗 Z 是纯电抗元件,即 $Z = jX$。在这种情况下,Γ_1 可以表示为

$$\Gamma_1 = \frac{jX}{jX + 2Z_0}$$

所以

$$\begin{aligned} |S_{11}|^2 + |S_{21}|^2 &= \left| \frac{jX}{jX + 2Z_0} \right|^2 + \left| 1 - \frac{jX}{jX + 2Z_0} \right|^2 \\ &= \frac{X^2}{X^2 + (2Z_0)^2} + \frac{(2Z_0)^2}{X^2 + (2Z_0)^2} = 1 \end{aligned}$$

同样,

$$|S_{12}|^2 + |S_{22}|^2 = 1$$

另一方面,

$$S_{11}S_{12}^* + S_{21}S_{22}^* = \frac{jX}{jX + 2Z_0} \times \frac{2Z_0}{-jX + 2Z_0} + \frac{2Z_0}{jX + 2Z_0} \times \frac{-jX}{-jX + 2Z_0} = 0$$

和

$$S_{12}S_{11}^* + S_{22}S_{21}^* = \frac{2Z_0}{jX + 2Z_0} \times \frac{-jX}{-jX + 2Z_0} + \frac{jX}{jX + 2Z_0} \times \frac{2Z_0}{-jX + 2Z_0} = 0$$

散射矩阵的性质可以归纳如下:

$$\sum S_{ij}S_{ik}^* = \delta_{jk} = \begin{cases} 1, & j = k \\ 0, & \text{其他} \end{cases}$$

当矩阵的元满足这个条件时,称为幺正矩阵。因此,电抗电路的散射矩阵是幺正的。

【例 4.16】 求出连接在两个端口之间的并联导纳 Y(见图 4-25)的 S 参量。

解　由式(4.6.25)可得

$$\begin{aligned} S_{11} &= \Gamma_1 \big|_{\Gamma_L = 0} = \frac{Z_1 - Z_{01}}{Z_1 + Z_{01}} = \frac{1/Y_1 - 1/Y_0}{1/Y_1 + 1/Y_0} \\ &= \frac{Y_0 - Y_1}{Y_0 + Y_1} = \frac{Y_0 - (Y + Y_0)}{Y_0 + (Y + Y_0)} = \frac{-Y}{2Y_0 + Y} \end{aligned}$$

同样,由式(4.6.28)可得

$$\begin{aligned} S_{22} &= \Gamma_2 \big|_{\Gamma_s = 0} = \frac{Z_2 - Z_{02}}{Z_2 + Z_{02}} = \frac{1/Y_2 - 1/Y_0}{1/Y_2 + 1/Y_0} \\ &= \frac{Y_0 - Y_2}{Y_0 + Y_2} = \frac{Y_0 - (Y + Y_0)}{Y_0 + (Y + Y_0)} = \frac{-Y}{2Y_0 + Y} \end{aligned}$$

为了求解 S_{21}，将电压源 V_{s1} 连接在端口 1，而端口 2 端接匹配负载，如图 4-26 所示。

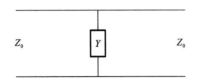

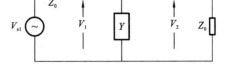

图 4-25　例 4.16 的网络　　　图 4-26　例 4.16 中确定 S_{21} 的电路布置

利用分压法则可得

$$V_2 = \frac{1/(Y+Y_0)}{Z_{01}+1/(Y+Y_0)} V_{s1} = \frac{1}{Z_{01}(Y+Y_0)+1} V_{s1} = \frac{1}{Y+2Y_0} V_{s1}$$

由式 (4.6.32) 可得

$$S_{21} = \frac{2V_2}{V_{s1}}\Big|_{\Gamma_L=0} = \frac{2Y_0}{Y+2Y_0} = 1 - \frac{Y_0}{Y+2Y_0} = 1 + \Gamma_1$$

同样，如果 V_{s2} 与 Z_0 串联连接在端口 2，而端口 1 接匹配终端，则可由式 (4.6.33) 求出 S_{12}：

$$S_{12} = \frac{2V_1}{V_{s2}}\Big|_{\Gamma_s=0} = \frac{2Y_0}{Y+2Y_0} = 1 - \frac{Y_0}{Y+2Y_0} = 1 + \Gamma_1$$

其中，

$$\Gamma_1 = -\frac{Y}{Y+2Y_0}$$

正如所预料的那样，$S_{11} = S_{22}$ 且 $S_{12} = S_{21}$，这是因为该电路既是对称的也是互易的。另外，对于 $Y = jB$，该网络变成无耗的，在这种情况下，有

$$|S_{11}|^2 + |S_{21}|^2 = \frac{B^2}{B^2+(2Y_0)^2} + \frac{(2Y_0)^2}{B^2+(2Y_0)^2} = 1$$

$$S_{11}S_{12}^* + S_{21}S_{22}^* = \frac{jB}{jB+2Y_0} \times \frac{2Y_0}{-jB+2Z_0} + \frac{2Y_0}{jB+2Y_0} \times \frac{-jB}{-jB+2Y_0} = 0$$

因此，当 Y 为 jB 时，散射矩阵是幺正的。事实上，很容易证明任一无耗二端口网络的散射矩阵都是幺正的。

【例 4.17】　如图 4-27 所示，一个理想变压器工作在 500 MHz，初级线圈为 1000 匝，次级线圈为 100 匝。假定在每侧各有一个 50 Ω 的连接器，确定其 S 参量。

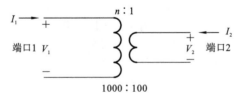

图 4-27　例 4.17 的变压器

解　对于一个理想变压器，有

$$\frac{V_1}{V_2} = \frac{-I_2}{I_1} = n \quad \text{且} \quad \frac{V_1}{V_2}\frac{(-I_2)}{I_1} = \frac{V_1/I_1}{V_2/(-I_2)} = \frac{Z_1}{Z_2} = n^2$$

现在，按照前面例题采用的步骤，可以求得

$$S_{11} = \frac{b_1}{a_1}\Big|_{a_2=0} = \Gamma_1\Big|_{a_2=0} = \frac{Z_0 n^2 - Z_0}{Z_0 n^2 + Z_0} = \frac{n^2-1}{n^2+1} = \frac{99}{101}$$

由于电压源 V_{s1} 有内阻 Z_0，加在变压器初级一侧的电压 V_1 可用分压法则确定为

$$V_1 = \frac{Z_0 n^2}{Z_0 n^2 + Z_0} V_{s1} \Rightarrow \frac{V_1}{V_{S1}} = \frac{n^2}{n^2 + 1} = \frac{n V_2}{V_{s1}}$$

因此

$$S_{21} = \frac{2V_2}{V_{s1}}\bigg|_{a_2=0} = \frac{2n}{n^2+1} = \frac{20}{101}$$

同样，在端口 2 连接有内阻为 Z_0 的电压源 V_{s2}，而端口 1 端接匹配负载，因此可以确定 S_{22} 和 S_{12}

$$S_{22} = \frac{b_2}{a_2}\bigg|_{a_1=0} = \Gamma_2\big|_{a_1=0} = \frac{(Z_0/n^2)-Z_0}{(Z_0/n^2)+Z_0} = \frac{1-n^2}{1+n^2} = -\frac{99}{101}$$

$$V_2 = \frac{Z_0/n^2}{(Z_0/n^2)+Z_0} V_{s2} \Rightarrow \frac{V_2}{V_{s2}} = \frac{1/n^2}{(1/n^2)+1} = \frac{1}{1+n^2} = \frac{V_1/n}{V_{s2}}$$

因此

$$S_{12} = \frac{2V_1}{V_{s2}}\bigg|_{a_1=0} = \frac{2n}{n^2+1} = \frac{20}{101}$$

所以

$$\begin{bmatrix} S_{11} & S_{12} \\ S_{21} & S_{22} \end{bmatrix} = \begin{bmatrix} \dfrac{99}{101} & \dfrac{20}{101} \\ \dfrac{20}{101} & -\dfrac{99}{101} \end{bmatrix}$$

此处，S_{11} 不同于 S_{22}，因为这个网络不是对称的。然而，S_{12} 等于 S_{21}，因为它是互易的。另外，一个理想变压器是无耗的，因此，它的散射矩阵必定是幺正的。对这种情况证明如下：

$$|S_{11}|^2 + |S_{21}|^2 = \left(\frac{99}{101}\right)^2 + \left(\frac{20}{101}\right)^2 = 1$$

$$|S_{12}|^2 + |S_{22}|^2 = \left(\frac{20}{101}\right)^2 + \left(-\frac{99}{101}\right)^2 = 1$$

$$S_{11}S_{12}^* + S_{21}S_{22}^* = \frac{99}{101} \times \frac{20}{101} + \frac{20}{101} \times \left(-\frac{99}{101}\right) = 0$$

$$S_{12}S_{11}^* + S_{22}S_{21}^* = \frac{20}{101} \times \frac{99}{101} + \left(-\frac{99}{101}\right) \times \frac{20}{101} = 0$$

因此，该散射矩阵的确是幺正的。

【例 4.18】 求图 4-28 所示传输线网络的散射参量。

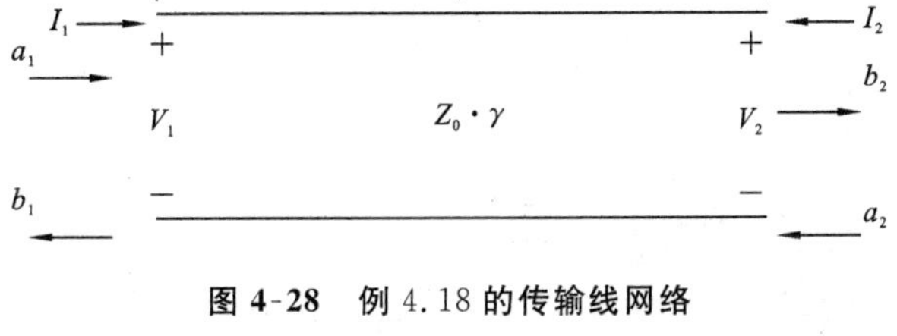

图 4-28 例 4.18 的传输线网络

解 端口 2 为匹配终端，入射波 a_1 进入端口 1，在端口 2 出射时为 $a_1 e^{-\gamma l}$，然后被终端负载吸收，使得 a_2 为零。另外，因为 Z_1 等于 Z_0，所以 b_1 也为零。因此，在这种情况下

$$b_2 = a_1 \mathrm{e}^{-\gamma l}$$

同样,当端口 2 接源而端口 1 接匹配终端时,可以得出 a_1 和 b_2 为零,而

$$b_1 = a_2 \mathrm{e}^{-\gamma l}$$

因此

$$\begin{bmatrix} S_{11} & S_{12} \\ S_{21} & S_{22} \end{bmatrix} = \begin{bmatrix} 0 & \mathrm{e}^{-\gamma l} \\ \mathrm{e}^{-\gamma l} & 0 \end{bmatrix}$$

正如所预期的,$S_{11}=S_{22}$ 且 $S_{12}=S_{21}$,原因是这个电路既是对称的,也是互易的。另外,如果该网络变成无耗网络,在这种情况下,有

$$\begin{bmatrix} S_{11} & S_{12} \\ S_{21} & S_{22} \end{bmatrix} = \begin{bmatrix} 0 & \mathrm{e}^{-\mathrm{j}\beta l} \\ \mathrm{e}^{-\mathrm{j}\beta l} & 0 \end{bmatrix}$$

显然,它是一个幺正矩阵。

【例 4.19】　求出图 4-29 所示二端口网络的散射参量。

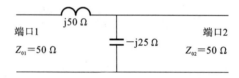

图 4-29　例 4.19 的二端口网络

解　在端口 2 接 50 Ω 的匹配终端,端口 1 的阻抗 Z_1 为

$$Z_1 = \mathrm{j}50 + \frac{50(-\mathrm{j}25)}{50-\mathrm{j}25} = (\mathrm{j}50+10-\mathrm{j}20)\ \Omega = 10+\mathrm{j}30\ \Omega$$

所以

$$S_{11} = \Gamma_1 \big|_{a_2=0} = \frac{Z_1-Z_{01}}{Z_1+Z_{01}} = \frac{10+\mathrm{j}30-50}{10+\mathrm{j}30+50} = 0.74536\angle 116.565°$$

同样,当端口 1 用一个 50 Ω 的负载作为匹配终端时,端口 2 处的输出阻抗 Z_2 为

$$Z_2 = \frac{(50+\mathrm{j}50)(-\mathrm{j}25)}{50+\mathrm{j}50-\mathrm{j}25}\ \Omega = 10-\mathrm{j}30\ \Omega$$

由式(4.6.28)可得

$$S_{22} = \Gamma_2 \big|_{a_1=0} = \frac{Z_2-Z_{02}}{Z_2+Z_{02}} = \frac{10-\mathrm{j}30-50}{10-\mathrm{j}30+50} = 0.74536\angle -116.565°$$

在端口 1 处连接阻抗为 50 Ω 的电压源 V_{s1},而端口 2 是匹配的,如图 4-30 所示,利用分压法则可以求出:

$$V_2 = \frac{10-\mathrm{j}20}{50+\mathrm{j}50+10-\mathrm{j}20} V_{s1}$$

所以

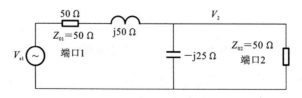

图 4-30　例 4.19 中确定 S_{21} 的电路布置

$$S_{21} = \frac{2V_2}{V_{S1}}\bigg|_{a_2=0} = 2\frac{10-j20}{60+j30} = 0.66666\angle-90°$$

端口 2 连接电压源，而端口 1 接匹配终端，如图 4-31 所示。

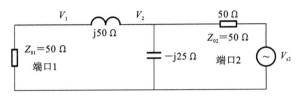

图 4-31 例 4.19 中确定 S_{12} 的电路布置

再次利用分压法则，可以求出：

$$V_2 = \frac{10-j30}{50+10-j30}V_{s2} = 0.4714\angle-45° \text{ V}$$

再用一次分压法则，求得 V_1 为

$$V_1 = \frac{50}{50+j50}V_2 = \frac{1}{1+j1}0.4714\angle-45° = 0.33333\angle-90° \text{ V}$$

由式(4.6.33)可得

$$S_{12} = \frac{2V_1}{V_{s2}}\bigg|_{a_1=0} = 2\times0.33333\angle-90° = 0.66666\angle-90°$$

因此

$$\begin{bmatrix} S_{11} & S_{12} \\ S_{21} & S_{22} \end{bmatrix} = \begin{bmatrix} 0.74536\angle116.565° & 0.66666\angle-90° \\ 0.66666\angle-90° & 0.74536\angle-116.565° \end{bmatrix}$$

在这种情况下，S_{11} 不等于 S_{22}，因为这个网络不是对称的。但 S_{12} 等于 S_{21}，因为该网络是互易的。另外，这个网络是无耗的，因此它的散射矩阵必定是幺正的。证明如下：

$$|S_{11}|^2 + |S_{21}|^2 = (0.74536)^2 + (0.66666)^2 = 0.99999 = 1$$

$$|S_{12}|^2 + |S_{22}|^2 = (0.66666)^2 + (0.74536)^2 = 0.99999 = 1$$

$$S_{11}S_{12}^* + S_{21}S_{22}^* = (0.74536\angle116.565°)\times(0.66666\angle90°)$$
$$+ (0.66666\angle-90°)\times(0.74536\angle116.565°) = 0$$

$$S_{12}S_{11}^* + S_{22}S_{21}^* = (0.66666\angle-90°)\times(0.74536\angle-116.565°)$$
$$+ (0.74536\angle-116.565°)\times(0.66666\angle90°)$$
$$= 0$$

可见，该散射矩阵的确是幺正的。表 4.2 总结了互易和对称二端口网络参量矩阵的特性。无耗网络的散射网矩阵的特性如表 4.3 所示。

表 4.2 互易和对称的二端口网络参量矩阵的特性

参 量 矩 阵	特 性
$\begin{bmatrix} Z_{11} & Z_{12} \\ Z_{21} & Z_{22} \end{bmatrix}$	$Z_{12}=Z_{21}, Z_{11}=Z_{22}$
$\begin{bmatrix} Y_{11} & Y_{12} \\ Y_{21} & Y_{22} \end{bmatrix}$	$Y_{12}=Y_{21}, Y_{11}=Y_{22}$

参 量 矩 阵	特　　性
$\begin{bmatrix} A & B \\ C & D \end{bmatrix}$	$AD-BC=1,\ A=D$
$\begin{bmatrix} S_{11} & S_{12} \\ S_{21} & S_{22} \end{bmatrix}$	$S_{12}=S_{21},S_{11}=S_{22}$

表 4.3　无耗网络的散射矩阵的特性

特　　性	解　　释
矩阵 $[S]$ 是对称的	$[S]^{T}=[S]$，此处 $[S]^{T}$ 是 $[S]$ 的转置矩阵从而，$$S_{ij}=S_{ji}$$
矩阵 $[S]$ 是幺正的	$[S]^{a}=[S^{*}]^{t}=[S]^{-1}$，此处 $[S]^{a}$ 是 $[S]$ 的伴随矩阵，$[S^{*}]^{t}$ 是 $[S]^{t}$ 的共轭，$[S]^{-1}$ 是 $[S]$ 的逆矩阵。从而，$$\sum_{i=1}^{N}S_{ij}S_{ik}^{*}=\delta_{jk}=\begin{cases}1, & j=k\\0, & 其他\end{cases}$$ 所以，$$\sum_{i=1}^{N}S_{ij}S_{ij}^{*}=\sum_{i=1}^{N}|S_{ij}|^{2}=1,\quad j=1,2,3,\cdots,N$$

4.6.3　阻抗、导纳、混合和传输参量与散射参量的关系

由式(4.1.3)可以写出：

$$\frac{V_i}{\sqrt{2Z_{0i}}}=\frac{1}{\sqrt{2Z_{0i}}}\sum_{k=1}^{2}Z_{ik}I_k=\sum_{k=1}^{2}\frac{Z_{ik}}{Z_{0i}}\sqrt{\frac{Z_{0i}}{2}}I_k$$
$$=\sum_{k=1}^{2}\bar{Z}_{ik}\sqrt{\frac{Z_{0i}}{2}}I_k\quad i=1,2$$

所以，由式(4.6.15)和式(4.6.16)可得

$$a_i=\frac{1}{2}\sum_{k=1}^{2}(\bar{Z}_{ik}+\delta_{ik})\sqrt{\frac{Z_{0i}}{2}}I_k \tag{4.6.46}$$

$$b_i=\frac{1}{2}\sum_{k=1}^{2}(\bar{Z}_{ik}-\delta_{ik})\sqrt{\frac{Z_{0i}}{2}}I_k \tag{4.6.47}$$

式中

$$\delta_{ik}=\begin{cases}1, & i=k\\0, & 其他\end{cases}$$

式(4.6.46)和式(4.6.47)可以表示为如下的矩阵形式：

$$[a]=\frac{1}{2}\{[\bar{Z}]+[U]\}[\bar{I}] \tag{4.6.48}$$

$$[b]=\frac{1}{2}\{[\bar{Z}]-[U]\}[\bar{I}] \tag{4.6.49}$$

其中,

$$\bar{I}_k=\sqrt{\frac{Z_{0i}}{2}}I_k$$

$[U]$是单位矩阵。

由式(4.6.48)和式(4.6.49)可得

$$[b]=\{[\bar{Z}]-[U]\}\{[\bar{Z}]+[U]\}^{-1}[a] \qquad (4.6.50)$$

因此

$$[S]=\{[\bar{Z}]-[U]\}\{[\bar{Z}]+[U]\}^{-1} \qquad (4.6.51)$$

或

$$[S]=\{[U]+[S]\}\{[U]-[S]\}^{-1} \qquad (4.6.52)$$

同样,可以推导出其他转换关系。表4.4列出了当两个端口有不同的复特性阻抗时的相应公式。假定在端口1处特性阻抗是Z_{01},它的实部是R_{01}。同样,在端口2处,特性阻抗是Z_{02},它的实部是R_{02}。

表 4.4 从阻抗、导纳、混合、传输参量转换到散射参量(反之亦然)

$$S_{11}=\frac{(Z_{11}-Z_{01}^*)(Z_{22}+Z_{02})-Z_{12}Z_{21}}{(Z_{11}+Z_{01})(Z_{22}+Z_{02})-Z_{12}Z_{21}}$$

$$Z_{11}=\frac{(Z_{01}^*+S_{11}Z_{01})(1-S_{22})+S_{12}S_{21}Z_{01}}{(1-S_{11})(1-S_{22})-S_{12}S_{21}}$$

$$S_{12}=\frac{2Z_{12}\sqrt{R_{01}R_{02}}}{(Z_{11}+Z_{01})(Z_{22}+Z_{02})-Z_{12}Z_{21}}$$

$$Z_{12}=\frac{2S_{12}\sqrt{R_{01}R_{02}}}{(1-S_{11})(1-S_{22})-S_{12}S_{21}}$$

$$S_{21}=\frac{2Z_{21}\sqrt{R_{01}R_{02}}}{(Z_{11}+Z_{01})(Z_{22}+Z_{02})-Z_{12}Z_{21}}$$

$$Z_{21}=\frac{2S_{21}\sqrt{R_{01}R_{02}}}{(1-S_{11})(1-S_{22})-S_{12}S_{21}}$$

$$S_{22}=\frac{(Z_{11}+Z_{01})(Z_{22}-Z_{02}^*)-Z_{12}Z_{21}}{(Z_{11}+Z_{01})(Z_{22}+Z_{02})-Z_{12}Z_{21}}$$

$$Z_{22}=\frac{(Z_{02}^*+S_{22}Z_{02})(1-S_{11})+S_{12}S_{21}Z_{02}}{(1-S_{11})(1-S_{22})-S_{12}S_{21}}$$

$$S_{11}=\frac{(1-Y_{11}Z_{01}^*)(1+Y_{22}Z_{02})+Y_{12}Y_{21}Z_{01}^*Z_{02}}{(1+Y_{11}Z_{01})(1+Y_{22}Z_{02})-Y_{12}Y_{21}Z_{01}Z_{02}}$$

$$Y_{11}=\frac{(1-S_{11})(Z_{02}^*+S_{22}Z_{02})+S_{12}S_{21}Z_{02}}{(Z_{01}^*+S_{11}Z_{01})(Z_{02}^*+S_{22}Z_{02})-S_{12}S_{21}Z_{01}Z_{02}}$$

$$S_{12}=\frac{-2Y_{12}\sqrt{R_{01}R_{02}}}{(1+Y_{11}Z_{01})(1+Y_{22}Z_{02})-Y_{12}Y_{21}Z_{01}Z_{02}}$$

$$Y_{12}=\frac{-2S_{12}\sqrt{R_{01}R_{02}}}{(Z_{01}^*+S_{11}Z_{01})(Z_{02}^*+S_{22}Z_{02})-S_{12}S_{21}Z_{01}Z_{02}}$$

$$S_{21}=\frac{-2Y_{21}\sqrt{R_{01}R_{02}}}{(1+Y_{11}Z_{01})(1+Y_{22}Z_{02})-Y_{12}Y_{21}Z_{01}Z_{02}}$$

$$Y_{21}=\frac{-2S_{21}\sqrt{R_{01}R_{02}}}{(Z_{01}^*+S_{11}Z_{01})(Z_{02}^*+S_{22}Z_{02})-S_{12}S_{21}Z_{01}Z_{02}}$$

$$S_{22}=\frac{(1+Y_{11}Z_{01})(1-Y_{22}Z_{02}^*)+Y_{12}Y_{21}Z_{01}Z_{02}^*}{(1+Y_{11}Z_{01})(1+Y_{22}Z_{02})-Y_{12}Y_{21}Z_{01}Z_{02}}$$

$$Y_{22}=\frac{(Z_{01}^*+S_{11}Z_{01})(1-S_{22})+S_{12}S_{21}Z_{01}}{(Z_{01}^*+S_{11}Z_{01})(Z_{02}^*+S_{22}Z_{02})-S_{12}S_{21}Z_{01}Z_{02}}$$

$$S_{11}=\frac{AZ_{02}+B-CZ_{01}^*Z_{02}-DZ_{01}^*}{AZ_{02}+B+CZ_{01}Z_{02}+DZ_{01}}$$

$$A=\frac{(Z_{01}^*+S_{11}Z_{01})(1-S_{22})+S_{12}S_{21}Z_{01}}{2S_{21}\sqrt{R_{01}R_{02}}}$$

$$S_{12}=\frac{2(AD-BC)(\sqrt{R_{01}R_{02}})}{AZ_{02}+B+CZ_{01}Z_{02}+DZ_{01}}$$

$$B=\frac{(Z_{01}^*+S_{11}Z_{01})(Z_{02}^*+S_{22}Z_{01})-S_{12}S_{21}Z_{01}Z_{02}}{2S_{21}\sqrt{R_{01}R_{02}}}$$

$$S_{21}=\frac{2\sqrt{R_{01}R_{02}}}{AZ_{02}+B+CZ_{01}Z_{02}+DZ_{01}}$$

$$C=\frac{(1-S_{11})(1-S_{22})-S_{12}S_{21}}{2S_{21}\sqrt{R_{01}R_{02}}}$$

$$S_{22}=\frac{-AZ_{02}^{*}+B-CZ_{01}Z_{02}^{*}+DZ_{01}}{AZ_{02}+B+CZ_{01}Z_{02}+DZ_{01}}$$

$$D=\frac{(1-S_{11})(Z_{02}^{*}+S_{22}Z_{02})+S_{12}S_{21}Z_{02}}{2S_{21}\sqrt{R_{01}R_{02}}}$$

$$S_{11}=\frac{(h_{11}-Z_{01}^{*})(1+h_{22}Z_{02})-h_{12}h_{21}Z_{02}}{(Z_{01}+h_{11})(1+h_{22}Z_{02})-(h_{12}h_{21}Z_{02})}$$

$$h_{11}=\frac{(Z_{01}^{*}+S_{11}Z_{01})(Z_{02}^{*}+S_{22}Z_{02})+S_{12}S_{21}Z_{01}Z_{02}}{(1-S_{11})(Z_{02}^{*}+S_{22}Z_{02})+S_{12}S_{21}Z_{02}}$$

$$S_{12}=\frac{2h_{12}\sqrt{R_{01}R_{02}}}{(Z_{01}+h_{11})(1+h_{22}Z_{02})-h_{12}h_{21}Z_{02}}$$

$$h_{12}=\frac{2S_{12}\sqrt{R_{01}R_{02}}}{(1-S_{11})(Z_{02}^{*}+S_{22}Z_{02})+S_{12}S_{21}Z_{02}}$$

$$S_{21}=\frac{-2h_{21}\sqrt{R_{01}R_{02}}}{(Z_{01}+h_{11})(1+h_{22}Z_{02})-h_{12}h_{21}Z_{02}}$$

$$h_{21}=\frac{-2S_{21}\sqrt{R_{01}R_{02}}}{(1-S_{11})(Z_{02}^{*}+S_{22}Z_{02})+S_{12}S_{21}Z_{02}}$$

$$S_{22}=\frac{(Z_{01}+h_{11})(1-h_{22}Z_{02}^{*})+h_{12}h_{21}Z_{02}^{*}}{(Z_{01}+h_{11})(1+h_{22}Z_{02})-h_{12}h_{21}Z_{02}}$$

$$h_{22}=\frac{(1-S_{11})(1-S_{22})-S_{12}S_{21}}{(1-S_{11})(Z_{02}^{*}+S_{22}Z_{02})+S_{12}S_{21}Z_{02}}$$

4.7 链式散射参量

链式散射参量也称为散射传递参量或 T 参量,通常用于网络的级联。它的定义是以在端口 1 处的 a_1 和 b_1 作为因变量,而在端口 2 的 a_2 和 b_2 作为自变量为基础的。因此,

$$\begin{bmatrix}a_1\\b_1\end{bmatrix}=\begin{bmatrix}T_{11}&T_{12}\\T_{21}&T_{22}\end{bmatrix}\begin{bmatrix}b_2\\a_2\end{bmatrix}$$

链式散射参量和其他参量之间的转换关系很容易推导。表 4.5 列出了 S 参量和 T 参量之间的变换关系。

表 4.5 散射参量和链式散射参量之间的变换

$$S_{11}=\frac{T_{21}}{T_{11}}$$

$$T_{11}=\frac{1}{S_{21}}$$

$$S_{12}=\frac{T_{11}T_{22}-T_{12}T_{21}}{T_{11}}$$

$$T_{12}=\frac{-S_{22}}{S_{21}}$$

$$S_{21}=\frac{1}{T_{11}}$$

$$T_{21}=\frac{S_{11}}{S_{21}}$$

$$S_{22}=\frac{-T_{12}}{T_{11}}$$

$$T_{22}=\frac{-(S_{11}S_{22}-S_{12}S_{21})}{S_{21}}$$

4.8 本章小结

本章在低频网络理论的基础上,考虑了微波段元件的特点,结合工程实际,以二端口网络为例,主要讨论了阻抗参量、导纳参量、混合参量、传输参量、散射参量、链式散射参量的定义、分析对象、参量意义以及针对不同网络情况下参量的特点,最后给出了各个参量之间的相互转换关系。通过本章的学习旨在培养学生在掌握数学、等效传输线

概念的基础上,具备将数学与传输线理论的基本概念、基本原理与分析方法用于识别、判断和分析复杂工程问题的能力。

学习重点:理解阻抗参量、导纳参量的含义和级联网络对传输参量的影响。掌握散射参量的定义、分析对象、参量意义,能够利用散射参量和反射系数的关系以及不同网络性质下参量的特点解决实际相关问题。掌握不同参量之间的相互转换关系。

学习难点:理解网络参考面位置对网络参量的影响,参考面位置不同,网络参量也会不同。利用散射参量解决实际问题。

本章内容建议学时为 8 学时,教师可对例题部分进行适当删减。

习　题

4-1　已知同轴线内导体的外半径和外导体的内半径分别为 a 和 b,填充介质的磁导率和介电常数分别为 μ 和 ε,试求传输 TEM 波时的归一化模式电压和模式矢量函数。

4-2　试求金属矩形波导管(尺寸为 $a\times b$)传输 TE_{20} 波时的归一化模式电压和模式矢量函数。

4-3　一无耗金属矩形波导管(尺寸为 $a\times b$),传输 TE_{10} 波,其长度小于 $\lambda_g/4$,试根据复数功率定理求出波导管终端短路时的等效电路。

4-4　试求出图 4-32 所示网络的阻抗矩阵和导纳矩阵。

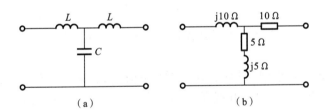

图 4-32 题 4-4 图

4-5　试求出图 4-33 所示的转移矩阵。

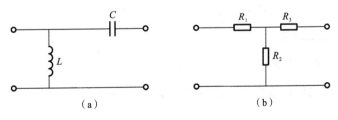

图 4-33 题 4-5 图

4-6　根据散射参量的定义,试求出图 4-34 所示网络的散射矩阵。

4-7　利用传输线理论和 S 参量的定义,证明特性导纳分别为 Y_{c1} 和 Y_{c2} 的两个均匀传输线的不均匀连接面为一理想变压器,其变比为 $1:n,n=\sqrt{Y_{c2}/Y_{c1}}$。

4-8　试证明无耗互易的 Y 型接头的最小失配为 $|S_{11}|=|S_{22}|=|S_{33}|=1/3$,以

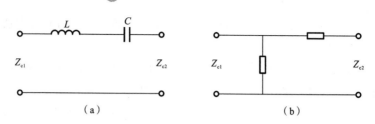

图 4-34 题 4-6 图

及当 $\theta_{12}=0$ 时,有 $\boldsymbol{S}=\dfrac{1}{3}\begin{bmatrix} -1 & 2 & 2 \\ 2 & -1 & 2 \\ 2 & 2 & -1 \end{bmatrix}$。

4-9 试判断由 $S_{11}=S_{22}=0.5\mathrm{e}^{-\mathrm{j}60^{\circ}}$,$S_{12}=S_{21}=\sqrt{0.75}\,\mathrm{e}^{\mathrm{j}30^{\circ}}$ 所表征的无源网络能否实现。

4-10 如图 4-35 所示的网络,问:当 θ 为何值时,才不会引起附加反射?

4-11 试求图 4-36 所示网络的工作衰减和插入相移。

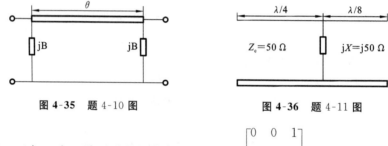

图 4-35 题 4-10 图　　　　图 4-36 题 4-11 图

4-12 已知一个三臂环形器的散射矩阵为 $\boldsymbol{S}=\begin{bmatrix} 0 & 0 & 1 \\ 1 & 0 & 0 \\ 0 & 1 & 0 \end{bmatrix}$。

当端口 2、端口 3 均接反射系数为 Γ_{L} 的负载时,试求端口 1 的反射系数。

4-13 有三个二端口网络相级联,其散射矩阵分别为 $\boldsymbol{S}_1$、$\boldsymbol{S}_2$、$\boldsymbol{S}_3$,试求连接后的 $\boldsymbol{S}$ 矩阵。

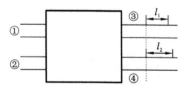

图 4-37 题 4-14 图

4-14 如图 4-37 所示的三分贝电桥,其散射矩阵为 $\boldsymbol{S}=\dfrac{1}{\sqrt{2}}\begin{bmatrix} 0 & 0 & 1 & \mathrm{j} \\ 0 & 0 & \mathrm{j} & 1 \\ 1 & \mathrm{j} & 0 & 0 \\ \mathrm{j} & 1 & 0 & 0 \end{bmatrix}$。

在距端口 3、端口 4 参考面分别为 l_1 和 l_2 处各接一个可变短路器。试求:接短路器后的散射矩阵;证明当 $l_1=l_2$ 时,电桥变为一理想的移相器。

4-15 有两个相同的定向耦合器,其散射矩阵为 $\boldsymbol{S}=\dfrac{1}{\sqrt{2}}\begin{bmatrix} 0 & 0 & 1 & -\mathrm{j} \\ 0 & 0 & -\mathrm{j} & 1 \\ 1 & -\mathrm{j} & 0 & 0 \\ -\mathrm{j} & 1 & 0 & 0 \end{bmatrix}$。

现欲用两段电长度均为 θ 的波导将其连接起来,连接方式为:第一个定向耦合器的端口 4 与第二个定向耦合器的端口 2 相连接;第一个定向耦合器的端口 3 与第二个定向耦合器的端口 1 相连接，试求连接后的 S 参量。

4-16 已知一互易二端口网络，从参考面 T_1 和 T_2 向负载方向看去的反射系数分别为 Γ_1 和 Γ_2，试证明：

(1) $\Gamma_1 = S_{11} + \dfrac{S_{12}^2 \Gamma_2}{1 - S_{22} \Gamma_2}$

(2) 当参考面 T_2 分别为短路、开路和接匹配负载时，在参考面 T_1 处测得的反射系数分别为 Γ_{1s}、Γ_{1o} 和 Γ_{1c}，试求 S_{11}、S_{22} 和 S_{12}^2 各等于什么？

4-17 在金属矩形波导管中安置两组膜片，其等效电路如图 4-38 所示，试求 TE_{10} 波通过两膜片后的工作衰减和插入相移。

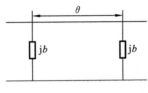

图 4-38 题 4-17 图

5

微波器件

电子设备是由执行各种功能的元件组成的,微波系统也不例外,既有电阻、电感和电容等集总参数元件,又包括传输线、波导等分布参数元件,还有晶体管、场效应管以及电真空管等有源器件。而微波器件又特指工作在微波波段(频率为 300 MHz～3000 GHz)的器件,按功能可分为微波振荡器(波源)、功率放大器、混频器、检波器、微波天线、微波传输线等。通过电路设计,将这些器件组合成各种有特定功能的微波电路,如发射机、接收机、天线系统、显示器等,用于雷达、电子战系统和通信系统等电子设备。微波器件按工作原理和所用材料及工艺不同,又可分为电真空器件、半导体器件、集成固态器件和功率模块。电真空器件包括速调管、行波管、磁控管、返波管、回旋管、虚阴极振荡器等,利用电子在真空中运动及与外围电路相互作用产生振荡、放大、混频等各种功能。半导体器件包括微波晶体管和微波二极管,具有体积小、重量轻、可靠性高、耗电低等优点,在高频、大功率情况下,微波半导体器件不能完全取代电真空器件。微波集成固态器件是将具有微波频率响应的电路用半导体工艺制作在砷化镓或其他半导体材料上,形成功能模块,在相控阵雷达、电子对抗设备、导弹电子设备、微波通信系统和超高速计算机中,有着广阔的应用前景。微波功率模块是通过固态功率合成技术将多个微波功率器件组合形成的部件,具有效率高、使用方便等优点,对雷达、通信、电子对抗等电子装备实现全固态化有重要意义。微波振荡器是微波系统中的重要器件,是电子装备的心脏,对系统性能有直接影响。在高功率微波武器系统中,高功率微波振荡器决定其杀伤效能;在雷达系统中,微波振荡器决定雷达的作用距离。微波振荡器将进一步向高功率、高效能、小型化、耗电低、成本低的方向发展。

本章讨论基本的微波元器件工作原理,包括阻抗匹配网络、定向耦合器、滤波器、功率分配器、低噪声放大器以及功率放大器。这些器件组合成各种有特定功能的微波电路,微波器件和微波电路共同构成微波系统。

5.1 阻抗匹配网络

高频电路设计中最重要的要求之一是在电路的每点上传输最大的信号能量。换句话说,信号应只有前向传输,回波小到可以忽略(理想情况下为零)。回波信号的存在不仅降低了可用功率,而且由于存在多次反射,从而导致信号质量恶化。本节将介绍其他阻抗变换网络的几种设计技术,包括传输线的短截线以及电阻性和电抗性网络。在设计射频和微波有源电路时也需要用到本节介绍的技术。

5.1.1 单电抗性元件或短截线匹配网络

1. 并联短截线或电抗性元件

考虑一段特性阻抗为 Z_0 的无耗传输线,其终端连接一个负载导纳 Y_L,如图 5-1 所示。在离开负载的一点 d_s 相应的归一化输入导纳为

$$\overline{Y}_{in}=\frac{\overline{Y}_L\tan(\beta d_s)}{1+j\overline{Y}_L\tan(\beta d_s)} \qquad (5.1.1)$$

为了在 d_s 处满足匹配条件,输入导纳的实部必须等于传输线的特性导纳,即式(5.1.1)的实部必须等于1,利用这一要求可以确定 d_s。然后,在 d_s 处并联电纳 B_s 以抵消 Y_{in} 的虚部。因此可得

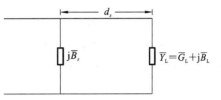

图 5-1 带有并联匹配元件的传输线

$$d_s=\frac{1}{\beta}\arctan\frac{\overline{B}_L\pm\sqrt{\overline{B}_L^2-A(1-\overline{G}_L)}}{A} \qquad (5.1.2)$$

式中:$A=\overline{G}_L(\overline{G}_L-1)+\overline{B}_L^2$。在 d_s 处归一化输入导纳的虚部为

$$\overline{B}_{in}=\frac{[\overline{B}_L+\tan(\beta d_s)][1-\overline{B}_L\tan(\beta d_s)]-\overline{G}_L^2\tan(\beta d_s)}{[\overline{G}_L\tan(\beta d_s)]^2+[1-\overline{B}_L\tan(\beta d_s)]^2} \qquad (5.1.3)$$

获得匹配条件的其他要求是:

$$\overline{B}_s=\overline{B}_{in} \qquad (5.1.4)$$

因此,如果发现输入导纳是容性的,即 $\overline{B}_{in}$ 是正的,则需要在 d_s 处并联电感器。另一方面,如果在 d_s 处 Y_{in} 是感性的,则需要一个电容器。正如前面所说,一段无耗传输线段可以代替需要的电感或电容。因此,可以根据式(5.1.4)所需的电纳和传输线段另一侧的端接情况,即开路还是短路来确定该线段的长度。该传输线段称为短截线。假如 l_s 是另一端短路的短截线的长度,则

$$l_s=\frac{1}{\beta}\text{arccot}(-\overline{B}_s)=\frac{1}{\beta}\text{arccot}\overline{B}_{in} \qquad (5.1.5)$$

如果短截线的另一端是开路,则

$$l_s=\frac{1}{\beta}\arctan\overline{B}_s=\frac{1}{\beta}\arctan(-\overline{B}_{in}) \qquad (5.1.6)$$

2. 串联短截线或电抗性元件

如果需要串联一个电抗性元件(或短截线),如图 5-2 所示,设计步骤可以演化如下。在 d_s 处的归一化输入阻抗为

$$\overline{Z}_{in}=\frac{\overline{Z}_L+j\tan(\beta d_s)}{1+j\overline{Z}_L\tan(\beta d_s)} \qquad (5.1.7)$$

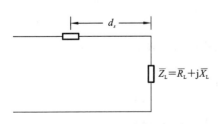

图 5-2 带有串联匹配元件的传输线

为了在 d_s 处获得匹配条件,输入阻抗的实部必须等于传输线的特性阻抗,即式(5.1.7)的实部必须等于1。利用该条件可以确定 d_s,然后在 d_s 处串联一个电抗 X_s 用来抵消 Z_{in} 的虚部。因此,

$$d_s = \frac{1}{\beta}\arctan\frac{\overline{X}_L \pm \sqrt{\overline{X}_L^2 - A_z(1-\overline{R}_L)}}{A_z} \tag{5.1.8}$$

式中：$A_z = \overline{R}_L(\overline{R}_L - 1) + \overline{X}_L^2$。由此可得在 d_s 处归一化输入阻抗的虚部为

$$\overline{X}_{in} = \frac{[\overline{X}_L + \tan(\beta d_s)][1 - \overline{X}_L\tan(\beta d_s)] - \overline{R}_L^2\tan(\beta d_s)}{[\overline{R}_L\tan(\beta d_s)]^2 + [1 - \overline{X}_L\tan(\beta d_s)]^2} \tag{5.1.9}$$

为了在 d_s 处得到匹配条件，必须加进一个相反性质的元件消除电抗部分 $\overline{X}_{in}$，因此，

$$\overline{X}_s = -\overline{X}_{in} \tag{5.1.10}$$

如果输入阻抗是感性的，则需要串联一个电容；如果输入电抗是容性的，则需要串联一个电感。如前所述，一段传输线短截线能够用来代替电感或电容。在另一端开路的短截线的长度可以确定如下：

$$l_s = \frac{1}{\beta}\text{arccot}(-\overline{X}_s) = \frac{1}{\beta}\text{arccot}\overline{X}_{in} \tag{5.1.11}$$

然而，如果短截线的另一端是短路的，则它的长度应该比式(5.1.11)计算出的值短四分之一波长，因此可以得到

$$l_s = \frac{1}{\beta}\arctan\overline{X}_s = \frac{1}{\beta}\arctan(-\overline{X}_{in}) \tag{5.1.12}$$

注意，在上述两种情况下，位置 d_s 值和短截线长度 l_s 值具有周期性。这就意味着匹配条件将在相距二分之一波长的点也能够满足。但是，应该选择尽可能最短的 d_s 和 l_s 值，因为它们可以在较宽的频带内达到匹配条件。

5.1.2 双短截线匹配网络

5.1.1 节介绍的匹配技术要求电抗元件或短截线被放在距负载的精确距离处，但该精确位置将随着负载阻抗的变化而移动。有时用单个电抗元件不易使负载匹配，使电路匹配的另一个可能的技术是采用间距固定的双短截线。这一器件可以插在负载前的位置，调节两条短截线的长度使阻抗匹配。当然，我们并不能提供万能的解决办法，正如本小节后面将介绍的，两条短截线的间距限制了用给定的双短截线调谐器可以使负载阻抗匹配的范围。

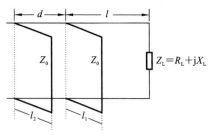

图 5-3　双短截线匹配网络

设 l_1 和 l_2 是两条短截线的长度，图 5-3 所示的第一条短截线放在离负载（$Z_L = R_L + jX_L$）距离 l 处，两条短截线的距离为 d，两条短截线的特性阻抗均为 Z_0。在双短截线匹配技术中，负载阻抗 Z_L 被转换成第一条短截线处的归一化导纳。因为短截线是并联连接的，因此其归一化电纳应与上述归一化导纳相加，合成的归一化导纳被转移到第二条短截线的位置。在这一点的匹配条件要求该归一化导纳的实部等于 1，而它的虚部与第二条短截线的电纳共轭相抵消。数学上表示为

$$\frac{\overline{Y} + j[\overline{B}_1 + \tan(\beta d)]}{1 + j(\overline{Y} + j\overline{B}_1)\tan(\beta d)} + j\overline{B}_2 = 1 \tag{5.1.13}$$

其中，

$$\overline{Y} = \frac{1 + j\overline{Z}_L\tan(\beta l)}{\overline{Z}_L + j\tan(\beta l)} = \frac{\overline{Y}_L + j\tan(\beta l)}{1 + j\overline{Y}_L\tan(\beta l)} = \overline{G} + j\overline{B} \tag{5.1.14}$$

jB_1 和 jB_2 分别是第一条和第二条短截线的电纳,β 是传输线的传播常数。由此可得

$$\begin{cases} \mathrm{Re}\left\{ \dfrac{\overline{Y}+j[\overline{B}_1+\tan(\beta d)]}{1+j(\overline{Y}+j\overline{B}_1)\tan(\beta d)} \right\}=1 \\ \overline{G}^2\tan^2(\beta d)-\overline{G}[1+\tan^2(\beta d)]+[1-(\overline{B}+\overline{B}_1)\tan(\beta d)]^2=0 \end{cases} \tag{5.1.15}$$

因为无源网络的电导必须为正,所以只有在下述条件满足的情况下给定的双短截线才能实现匹配:

$$0\leqslant\overline{G}\leqslant\csc^2(\beta d) \tag{5.1.16}$$

求解式(5.1.15)可以确定与负载匹配的第一条短截线的两个可能的电纳:

$$\overline{B}_1=\cot(\beta d)\{1-\overline{B}\tan(\beta d)\pm\sqrt{\overline{G}\sec^2(\beta d)-[\overline{G}\tan(\beta d)]^2}\} \tag{5.1.17}$$

由式(5.1.13)确定第二条短截线的归一化电纳为

$$\overline{B}_2=\frac{\overline{G}^2\tan(\beta d)-[\overline{B}+\overline{B}_1+\tan(\beta d)][1-(\overline{B}+\overline{B}_1)\tan(\beta d)]}{[\overline{G}\tan(\beta d)]^2+[1-(\overline{B}+\overline{B}_1)\tan(\beta d)]^2} \tag{5.1.18}$$

一旦短截线的电纳已知,它的短路线长度可以容易地确定如下:

$$l_1=\frac{1}{\beta}\mathrm{arccot}(-\overline{B}_1) \tag{5.1.19}$$

和

$$l_2=\frac{1}{\beta}\mathrm{arccot}(-\overline{B}_2) \tag{5.1.20}$$

5.1.3 采用集总元件的匹配网络

上述匹配网络对于某些情况可能不适用,例如,100 MHz 信号的波长为 3 m,在这种情况下用短截线匹配是不现实的,因为在印制电路板上出现这样大的尺寸是不允许的。下面给出应用分立元件的匹配网络,在这种情况下用分立元件优缺点并存。如 L 形匹配电路,用电阻性匹配电路能够实现宽带应用,但是网络中的电阻消耗能量,并引入热噪声;若接入电抗性匹配电路,它几乎是无耗的,但是与频率有关。

1. L 形电阻匹配电路

考虑一个内阻为 R_s 的信号源,它馈送信号给负载电阻 R_L,如图 5-4 所示。既然源电阻与负载电阻不同,那么部分信号将反射回来。假定 R_s 大于 R_L 并在它们之间引入一个 L 形电阻匹配电路 R_1 和 R_2,假定输入电压和输出电压分别为 V_{in} 和 V_o,如果该电路在两侧端口匹配,那么下面两个条件必须被满足:

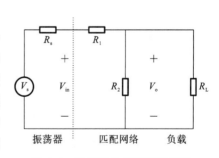

图 5-4 电阻性 L 型节匹配电路

(1) 连接 R_L 后从输入端口看到的输入电阻应为 R_s;

(2) 输入端口接 R_s,从输出端口看到的输出电阻必须是 R_L。

由第一个条件可得

$$R_s=R_1+\frac{R_2R_L}{R_2+R_L}=\frac{R_1R_2+R_1R_L+R_2R_L}{R_2+R_L} \tag{5.1.21}$$

由第二个条件可得

$$R_L = \frac{R_2(R_1+R_s)}{R_2+R_1+R_s} = \frac{R_1R_2+R_2R_s}{R_2+R_1+R_s} \tag{5.1.22}$$

由式(5.1.21)和式(5.1.22)可以解出 R_1 和 R_2：

$$R_1 = \sqrt{R_s(R_s-R_L)} \tag{5.1.23}$$

$$R_2 = \sqrt{\frac{R_L^2 R_s}{R_s-R_L}} \tag{5.1.24}$$

跨接在负载上的电压和匹配网络的衰减分别为

$$V_o = \frac{V_{in}}{R_1+R_2\parallel R_L}R_2\parallel R_L \Rightarrow \frac{V_o}{V_{in}} = \frac{R_2R_L}{R_1R_2+R_1R_L+R_2R_L} \tag{5.1.25}$$

$$衰减(dB) = 20\lg\frac{V_o}{V_{in}} = 20\lg\frac{R_2R_L}{R_1(R_2+R_L)+R_2R_L} \tag{5.1.26}$$

注意，只有 R_s 大于 R_L 时，R_1 和 R_2 才是实数，如果这个条件不满足，即 $R_s<R_L$，则图 5-4 所示的电路就需要改变，L 形电阻匹配电路将转变成另一种连接方式，即 R_1 与 R_L 串联，而 R_2 跨接在输入端口，从而使电路匹配。对于后一种情况的设计公式，读者可以很容易获得。

2. L 形电抗匹配电路

前面曾经讲到，电阻性匹配电路对频率不敏感，但是它要消耗掉部分信号功率，这将对信噪比产生不良影响。这里考虑另一种设计，即用电抗性元件设计，在这种情况下，理想的功率耗散为零，但是匹配与频率有关。

考虑图 5-5 所示的两个电路，一个电路中电阻 R_s 与一个电抗 X_s 串联，而在另一个电路中电阻 R_p 与一个电抗 X_p 并联，如果一个电路的阻抗是另一个的复共轭，则

$$|R_s+jX_s| = \left|\frac{jX_pR_p}{R_p+jX_p}\right|$$

或

$$\sqrt{R_s^2+X_s^2} = \frac{R_pX_p}{\sqrt{R_p^2+X_p^2}} \tag{5.1.27}$$

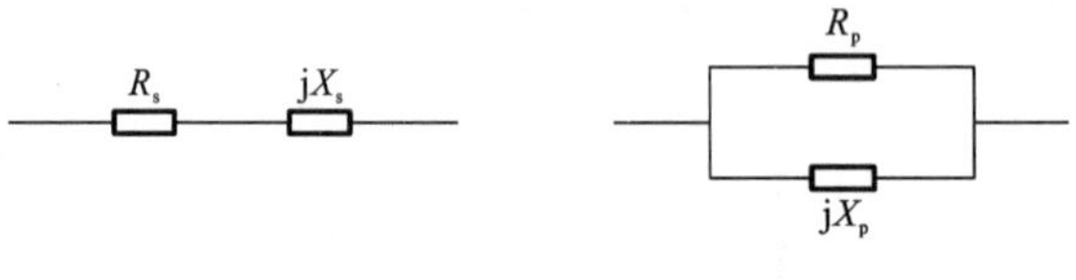

图 5-5　串联和并联的阻抗电路

电抗性电路的品质因数 Q 为

$$Q = \omega\frac{网络中储存的能量}{平均功率损耗}$$

其中，ω 是信号的角频率。对于串联电路：

$$Q = \frac{X_s}{R_s} \tag{5.1.28}$$

而对于并联电路：

$$Q = \frac{R_p}{X_p} \tag{5.1.29}$$

假定这两个电路的品质因数相等，式(5.1.27)能够简化如下：

$$\sqrt{R_s^2 + R_s^2 Q^2} = \frac{(R_p/Q)R_p}{\sqrt{R_p^2 + (R_p/Q)^2}} \Rightarrow R_s\sqrt{1+Q^2} = \frac{R_p}{\sqrt{1+Q^2}}$$

因此,

$$1 + Q^2 = \frac{R_p}{R_s} \tag{5.1.30}$$

以式(5.1.28)~式(5.1.30)为基础进行设计,对于与另一个电阻(它可以是传输线或信号源)匹配的电阻性负载,应这样确定 R_p 和 R_s,从而使前者大于后者。而电路的 Q 值用式(5.1.30)计算,各个电抗值可用式(5.1.28)和式(5.1.29)依次确定,如果一个电抗被选成电容性的,那么另一个必须是电感性的,X_p 将和 R_p 并联,而 X_s 将和 R_s 串联。

5.2 定向耦合器

定向耦合器是一种方向性很强的功率分配器,它的主要功能是可以对主传输线系统中的入射波和反射波分别进行取样,如图 5-6 所示,1—2 为一条主传输线,3—4 为副传输线,主传输线和副传输线通过耦合机构彼此耦合,当信号从端口 1 输入,其余各端口均接匹配负载时,则大部分功率由端口 2 输出,而副传输线中只有端口 3 有输出,端口 4 无输出;同理,由端口 2 入射的功率大部分传输到端口 1 输出,小部分耦合到端口 4,端口 3 无输出,如图中箭头所示。

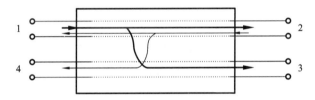

图 5-6 定向耦合器基本原理结构图

定向耦合器可以制成多种形式。首先介绍波导定向耦合器,然后介绍正交(90°)混合网络、耦合线定向耦合器、Lange 耦合器及 180°混合网络,最后介绍几种不常用的耦合器。

5.2.1 波导定向耦合器

所有定向耦合器的定向特性都是通过用两个分开的波或波分量在耦合端口处相位相加,并在隔离端口处相位相消而产生的。一种最简单的方法是信号通过在两个波导公共宽壁上的单个小孔从一个波导耦合到另一个波导,这种耦合器称为倍兹孔(Bethe hole)定向耦合器,它的两种形式如图 5-7 所示。由小孔耦合理论得知,一个小孔能用由电偶极矩和磁偶极矩组成的等效源替代,这个法向的电偶极矩和轴向的磁偶极矩在耦合波导中辐射有偶对称性质,而横向磁偶极矩的辐射有奇对称性质。所以通过调整这两个等效源的相对振幅就能抵消在隔离端口方向上的辐射,而增强耦合端口方向上的辐射。图 5-7 显示了能控制这些波的振幅的两种方法,对于图 5-7(a)所示的耦合器,其两个波导是平行的,耦合通过小孔离波导窄壁的距离控制;对于图 5-7(b)所示的耦合器,波的振幅是通过两个波导之间的角度 θ 控制的。

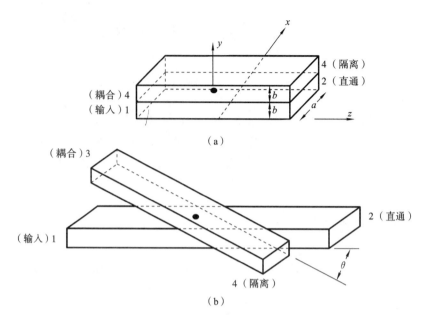

图 5-7 倍兹孔定向耦合器的两种类型

(a) 平行波导;(b) 斜交波导

5.2.2 正交混合网络

正交混合网络是 3 dB 定向耦合器,其直通臂和耦合臂的输出之间有 90°相位差。这种类型的混合网络通常做成微带线或带状线形式,如图 5-8 所示,也称为分支线混合网络。其他 3 dB 耦合器,如注入耦合线耦合器或 Lange 耦合器,也能用做正交耦合器,这些器件将在后面介绍。

如图 5-8 所示,分支线耦合器的基本工作过程是所有端口都匹配,从端口 1 输入的功率对等地分配给端口 2 和端口 3,这两个端口之间有 90°相移,没有功率耦合到端口 4(隔离端)。注意,分支线混合网络有高度的对称性,任意端口都可作为输入端口,输出端口总是在与网络的输入端口相反的一侧,而隔离端是输入端口同侧的余下端口。

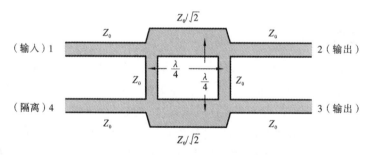

图 5-8 分支线耦合器的几何形状

5.2.3 耦合线定向耦合器

当两个无屏蔽的传输线紧靠在一起时,由于各个传输线的电磁场的相互作用,在传输线之间可以有功率耦合。这种传输线称为耦合传输线,通常由靠得很近的三个导体组成,当然也可以使用更多的导体。图 5-9 显示了耦合传输线的几个例子。通常假定耦合传输线工作在 TEM 模,这对于带状线结构是严格正确的,而对于微带线结构是近似正确的。一般来说,3 线传输线能提供两种性质不同的传播模式。这种特性可用于实现定向耦合器、混合网络和滤波器。

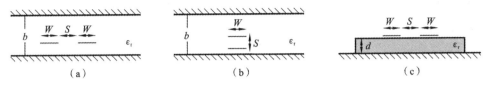

图 5-9 各种耦合传输线的几何形状

(a) 耦合带状线(平面或边耦合);(b) 耦合带状线(分层或宽边耦合);(c) 耦合微带线

5.2.4 Lange 耦合器

为了达到 3 dB 或者 6 dB 的耦合因数,普通的耦合线的耦合太松了,提高耦合线之间耦合的一种方法是用几根彼此平行的线,以便使耦合线两边缘的杂散场对耦合有贡献。这种想法的最实际实施是图 5-10 (a)所示的 Lange 耦合器。为了达到紧耦合,此处用了相互连接的 4 根耦合线。这种耦合器容易达到 3 dB 耦合,并有一个倍频程或更宽的带宽。输出线(端口 2 和端口 3)之间有 90°相位差,Lange 耦合器是正交混合网络的一种类型。Lange 耦合器的主要缺点是实用问题,因为这些线很窄,又紧靠在一起,必须横跨在这些线之间的连接线加工是困难的。这些耦合线的几何形状也称为交叉指型,同时这种结构也能用于滤波器电路。

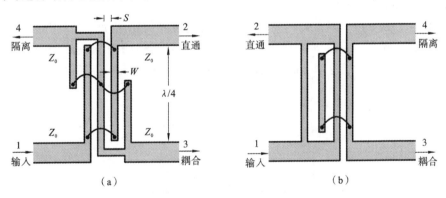

图 5-10 Lange 耦合器

(a) 微带电路的设计;(b) 展开型 Lange 耦合器

5.2.5 180°混合网络

180°混合网络是一种在两个输出端口之间有 180°相移的四端口网络。它也可以工作在同相输出。180°混合网络所用的符号如图 5-11 所示。施加到端口 1 的信号将在端口 2 和端口 3 被均匀分成两个同相分量,而端口 4 将被隔离。若输入施加到端口 4,则输出将在端口 2 和端口 3 等分成两个 180°相位差的分量,而端口 1 将被隔离。当作为合成器使用时,输入信号施加在端口 2 和端口 3,在端口 1 将形成输入信号的和

图 5-11 180°混合网络的符号

（Σ），而在端口 4 则形成输入信号的差（Δ）。因此，端口 1 称为和端口，端口 4 称为差端口。

180°混合网络可以制成各种形式。图 5-12（a）所示的环形混合网络（或称环形波导）容易制成平面（微带线或带状线）形式，也可以制成波导形式。另一类平面型 180°混合网络使用渐变匹配线和耦合线，如图 5-12（b）所示。此外，还有另一种类型的混合网络是混合波导结或魔 T，如图 5-12（c）所示。

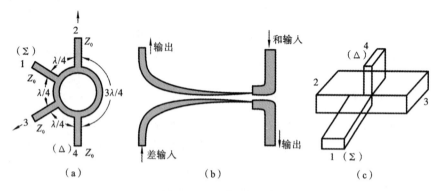

图 5-12　180°混合网络

(a) 微带线或带状线形式的环形混合网络或环形波导；(b) 渐变耦合线混合网络；(c) 混合波导或魔 T

5.2.6　其他不常用耦合器

1. Moreno 正交波导耦合器

这是一个波导定向耦合器，它由两个成直角的波导构成，通过在波导公共宽壁上的两个小孔提供耦合，如图 5-13 所示。经过合适的设计，被这些孔激励的两个波分量能够在背向相消。为了使这两个波导的场紧密耦合，通常这些孔由互相垂直的狭缝构成。

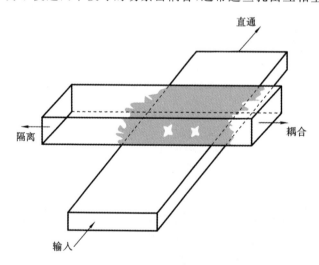

图 5-13　Moreno 正交波导耦合器

2. Schwinger 反向耦合器

该波导耦合器设计成使两个耦合孔对无耦合端口的通道长度是相同的，所以方向性基本上与频率无关。在隔离端口波信号相消，是通过在波导壁的中心线两侧安放这两个缝隙来完成的,如图 5-14 所示,在这两个缝隙上耦合出的磁偶极子有 $180°$ 相位差。所以,$\lambda_g/4$ 的缝隙间距使其在耦合(向后)端口同相合成,但这种耦合对频率很敏感。

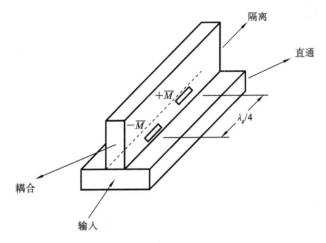

图 5-14　Schwinger 反向耦合器

3. Riblet 短缝耦合器

图 5-15 所示的 Riblet 短缝耦合器由两个有公共侧壁的波导组成,耦合发生在公共壁被挖去的区域,在这个区域中,TE_{10} 模和 TE_{20} 模被激励,通过合适的设计使得它们在隔离端口相消,在耦合端口相加。为了避免传播不希望有的 TE_{30} 模,通常需要缩短相互作用区域的波导宽度。与其他波导耦合器相比,这种耦合器通常可以做得较小。

4. 对称渐变耦合线耦合器

多节耦合线耦合器延伸成连续渐变线,从而得到一个具有良好带宽特性的耦合线耦合器。这种耦合器如图 5-16 所示。一般来说,可通过调整导带的宽度和间距来控制耦合和方向性。可以通过计算机实现阶跃段近似成连续渐变段的最优化过程。这种耦合器在输出端之间有 $90°$ 相移。

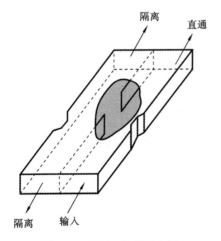

图 5-15　Riblet 短缝耦合器

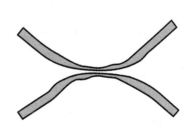

图 5-16　对称渐变耦合线耦合器

5. 平面线上有孔的耦合器

上面提到的几种波导耦合器也可以用于平面线,诸如微带线、带状线、介质镜像线或者这些线的组合。图 5-17 显示了一些可能的方案。

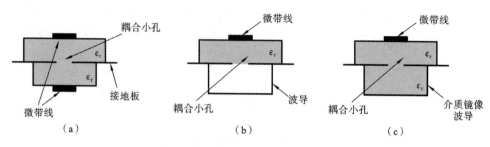

图 5-17 各种孔耦合平面线耦合器

(a) 微带-微带耦合器;(b) 微带-波导耦合器;(c) 微带-介质镜像线耦合器

5.3 滤波器

微波滤波器是一个二端口网络,它通过在滤波器通带频率内提供信号传输并在阻带内提供衰减的特性,用以控制微波系统中某处的频率响应。典型的频率响应包括低通、高通、带通和带阻特性,微波滤波器已应用于各种类型的微波通信、雷达测试或测量系统中。

微波滤波器的理论和实践始于第二次世界大战前几年,滤波器设计的镜像参量法是在 20 世纪 30 年代后期开发的,用于无线电和电话的低频滤波器中。20 世纪 50 年代初期,斯坦福研究所有关滤波器和耦合器方面的多卷本手册就是由这些设计工作整理而来的。现今,大多数微波滤波器的设计是用基于插入损耗法的复杂计算机辅助设计软件包来进行的,使用分布元件的网络综合法的不断改进、低温超导的应用和在滤波器电路中使用有源器件,使得微波滤波器的设计至今仍是一个活跃的研究领域。

5.3.1 阶跃阻抗低通滤波器

用微带或带状线实现低通滤波器的一种相对容易的方法,是用很高和很低特征阻抗的传输线段交替排列的结构,像这样的滤波器通常称为阶跃阻抗滤波器或高 Z-低 Z 滤波器。与短截线制作的低通滤波器相比,它更容易设计并且结构紧凑,所以较为流行。然而,由于它的近似性,导致其电特性不是很好,所以通常限制在不需要有陡峭截止的应用中。

首先寻找有很高或很低特征阻抗的短传输线段的近似等效电路。假设有一根特征阻抗为 Z_0、长度为 l 的传输线,通过变换关系求出 Z 参量为

$$Z_{11} = Z_{22} = \frac{A}{C} = -jZ_0 \cot(\beta l)$$

$$Z_{12} = Z_{21} = \frac{1}{C} = -jZ_0 \csc(\beta l)$$

(5.3.1)

T 型等效电路的串联元件是

$$Z_{11} - Z_{12} = -jZ_0 \left[\frac{\cos(\beta l) - 1}{\sin(\beta l)} \right] = jZ_0 \tan\left(\frac{\beta l}{2}\right)$$

(5.3.2)

T 型等效电路的并联元件是 Z_{12}。所以,若 $\beta l < \pi/2$,则串联元件有正电抗(电感),而并联元件有负电抗(电容),等效电路如图 5-18(a)所示,其中

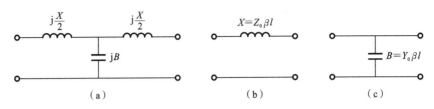

图 5-18 短传输线段的近似等效电路

(a) $\beta l < \pi/2$ 传输线段的 T 型等效电路；(b) 小的 βl 和大的 Z_0 等效电路；(c) 小的 βl 和小的 Z_0 等效电路

$$\frac{X}{2} = Z_0 \tan\left(\frac{\beta l}{2}\right)$$
$$B = \frac{1}{Z_0}\sin\beta l \tag{5.3.3}$$

现在假定有短的线长（$\beta l < \pi/4$）和大的特征阻抗，则式（5.3.3）可近似简化为

$$X \approx Z_0 \beta l, \quad B \approx 0 \tag{5.3.4}$$

这对应于图 5-18(b) 所示的等效电路（串联电感）。对于短的线长和小的特征阻抗，式（5.3.3）近似简化为

$$X \approx 0 \tag{5.3.5}$$

这对应于图 5-18(c) 所示的等效电路（并联电容）。所以低通原型的串联电感可以用高阻线段（$Z_0 = Z_h$）代替，而并联电容用低阻线段（$Z_0 = Z_l$）代替。比数 Z_h/Z_l 应该尽可能大，所以 Z_h 和 Z_l 的实际值通常设置成能实际做到的最高和最低特征阻抗。为了得到接近截止的最好响应，线段的长度可由式（5.3.4）和式（5.3.5）决定，该长度应该在 $\omega = \omega_c$ 处计算。由式（5.3.4）和式（5.3.5）结果定标可得出电感段的电长度为

$$\beta l = \frac{LR_0}{Z_h} \quad （电感） \tag{5.3.6}$$

电容段的电长度为

$$\beta l = \frac{CZ_l}{R_0} \quad （电容） \tag{5.3.7}$$

式中：R_0 是滤波器阻抗；L 和 C 是低通原型的归一化元件值（g_k 的值）。

5.3.2 耦合谐振滤波器

1. 用四分之一波长谐振器的带阻和带通滤波器

我们已经看到带通和带阻滤波器需要具有串联或并联谐振电路特性的元件，耦合线带通滤波器即属于这种类型，现在我们将考虑其他几种采用传输线或空腔谐振器的微波滤波器。已知四分之一波长开路或短路传输线短截线，可分别等效为串联或并联谐振电路，所以可在传输线上并联这种短截线来实现带通或带阻滤波器，如图 5-19 所示。短截线之间的四分之一波长传输线段作为导纳倒相器，是为了有效地将并联谐振器转换为串联谐振器。短截线和传输线段在中心频率 ω_0 处的长度都是 $\lambda/4$。

对于一些窄频带用 N 个短截线的滤波器，基本上与用 $N+1$ 节耦合线的滤波器相同。短截线滤波器的内阻抗是 Z_0，而在耦合线滤波器情况下末段需要转换阻抗数值，这使得短截线滤波器更加方便和容易设计。然而，使用短截线谐振器的滤波器所需的特征阻抗实际上难以实现。

先考虑用 N 节开路短截线的带通滤波器，如图 5-19(a) 所示。对于所需短截线特

征阻抗 Z_{0n} 的设计公式,能通过采用等效电路由低通原型元件值推导出来。对于短路短截线的带通类型的分析也按同样的步骤进行,此处对这些情况的设计公式不再详细介绍。

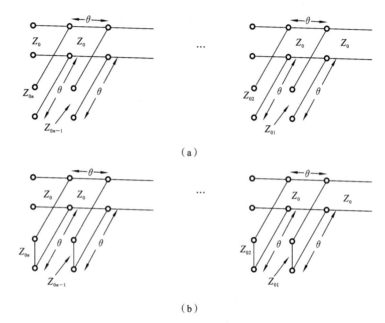

图 5-19 并联传输线谐振器的带阻和带通滤波器(在中心频率处 $\theta=\pi/2$)

(a)带阻滤波器;(b)带通滤波器

如图 5-19(a)所示,当开路短截线接近 90°时,它能近似成为串联 LC 谐振器。特征阻抗为 Z_{0n} 的开路传输线的输入阻抗为

$$Z=-\mathrm{j}Z_{0n}\cot\theta$$

式中: $\omega=\omega_0$ 时, $\theta=\pi/2$,若令 $\omega=\omega_0+\Delta\omega$,其中 $\Delta\omega\ll\omega_0$,则 $\theta=\pi/2(1+\Delta\omega/\omega_0)$,所以该阻抗可以近似为

$$Z=\mathrm{j}Z_{0n}\tan\left(\frac{\pi\Delta\omega}{2\omega_0}\right)\approx\frac{\mathrm{j}Z_{0n}\pi(\omega-\omega_0)}{2\omega_0} \tag{5.3.8}$$

对于在中心频率 ω_0 附近的频率,串联 LC 电路的阻抗为

$$Z=\mathrm{j}\omega L_n+\frac{1}{\mathrm{j}\omega C_n}=\mathrm{j}\sqrt{\frac{L_n}{C_n}}\left(\frac{\omega}{\omega_0}-\frac{\omega_0}{\omega}\right)\approx 2\mathrm{j}\sqrt{\frac{L_n}{C_n}}\frac{\omega-\omega_0}{\omega_0}\approx 2\mathrm{j}L_n(\omega-\omega_0) \tag{5.3.9}$$

式中: $L_n=C_n=1/\omega_0^2$ 。

式(5.3.8)和式(5.3.9)按照谐振器参量给出短截线的特征阻抗为

$$Z_{0n}=\frac{4\omega_0 L_n}{\pi} \tag{5.3.10}$$

然后,若将短截线之间的四分之一波长线段考虑为理想的导纳倒相器,则图 5-20(a)所示的带阻滤波器可以用图 5-20(b)所示的等效电路来表示。下一步,该等效电路的元件与图 5-20(c)所示的带阻滤波器原型的集总元件有关。如图 5-20(b)所示,向 $L_2 C_2$ 谐振器看去的导纳为

$$Y=\frac{1}{\mathrm{j}\omega L_2+1/(\mathrm{j}\omega C_2)}+\frac{1}{Z_0^2}\left[\frac{1}{\mathrm{j}\omega L_1+1/(\mathrm{j}\omega C_1)}+\frac{1}{Z_0}\right]^{-1}$$

$$= \frac{1}{j\ \sqrt{L_2/C_2}\,(\omega/\omega_0 - \omega_0/\omega)}$$

$$+ \frac{1}{Z_0^2} \left[\frac{1}{j\ \sqrt{L_1/C_1}\,(\omega/\omega_0 - \omega_0/\omega)} + \frac{1}{Z_0} \right] \tag{5.3.11}$$

在图 5-20(c)所示的电路中,对应点的导纳是

$$Y = \frac{1}{j\omega L_2' + 1/(j\omega C_2')} + \left[j\omega C_1' + \frac{1}{j\omega L_1'} + Z_0 \right]^{-1}$$

$$= \frac{1}{j\ \sqrt{L_2'/C_2'}\,(\omega/\omega_0 - \omega_0/\omega)}$$

$$+ \left[\frac{1}{j\ \sqrt{C_1'/L_1'}\,(\omega/\omega_0 - \omega_0/\omega)} + Z_0 \right]^{-1} \tag{5.3.12}$$

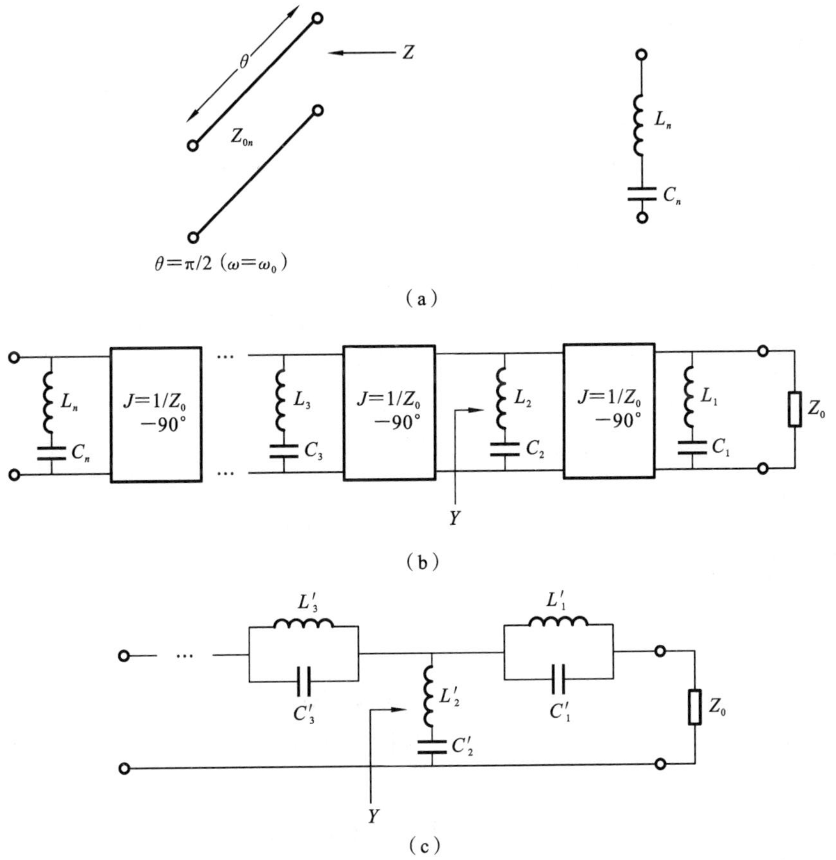

(a)

(b)

(c)

图 5-20 图 5.19(a) 中带阻滤波器的等效电路

(a) 开路短截线接近时的等效电路;(b) 用谐振器和导纳倒相器的等效滤波电路;(c) 等效的集总元件带阻滤波器

若满足下面的条件,则这两个结果应该是相等的:

$$\frac{1}{Z_0^2} \sqrt{\frac{L_1}{C_1}} = \sqrt{\frac{C_1'}{L_1'}} \tag{5.3.13a}$$

$$\sqrt{\frac{L_2}{C_2}} = \sqrt{\frac{L_2'}{C_2'}} \tag{5.3.13b}$$

因为 $L_n C_n = L_n' C_n' = 1/\omega_0^2$,所以由这些结果可以解出 L_n:

$$L_1 = \frac{Z_0^2}{\omega_0^2 L_1'} \tag{5.3.14a}$$

$$L_2 = L_2' \tag{5.3.14b}$$

然后用式(5.3.10)和阻抗定标后的带阻滤波器元件,得出短截线特征阻抗为

$$Z_{01} = \frac{4Z_0^2}{\pi\omega_0 L_1'} = \frac{4Z_0}{\pi g_1 \Delta} \tag{5.3.15a}$$

$$Z_{02} = \frac{4\omega_0 L_2'}{\pi} = \frac{4Z_0}{\pi g_2 \Delta} \tag{5.3.15b}$$

式中:$\Delta = (\omega_2 - \omega_1)/\omega_0$ 是滤波器的相对带宽。容易看出,带阻滤波器的特征阻抗一般为

$$Z_{0n} = \frac{4Z_0}{\pi g_n \Delta} \tag{5.3.16}$$

用于短路短截线谐振器的带通滤波器的特征阻抗为

$$Z_{0n} = \frac{\pi Z_0 \Delta}{4 g_n} \tag{5.3.17}$$

这些结果只适用于输入和输出阻抗为 Z_0 的滤波器,所以不能用于 N 为偶数的等波纹设计。

2. 用电容性耦合串联谐振器的带通滤波器

另一种可以用微带线或带状线方便地制作出的带通滤波器是电容性缝隙耦合谐振器滤波器。如图 5-21 所示,这种形式的 N 阶滤波器使用 N 个串联谐振的传输线段,它们之间有 $N+1$ 个电容性缝隙。这些缝隙可以近似为串联电容,电容与缝隙尺寸是与传输线参量有关的设计数据。滤波器的模型如图 5-21(b)所示。在中心频率 ω_0 处谐振器的长度近似为 $\lambda/2$。

下一步,我们在串联电容两侧用负长度传输线段来重画图 5-21(b)所示的等效电路。在 ω_0 处,线的长度 $\varphi = \lambda/2$,所以图 5-21(a)、(b)中第 i 段的长度 θ_i 为

$$\theta_i = \pi + \frac{1}{2}\phi_i + \frac{1}{2}\phi_{i+1}, \quad i = 1, 2, \cdots, N \tag{5.3.18}$$

并有 $\varphi_i < 0$。这样做的原因是,串联电容和负长度传输线的组合形成了导纳倒相器的等效电路。为了使这个等效关系成立,线的电长度和容性电纳之间的如下关系式必须成立:

$$\phi_i = -\arctan(2Z_0 B_i) \tag{5.3.19}$$

从而得出倒相器常数与电容性电纳的关系为

$$B_i = \frac{J_i}{1 - (Z_0 J_i)^2} \tag{5.3.20}$$

最终,电容性缝隙耦合滤波器可用图 5-21(d)模拟。我们利用低通原型值(g_i)和相对带宽 Δ 求出导纳倒相器常数 J_i。如同耦合线滤波器的情况,对 N 阶滤波器有 $N+1$ 个倒相器常数。然后,可以用式(5.3.20)求出第 i 个耦合缝的电纳 B_i。最终,谐振器段的长度可由式(5.3.18)和式(5.3.19)求出,即

$$\theta_i = \pi - \frac{1}{2}\left[\arctan(2Z_0 B_i) + \arctan(2Z_0 B_{i+1})\right] \tag{5.3.21}$$

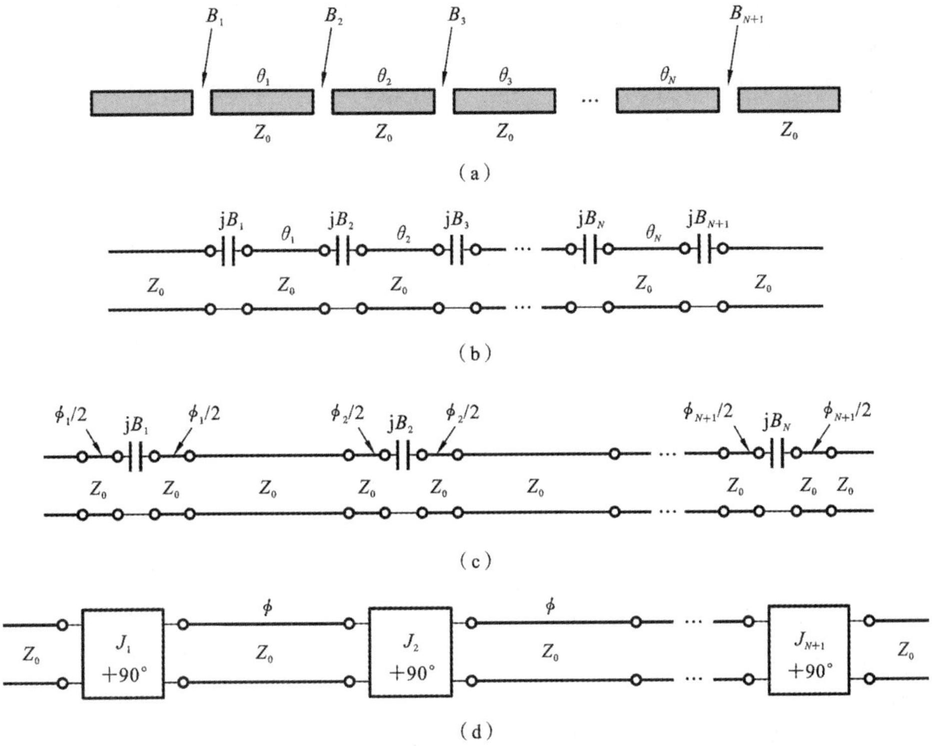

图 5-21 电容性缝隙耦合谐振腔带通滤波器的演化过程

(a) 电容性缝隙耦合谐振腔带通滤波器；(b) 传输线模型；

(c) 用导纳倒相器形成的负长度的传输线段模型$(\varphi_i/2 < 0)$；(d) 电容性缝隙耦合滤波器等效网络$(\varphi = \pi$ 在 $\omega_0)$

5.4 功率分配器

微波功率分配器简称功分器，是将一路输入功率按一定比例分成 n 路输出功率的一种多端口微波网络。前面讨论的定向耦合器都可以作为一路分成二路的功率分配器使用，但是它们的结构较复杂，成本也较高，在单纯进行功率分配的情况下，用得并不多，通常用专门设计的功率分配器进行功率分配。反之，有时候需要把 n 路微波功率叠加起来从一路输出，实现这一功能的微波网络称为微波功率合成器。一个设计正确的微波功率分配器同时也具有微波功率合成器的功能，故统称为微波功率混合器。

5.4.1 功分器的基本特性

最简单的功分器是 T 型接头，它是一种三端口网络，带有一个输入端和两个输出端。任意三端口网络的散射矩阵有九个独立矩阵元，它的散射矩阵是

$$[S] = \begin{bmatrix} S_{11} & S_{12} & S_{13} \\ S_{21} & S_{22} & S_{23} \\ S_{31} & S_{32} & S_{33} \end{bmatrix} \tag{5.4.1}$$

如果元件是无源的，且不包含各向异性材料，那么它一定是互易的，而它的散射矩阵一定是对称的$(S_{ij} = S_{ji})$。通常，为避免功率损耗，我们希望接头是无损的且各端口

是匹配的。但是很容易证明,要构成这样一种三端口无耗互易网络,且所有端口均匹配是不可能的。

若所有端口都匹配,则 $S_{ii}=0$,并且网络是互易的,则散射矩阵简化为

$$[S] = \begin{bmatrix} 0 & S_{12} & S_{13} \\ S_{12} & 0 & S_{23} \\ S_{13} & S_{23} & 0 \end{bmatrix} \qquad (5.4.2)$$

如果网络还是无耗的,则由能量守恒,要求散射矩阵满足么正性,必须满足下列条件:

$$\begin{cases} |S_{12}|^2 + |S_{13}|^2 = 1 & (a) \\ |S_{12}|^2 + |S_{23}|^2 = 1 & (b) \\ |S_{13}|^2 + |S_{23}|^2 = 1 & (c) \end{cases} \qquad (5.4.3)$$

$$\begin{cases} S_{13}^* S_{23} = 0 & (a) \\ S_{23}^* S_{12} = 0 & (b) \\ S_{12}^* S_{13} = 0 & (c) \end{cases} \qquad (5.4.4)$$

方程(5.4.4)表明,在三个参数(S_{12},S_{13},S_{23})中有两个一定为 0,但是这条件与方程(5.4.3)中的一个不一致,即意味着一个三端口网络不可能同时满足无耗、互易和所有端口匹配的条件。如果这三个条件允许有一个不满足,则在实际上是有可能实现的。

如果此三端口网络是非互易的,即 $S_{ij} \neq S_{ji}$,则所有端口匹配和能量守恒的条件可以满足,这种器件称为环行器,一般它含有各向异性材料(如铁氧体)以获得非互易的性能。这里可以证明,任何匹配的无耗三端口网络一定是非互易的,如环形器。

一种匹配网络的三端口的[S]矩阵具有下列形式:

$$[S] = \begin{bmatrix} 0 & S_{12} & S_{13} \\ S_{21} & 0 & S_{23} \\ S_{31} & S_{32} & 0 \end{bmatrix} \qquad (5.4.5)$$

这时,若网络是无耗的,则矩阵[S]一定具有么正性,它意味着

$$\begin{cases} S_{31}^* S_{32} = 0 & (a) \\ S_{21}^* S_{23} = 0 & (b) \\ S_{12}^* S_{13} = 0 & (c) \end{cases} \qquad (5.4.6)$$

$$\begin{cases} |S_{12}|^2 + |S_{13}|^2 = 1 & (a) \\ |S_{21}|^2 + |S_{23}|^2 = 1 & (b) \\ |S_{31}|^2 + |S_{32}|^2 = 1 & (c) \end{cases} \qquad (5.4.7)$$

这些方程可以用下列条件之一得到满足,即

$$S_{12} = S_{23} = S_{31} = 0, \quad |S_{21}| = |S_{32}| = |S_{13}| = 1 \qquad (5.4.8)$$

或

$$S_{21} = S_{32} = S_{13} = 0, \quad |S_{12}| = |S_{23}| = |S_{31}| = 1 \qquad (5.4.9)$$

此结果表明对 $i \neq j$,$S_{ij} \neq S_{ji}$,它意味着器件一定是非互易的。式(5.4.8)和式(5.4.9)的解的[S]矩阵与两种可能的环形器符号如图 5-22 所示。它们之间的差别只是端口间功率流的方向上。因此,与式(5.4.8)对应的环行器,功率只能从端口 1 到端口 2,或从端口 2 到端口 3,或从端口 3 到端口 1 方向流动;与式(5.4.9)对应的环行器,功率按相反方向流动。

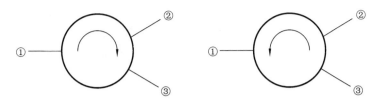

图 5-22 两种类型的环形器及其[S]矩阵

$$[S] = \begin{bmatrix} 0 & 0 & 1 \\ 1 & 0 & 0 \\ 0 & 1 & 0 \end{bmatrix} \quad [S] = \begin{bmatrix} 0 & 1 & 0 \\ 0 & 0 & 1 \\ 1 & 0 & 0 \end{bmatrix}$$

另外,如果只要求两个端口匹配,则无耗、互易三端口网络在物理上也是可以实现的,如端口 1、2 是匹配端口,则[S]矩阵可以写为

$$[S] = \begin{bmatrix} 0 & S_{12} & S_{13} \\ S_{12} & 0 & S_{23} \\ S_{13} & S_{23} & S_{33} \end{bmatrix} \tag{5.4.10}$$

为了保证无耗的,必须满足下列么正性条件:

$$\begin{cases} S_{13}^* S_{23} = 0 & \text{(a)} \\ S_{12}^* S_{13} + S_{23}^* S_{33} = 0 & \text{(b)} \\ S_{23}^* S_{12} + S_{33}^* S_{13} = 0 & \text{(c)} \end{cases} \tag{5.4.11}$$

$$\begin{cases} |S_{12}|^2 + |S_{13}|^2 = 1 & \text{(a)} \\ |S_{12}|^2 + |S_{23}|^2 = 1 & \text{(b)} \\ |S_{13}|^2 + |S_{23}|^2 + |S_{33}|^2 = 1 & \text{(c)} \end{cases} \tag{5.4.12}$$

方程(5.4.12)中(a)、(b)两式表明 $|S_{13}| = |S_{23}|$,所以式(5.4.11)中(a)式得出的结果是 $S_{13} = S_{23} = 0$。这时,$|S_{12}| = |S_{33}| = 1$,此网络实际由两个分开的器件组成:一个是匹配的二端口传输线;另一个是完全失配的一端口网络。最后,若允许三端口网络有损耗,则它可能是互易的,而且在各端口都匹配,这是电阻分路器的情况。另外,一个有耗三端口网络可使它的输出端口之间是隔离的(例如,$S_{23} = S_{32} = 0$)。

5.4.2 T 型接头功分器

T 型接头功分器是一种简单的三端口网络,它可以用来分配和组合功率,实际上可以用任一种传输线来实现。图 5-23 所示的为一些通用的用波导、微带或带状线形式实现的 T 型接头。这里表示的传输线无损耗,即为无损耗接头。因此,如前面所讨论的,这种接头不可能同时在所有端口匹配。

图 5-23 所示的无损 T 型接头可以全部模型化为三根传输线的接头。一般情况下,在这种接头的不连续处存在有边缘场和高次模,导致有储能,它可以用一个集中电纳 B 来进行计算。为了使功分器与特性阻抗为 Z_0 的输入传输线匹配,必须有

$$Y_{\text{in}} = jB + \frac{1}{Z_1} + \frac{1}{Z_2} = \frac{1}{Z_0} \tag{5.4.13}$$

若假定传输线无损耗(或低损耗),则特性阻抗为实数。如再假定 $B = 0$,则式(5.4.13)可简化为

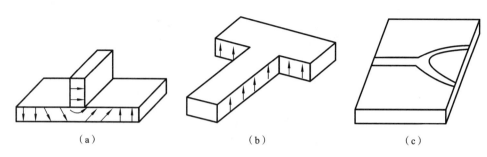

图 5-23 T 型接头功分器

(a) 波导 E—T 接头；(b) 波导 H—T 接头；(c) 微带 T 型接头

$$\frac{1}{Z_1}+\frac{1}{Z_2}=\frac{1}{Z_0} \tag{5.4.14}$$

实际上，若 B 不能忽略，则可在分路处加某种类型的电抗调谐元件，至少在一个窄频率范围内可抵消此电抗。

然后，选择两根输出线，其阻抗分别 Z_1 和 Z_2，以提供各种分功率比。因此，对一根 50 Ω 输入线，3 dB(等分)功分器可用两根 100 Ω 的输出线来组成。如果需要，可以用四分之一波长变换器来使输出线阻抗达到要求的数值。若输出线匹配，则输入线也是匹配的，但是两输出端口之间将没有隔离，并且从输出端口看是不匹配的。

矩形波导 T 型接头分为 E—T 接头和 H—T 接头。如果分支波导的宽面与 TE_{10} 波的电场 E 平行，则称为 E 面 T 型接头，简称 E—T 接头或 E—T；如果分支波导的宽面与 TE_{10} 波的磁场 H 平行，则称为 H 面 T 型接头，简称 H—T 接头或 H—T。

(1) E—T 接头的特性。

E—T 的特性如图 5-23(a)所示，通常我们令主波导为 1 和 2，分支波导为 3，各端口波导只有 TE_{10} 波传输。则

① 当信号由端口 1 输入时，端口 2 和 3 都有信号输出且同相；

② 当信号由端口 2 输入时，端口 1 和 3 都有信号输出且同相；

③ 当信号由端口 3 输入时，端口 1 和 2 都有信号输出且反相；

④ 当信号由端口 1 和 2 同相输入时，在端口 3 的对称面上可得电场的驻波波腹，端口 3 输出最小，若 1、2 信号的振幅也相等，则端口 3 的输出为零；

⑤ 当信号由端口 1 和 2 反相输入时，在端口 3 的对称面上可得到电场的驻波波节，端口 3 输出最大。

(2) H—T 接头的特性。

H—T 接头的特性与 E—T 接头的特性相似。同样，令主波导为 1 和 2，分支波导为 3，各端口波导只有 TE_{10} 波传输。H—T 接头的特性如图 5-23(b)所示。

① 当信号由端口 1 输入时，端口 2 和 3 都有输出且同相；

② 当信号由端口 2 输入时，端口 1 和 3 都有输出且同相；

③ 当信号由端口 3 输入时，端口 1 和 2 有等幅同相输出；

④ 当信号由端口 1 和 2 同相输入时，在端口 3 的对称面处于电场驻波波腹，端口 3 输出最大；

⑤ 当信号由端口 1 和 2 反相输入时，在端口 3 的对称面可得到电场的驻波波节，端口 3 输出最小，如果 1、2 信号的振幅也相等，则端口 3 的输出为零。

5.4.3 微带功分器

无损耗 T 型接头不能在所有端口都匹配,另外在输出端口之间没有任何隔离。电阻功分器可以在所有端口匹配,即使有损耗,仍然达不到隔离的目的。但是由前面的讨论可知,一个有损的三端口网络能在所有端口都匹配,而且输出端口间能够隔离。微带功分器通常用微带或带状线做成,当输出端口匹配时,它具有无损特性,只损耗反射功率,可以进行任意比例的功率分配。

这种功率分配器的具体结构形式很多,其中较常用的是采用 $\lambda_g/4$ 阻抗变换段的功率分配器,其功率分配可以是相等的或不相等的。为了更一般化,这里只介绍不等功率分配器,而等功率分配器是不等功率分配器的特例。图 5-24 是不等功率分配器的一个原理性示意图。这种功率分配器一般都有为了消除 2、3 端口之间耦合作用的隔离电阻 R。设主臂 1(功率输入端)的特性阻抗为 Z_0,支臂 1—2 和 1—3 的特性阻抗分别为 Z_{02} 和 Z_{03},它们的终端负载分别为 R_2 和 R_3,电压的复振幅分别为 U_2 和 U_3,功率分别为 P_2 和 P_3。假设微带线本身是无耗的,两个支臂对应点对地(零电位)而言的电压是相等的,那么,就可以得到下列关系式:

$$P_2 = \frac{1}{2}\frac{|U_2|^2}{R_2}, \quad P_3 = \frac{1}{2}\frac{|U_3|^2}{R_3}, \quad P_3 = k^2 P_2 \tag{5.4.15}$$

又因 $U_2 = U_3$,所以有

$$\frac{P_3}{P_2} = k^2 = \frac{R_2}{R_3}, \quad R_2 = k^2 R_3 \tag{5.4.16}$$

式中:k^2 是比例系数,k 可以取 1(等功率情况)或大于 1 和小于 1(不等功率情况)。

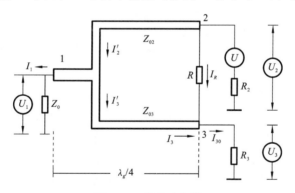

图 5-24 微带功分器

设 Z_{i2} 和 Z_{i3} 是从接头处分别向支臂 1—2 和 1—3 看上去的输入阻抗,两者的关系是 $Z_{i2} = k^2 Z_{i3}$。从主臂 1 向两支臂看去,应该是匹配的,因此应有

$$Z_0 = \frac{Z_{i2} Z_{i3}}{Z_{i2} + Z_{i3}} = \frac{k^2}{1+k^2} Z_{i3} \quad \text{或} \quad Z_{i3} = \frac{1+k^2}{k^2} Z_0 \tag{5.4.17}$$

由此得

$$Z_{i2} = (1+k^2) Z_0 \tag{5.4.18}$$

因为 Z_0 和 k 是给定的,这样 Z_{i2} 和 Z_{i3} 即可求出。由于 $R_2 = k^2 R_3$,只需选定 R_2 或 R_3 中的一个值,则另一个即可确定。为计算方便,通常可选取

$$R_2 = k Z_0 \tag{5.4.19}$$

$$R_3 = \frac{Z_0}{k} \tag{5.4.20}$$

根据式(5.4.17)、式(5.4.18)和式(5.4.19)、式(5.4.20),即可求出两个支臂的特性阻抗 Z_{02} 和 Z_{03} 分别为

$$Z_{02} = \sqrt{Z_{i2}R_2} = Z_0 \sqrt{k(1+k^2)} \tag{5.4.21}$$

$$Z_{03} = \sqrt{Z_{i3}R_3} = Z_0 \sqrt{\frac{1+k^2}{k^2}} \tag{5.4.22}$$

以上是对中心波长而言所得出的结果。当波长偏离中心波长时,性能会差些,即频带较窄,若要求频带宽些,则可采用多节功率分配器。上述的功率分配器的逆过程就是功率合成器。利用微波网络理论可以证明:任何无耗的三端口网络不可能同时实现各端口的匹配和隔离;但是对于加了隔离电阻的三端口功率分配器,即成了有耗网络,各端口可以同时得到匹配和隔离。

5.5 低噪声放大器

在近代射频和微波系统中,放大是最基本和广泛存在的微波电路功能之一。早期的微波放大器依赖于电子管(诸如速调管和行波管)或基于隧道二极管、变容二极管的负阻特性的固态反射放大器。但自 20 世纪 70 年代以来,固态技术已发生了惊人的进步和革新,导致如今大多数 RF 和微波放大器均使用晶体管器件,诸如 Si 或 SiGe BJT、GaAs HBT、GaAs 或 InP FET,或 GaAs HEMT。微波晶体管放大器具有结实、价格低、可靠和容易集成在混合和单片集成电路上等优点。晶体管放大器可以在频率超过 100 GHz,需要小体积、低噪声系数、宽频带和中小功率容量的应用范围内使用。虽然在很高功率和/或很高频率的应用中仍需要微波电子管,但随着晶体管性能的不断提高,对微波电子管的需求在稳定地下降。

低噪声放大器是射频接收机前端的主要部件,低噪声放大器应该有如下特点。

(1)因为它位于接收机的最前端,这就要求它的噪声越小越好;为了抑制后面各级噪声对系统的影响,还要求有一定的增益,但为了不使后面的混频器过载,产生非线性失真,它的增益又不宜过大;放大器在工作频段内应该是稳定的。

(2)它所接收的信号是很微弱的,所以低噪声放大器必须是一个小信号线性放大器;而且由于传输路径的影响,信号的强弱又是变化的,在接收信号的同时又可伴随许多强干扰信号混入,因此要求放大器有足够大的线性范围;而且增益最好是可调节的。

(3)低噪声放大器一般通过传输线直接和天线或天线滤波器相连,放大器的输入端必须和它们有很好的匹配,以达到功率最大的传输或最小噪声系数,并能保证滤波器的性能。

(4)应有一定的选频功能,抑制带外和镜像频率干扰,因此它一般是频率放大器。

1. 设计参量

1)噪声系数 NF

放大器的噪声系数 NF 是衡量信号通过放大器前后信噪比下降的倍数,定义为输入端信噪比与输出端信噪比的比值。

$$NF = \frac{S_{in}/N_{in}}{S_{out}/N_{out}} \tag{5.5.1}$$

对单级放大器:

$$NF = NF_{min} + 4R_n \frac{|\Gamma_s - \Gamma_{opt}|^2}{(1 - |\Gamma_s|^2)|1 - \Gamma_{opt}|^2} \tag{5.5.2}$$

式中:NF_{min}为晶体管最小噪声系数,是由放大器的管子本身决定的;Γ_{opt}、R_n和Γ_s分别为获得F_{min}时的最佳源反射系数、晶体管等效噪声电阻以及晶体管输入端的源反射系数。

对多级放大器:

$$NF = NF_1 + (NF_2 - 1)/G_1 + (NF_3 - 1)/(G_1 G_2) + \cdots\cdots \tag{5.5.3}$$

式中:NF_n为第n级放大器的噪声系数;G_n为第n级放大器的增益。

2) 放大器增益G

微波放大器功率增益有多种定义,如资用功率增益、实际功率增益、共轭功率增益、单向化功率增益等。对于实际的低噪声放大器,功率增益通常是指信源和负载都是50 Ω标准阻抗情况下实测的增益。

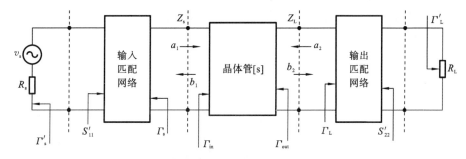

图 5-25 低噪声放大器

转换功率增益G_s:放大器负载吸收的功率P_L与信源可用功率之比,其物理意义是插入放大器后实际得到的功率与无放大器时可能得到的功率的比值。G_s、G_o、G_L分别表示输入匹配网络、晶体管自身、输出匹配网络的增益,则有:

$$G_T = G_s G_o G_L \tag{5.5.4}$$

式中:

$$G_s = \frac{1 - |\Gamma_s|^2}{|1 - \Gamma_{in}\Gamma_s|^2}, \quad G_o = |S_{21}|^2, \quad G_L = \frac{1 - |\Gamma_L|^2}{|1 - \Gamma_L S_{22}|^2}$$

当满足传输线匹配时,$G_T = |S_{21}|^2$,只有共轭匹配时才能使G_T最大。

资用功率增益G_a:定义为放大器输出端的资用功率P_{La}与信号资用功率P_a之比,其物理意义是插入放大器后负载可能得到的最大功率与无放大器时可能得到的最大功率的比值,表示放大器功率增益的一种潜力。它只与晶体管S参数和信源阻抗有关,而与输出端匹配无关,用以研究信源阻抗变化对放大器功率增益的影响。该电路模型对应表达式此处不再讲述。

实际功率增益G:定义为负载Z_L所吸收的功率P_L与放大器输入功率P_{in}之比。它只与晶体管S参数和负载有关,而与输入端口的匹配程度无关,便于研究负载变化对放大器功率增益的影响。

$$G = \frac{|S_{21}|^2 (1 - |\Gamma_L|^2)}{1 - |S_{11}|^2 + |\Gamma_L|^2 (|S_{11}|^2 - |\Delta|^2) - 2\mathrm{Re}(\Gamma_L(S_{21} - S_{11}^*\Delta))} \tag{5.5.5}$$

三者之间的关系：

$$G_T = GM_1 = G_a M_2$$

并有 $M_1 < 1, M_2 < 1$，则 $G_T < G, G_T < G_a$。双共轭匹配时，$M_1 = M_2 = 1, G_{Tmax} = G_{max} = G_{amax}$，仅满足 $\Gamma_L = \Gamma_{out}$ 时，$G_T = G_a$。

3）输入/输出驻波比（VSWR）和传输系数

低频小信号下用 S 参数表征微波双极晶体管和场效应管特性，物理意义十分明确。S_{11} 是输出端接负载时的输入电压反射系数；S_{22} 是输入端接匹配负载时的输出端电压反射系数；S_{21} 是输出端接匹配负载时的正向传输系数，$|S_{21}|^2$ 代表功率增益；S_{12} 是输入端反射系数，代表内部反馈的大小。

设计低噪声放大器时，通常是在噪声系数和增益之间权衡，输入端会偏离负载匹配状态，使 S_{11} 和 S_{22} 恶化；同时，低噪声放大器会要求一定的带宽和带内平坦，在整个频率范围内无法实现匹配。

4）稳定性

在前面已讨论，S_{12} 衡量了晶体管的反向传输系数，S_{12} 越大，内部反馈越强，反馈量达到一定强度时，将会引起放大器稳定性变坏，甚至产生自激振荡。一个微波管的射频绝对稳定条件为

$$K = \frac{1 - |S_{11}|^2 - |S_{22}|^2 + |\Delta|^2}{2|S_{11}S_{22}|} > 1, \quad |S_{11}|^2 < 1 - |S_{12}S_{21}|, \quad |S_{22}|^2 < 1 - |S_{12}S_{21}|$$

$$(5.5.6)$$

其中，$\Delta = S_{11}S_{22} - S_{12}S_{21}$。$K$ 称为稳定性判别系数，当 $K > 1$ 时，放大器处于稳定状态，当 $K = 1$ 时，放大器处于潜在不稳定状态。当式中的三个条件都满足时，才能保证放大器是绝对稳定的。实际设计时，为了保证低噪声放大器稳定工作，还要注意使放大器避开潜在不稳定区。

5）放大器的动态范围（IIP3）

动态范围是指低噪声放大器输入信号允许的最小功率和最大功率的范围。动态范围的下限取决于噪声性能。当放大器的噪声系数 NF 给定时，输入信号功率允许的最小值为

$$P_{min} = NF(kT_0 \Delta f_m)M$$

式中：Δf_m 为微波系统的通频带；M 为微波系统允许的信号噪声比；T_0 为环境的绝对温度。

除以上各项外，低噪声放大器的工作频带、线性度、隔离度、功耗等指标也很重要，设计时要认真考虑。

2. 参量选取与优化

工作频带：上述参量均与频率联系密切，工作频带是管子类型和其他参数选取、优化的前提。在微波双极晶体管和场效应管工作频带范围外，噪声系数和功率增益都有十分显著的恶化，因此要结合 S 参数特性来选取管子。

最佳噪声：设计低噪声放大器必须权衡的两个指标是噪声系数和功率增益。双共轭匹配能获得最大传输功率，同时噪声系数也最大，实现 G_{Tmax}（等于 G_{max}）的状态不一定对应 NF_{min} 状态。为了实现最佳噪声匹配，应选择最佳信源反射系数 Γ_{opt}，放大器输入匹配网络因使其满足 $\Gamma_{opt} = \Gamma_s$，此时相关增益小于最大资用功率 G_{max}。

功率:按最小噪声系数设计放大器时,为了获得尽可能大的增益,输出端常按共轭匹配设计。输出匹配网络应使端口满足下式:

$$\Gamma_{\text{L}} = \Gamma_{\text{out}}^* = \left(S_{22} + \frac{S_{12} S_{21} \Gamma_{\text{opt}}}{1 - S_{11} \Gamma_{\text{opt}}} \right)^* \tag{5.5.7}$$

此时负载吸收功率 P_{L} 等于放大器输出端资用功率 P_{La},放大器的转换功率增益 G_{T} 等于其资用功率增益 G_{a}。

稳定性:为实现稳定,应减小内部反馈。稳定性判别条件已给。改善微波管自身稳定性有以下几种方式:串接阻抗负反馈、加铁氧体隔离器、加衰减器等。

5.6　功率放大器

功率放大器常用在雷达和无线电发射机的末级,用以提高它们的辐射功率电平。对于移动话音或数据通信系统,典型的输出功率是 $100 \sim 500$ mW 量级;对于雷达或定点天线系统,输出功率的范围为 $1 \sim 100$ W;对于 RF 和微波功率放大器,着重要考虑的是效率、增益、互调产物和热效应。单个晶体管在 UHF 频率下能提供 $10 \sim 100$ W 的输出功率,而在更高频率通常输出功率限于 1 W 以下。若需要较高的输出功率,则可利用不同的功率合成技术将多个晶体管组合在一起。

至此,我们只考虑了小信号放大器,在这种情况下,输入信号功率足够小,可假定晶体管是线性器件。线性器件的 S 参数的意义是明确的,并且是与输入功率或输出负载阻抗无关的,这可大大简化固定增益和低噪声放大器的设计。对于高输入功率(如在 1 dB 压缩点或三次截断点范围内),晶体管不是线性的,这种情况下在晶体管的输入端和输出端看到的阻抗与输入功率电平有关,这使得功率放大器的设计变得更为复杂。

5.6.1　功率放大器的特性和放大器类型

在大多数手持无线器件中,功率放大器常常是直流功率的主要消耗者,所以放大器的效率是要重点考虑的。放大器效率的一种量度是 RF 输出功率与直流输入功率之比:

$$\eta = \frac{P_{\text{out}}}{P_{\text{DC}}} \tag{5.6.1}$$

这个定义的缺点是没有考虑传送到放大器输入处的 RF 功率。因为大多数功率放大器都有相对低的增益,所以式(5.6.1)往往会高估实际效率。一个较好的量度包括输入功率的作用,称为功率附加效率,定义为

$$\eta_{\text{PAE}} = \text{PAE} = \frac{P_{\text{out}} - P_{\text{in}}}{P_{\text{DC}}} = \left(1 - \frac{1}{G} \right) \frac{P_{\text{out}}}{P_{\text{DC}}} = \left(1 - \frac{1}{G} \right) \eta \tag{5.6.2}$$

式中:G 是放大器的功率增益。硅晶体管在蜂窝电话波段 $800 \sim 900$ MHz,功率附加效率约为 80%,但是随着频率的提高,效率下降得很快。功率放大器常常设计成有最好的效率,这意味着结果增益小于最大可能值。功率放大器另一个有用的参量是压缩增益 G_1,它定义为 1 dB 压缩点处的放大器增益。所以,若 G_0 是小信号(线性)功率增益,则有

$$G_1(\text{dB}) = G_0(\text{dB}) - 1 \tag{5.6.3}$$

非线性能引起寄生频率的产生和交调失真。在无线通信发射机中,这是一个严重

的问题,特别是在多载波系统中,此处寄生信号可以出现在相邻通道。对非恒定包络调制也要求有严格的线性,诸如幅移键控和更高的正交振幅调制方式。

A 类放大器本质上是线性电路,此时晶体管在整个输入信号周期范围内被偏置在导通状态。因此,A 类放大器理论上的最大效率是 50%。多数小信号和低噪声放大器是按 A 类电路工作的。相反的,B 类晶体管放大器在输入信号的半个周期上偏置在导通状态。通常两个互补晶体管工作在 B 类推挽放大器中,以提供整个周期内的放大,B 类放大器理论上的效率是 78%。C 类放大器在大于输入信号的大半周期内使晶体管处于截止状态,它通常用输出级的谐振电路来恢复基频信号。C 类放大器能达到的效率接近 100%,但是只能用于恒定的包络调制。更高的类,诸如 D 类、E 类、F 类和 S 类,把晶体管用做开关,以便泵浦高度谐振的共振电路,并可达到很高的效率。工作在 UHF 或更高频率的大多数通信发射机通常使用 A 类、AB 类或 B 类功率放大器,因为需要低的干扰产物。

5.6.2 晶体管的大信号特性

当信号功率大大低于 1 dB 压缩点(P_1)时,晶体管表现为线性特性,所以小信号 S 参数与输入功率电平或输出端负载阻抗无关。但在功率电平可比或大于 P_1 时,晶体管的非线性特性便表现出来,测量得到的 S 参数与输入功率电平和输出端负载阻抗(以及频率、偏置条件和温度)有关。所以大信号 S 参数与定义的不同,而且不满足线性条件,不能用小信号参量代替(然而,对于器件稳定性计算,使用小信号 S 参数通常会有较好的结果)。在大信号工作条件下,表征晶体管的一种较为有用的方法是测量作为源和负载阻抗函数的增益和输出功率。完成这个任务的一种方法是确定大信号源和负载的反射系数 Γ_{SP} 和 Γ_{LP} 与频率的关系曲线,它们在特定的输出功率(通常选择为 P_1)下使功率增益最大。表 5-1 所示的为 NPN 硅双极型功率晶体管的典型大信号源和负载反射系数,同时显示了小信号 S 参数。

表 5-1　小信号 S 参数和大信号反射系数(硅双极型功率晶体管)

f/MHz	S_{11}	S_{12}	S_{21}	S_{22}	Γ_{SP}	Γ_{LP}	$G_P/(\text{dB})$
800	$0.76\angle176°$	$4.10\angle76°$	$0.065\angle49°$	$0.35\angle-163°$	$0.856\angle-167°$	$0.455\angle129°$	13.5
900	$0.76\angle172°$	$3.42\angle72°$	$0.073\angle52°$	$0.35\angle-167°$	$0.747\angle-177°$	$0.478\angle161°$	12.0
1000	$0.76\angle169°$	$3.08\angle69°$	$0.079\angle53°$	$0.36\angle-169°$	$0.797\angle-187°$	$0.491\angle185°$	10.0

表征晶体管大信号特性的另一种方式是在 Smith 圆图上画出作为负载反射系数的函数的等输出功率曲线,晶体管在输入端共轭匹配。该曲线称为负载牵引等高线,可用计算机控制的机电短截线调谐器组成的自动测量系统获得。

非线性等效电路模型已开发出来,用以预估 FET 和 BJT 的大信号特性。对于微波 FET,主要的非线性参数是 C_{gs}、g_m、C_{gd} 和 R_{ds}。在模拟大信号晶体管时,需要重点考虑多数参数与温度的关系,当然,随着输出功率的提高温度也会升高。与计算机辅助设计软件结合时,等效电路模型非常有用。

5.6.3　A 类射频功率放大器

理论上说,A 类射频功率放大器是一种线性放大器。线性放大器会产生放大了的输入电压或电流波形,也就是说输出端可以准确复制输入信号的包络和相位。该输入信号可以包含音频、视频和数据信息。A 类射频功率放大器中的晶体管相当于一个受控电流源,漏极或集电极电流的导通角为 360°。它的效率非常低,即使电路元件都是理想的,最大效率也只有 50%。然而,A 类射频功率放大器的非线性度很低,几乎是一个线性电路,因此常用做前置放大器和无线发射机的输出功率级,尤其是用来放大幅度变化的信号,如用于调幅(AM)系统。

A 类射频功率放大器电路如图 5-26(a)所示,它由一个晶体管、一个 LC 并联谐振电路、一个射频扼流圈(RFC)和一个耦合电容 C_c 构成。放大器的负载为电阻 R。晶体管工作在有源区(沟道夹断区或者饱和区)。栅极 - 源极电压 v_{GS} 的直流分量高于晶体管阈值电压 v_t,晶体管相当于一个由电压控制的电流源,栅极 - 源极电压的交流分量 v_t 可以为任意形状。漏极电流 i_D 与栅极 - 源极电压 v_{GS} 的相位相同。只要晶体管工作在沟道夹断区,即 $v_{DS} > v_{gs} - V$,漏极电流的交流分量 i_d 的波形与栅极 - 源极电压交流分量 v_{gs} 的波形相同,否则漏极电流会在波峰处变平。在后续分析中,假设栅极 - 源极电压为正弦波电压。在谐振频率 f_0 处,漏极电流和漏极 - 源极电压 v_{DS} 的相位差为 180°。A 类射频功率放大器在大信号下的工作状态与小信号时的类似,主要差别是电压和电流的振幅大小。由于器件工作点是根据漏极电流导通角 2θ 为 360° 来确定的,因此 A 类射频功率放大器的 v_{GS}-v_0 特性曲线几乎为线性,谐波失真(HD)和互调失真(IMD)都很小,

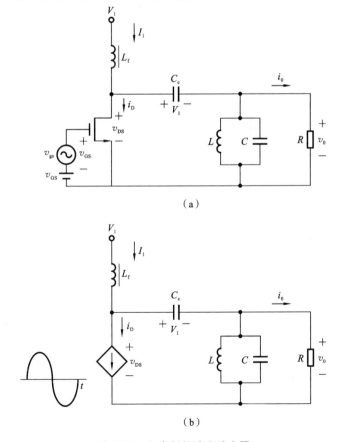

图 5-26 A 类射频功率放大器

(a)电路图;(b)等效电路

输出电压的谐波电平也很小。所以 A 类射频功率放大器是线性放大器,它适用于放大调幅(AM)信号。窄带 A 类射频功率放大器中,并联谐振电路充当带通滤波器来抑制谐波,并且选择信号的窄带频谱,而宽带 A 类射频功率放大器则不需要滤波器。A 类射频功率放大器的等效电路模型如图 5-26(b)所示。

5.6.4 AB 类、B 类、C 类射频功率放大器

B 类射频功率放大器包含一个晶体管和一个并联谐振电路。在 B 类功率放大器中,晶体管相当于一个受控电流源,其漏极或集电极电流的导通角是 180°;并联谐振电路相当于一个带通滤波器,而且仅选择基波分量。B 类功率放大器的效率比 A 类功率放大器的高。C 类功率放大器的电路与 B 类放大器的相同,只是它的漏极电流导通角小于 180°。AB 类功率放大器的漏极电流导通角在 180°～360°。B 类和 C 类功率放大器通常作为射频放大器用于无线电广播设备、电视信号发射机以及手机。

一个由晶体管(MOSFET、MESFET 或 BJT)、并联谐振电路和射频扼流圈组成的 B 类射频功率放大电路如图 5-27 所示。晶体管的工作点恰好位于截止区和有源区(又称饱和区或夹断区)的边界处。栅极-源极电压的直流分量 V_{GS} 与晶体管的阈值电压 V_t 相等。因此,漏极电流的导通角 2θ 为 180°,晶体管相当于一个电压控制的电流源。栅极-源极电压的交流分量 v_{gs} 是正弦波。漏极电流是一个包含直流分量、基波分量和偶

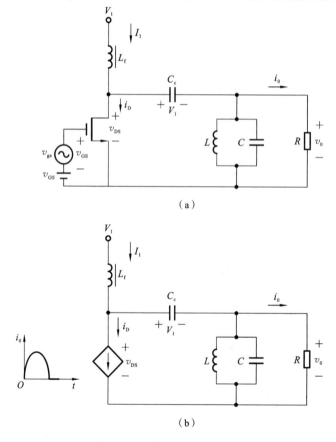

图 5-27 B 类射频功率放大器

(a) 电路图;(b) 等效电路

次谐波的半正弦波。并联谐振电路作为带通滤波器抑制了所有的谐波。输出正弦波的"纯度"是带通滤波器选择度的函数。负载的品质因数 Q_L 越高,正弦波输出电流和电压的谐波就越少。并联谐振电路可以更复杂一些,以实现阻抗匹配。

C 类射频功率放大器的电路与 B 类射频功率放大器的相同,但 C 类晶体管的工作点位于截止区。栅极-源极电压的直流分量 V_{GS} 比晶体管的阈值电压 V_t 小,因此,漏极电流的导角 2θ 小于 $180°$。与 B 类放大器的电压电流波形唯一不同的是由工作点决定的漏极电流的导通角。

5.6.5　D 类射频功率放大器

1959 年,Baxandall 发明的 D 类射频谐振功率放大器又称为直流交流(DC-AC)逆变器,可以将直流能量转变为交流能量。该谐振放大器已经广泛应用于各个领域,如无线发射机、直流-直流谐振变换器、荧光灯上的固态电子镇流器、LED 驱动器、感应加热设备、感应焊接中的高频电加热、表面淬火、焊接和退火、防干扰包装的感应密封、光纤产品以及塑料焊接中的介质加热。D 类放大器中的晶体三极管相当于一个开关,它可以分为以下两种类型:电压开关型(或者电压源型)D 类放大器、电流开关型(或者电流源型)D 类放大器。

电压开关型 D 类放大器由直流电压源提供馈电,并带有串联谐振电路或者从串联谐振电路衍生出的谐振电路。如果负载的品质因数足够高,则流过谐振电路的电流是正弦波,流过开关的电流为半正弦波。开关两端的电压则为方波。

相比较而言,电流开关型 D 类放大器由一个射频扼流圈和一个直流电压源构成的直流电流源提供馈电,并带有并联谐振电路或者从并联谐振电路衍生出的谐振电路。当负载的品质因数很高时,谐振电路两端的电压是正弦波,开关两端的电压为半正弦波,而流过开关的电流则为方波。

图 5-28 所示的为用脉冲变压器驱动的电压开关型(电压源型)D 类射频功率放大电路,该电路由两个 N 沟道的 MOSFET 管、一个串联谐振电路和一个驱动器组成。这个电路很难驱动上方的 MOSFET 管,除非有一个高的栅极驱动器。脉冲变压器可以驱动这两个 MOSFET 管,变压器的同相输出驱动上面的 MOSFET 管,而变压器的反向输出驱动下面的 MOSFET 管。也可以使用电荷泵型的 C 驱动电路。图 5-29 所示的为一个由 V_i 和 $-V_i$ 两个电源供电的电压开关型 D 类射频功率放大电路。

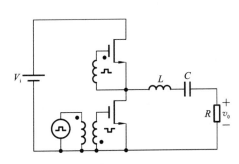

图 5-28　带有串联谐振电路与脉冲变压器驱动器的电压开关型 D 类半桥射频功率放大器

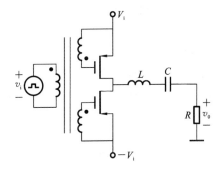

图 5-29　双电压供电的电压开关型 D 类半桥射频功率放大器

5.7 本章小结

本章对微波元件的类型进行了简单介绍,包括阻抗匹配网络、定向耦合器、滤波器、功率分配器、低噪声放大器以及功率放大器。这些器件组合成各种有特定功能的微波电路,微波器件和微波电路共同构成了微波系统。通过本章的学习旨在培养学生能够对射频和微波有源电路进行分析,具备设计和实施本专业工程实验的基本能力。

学习重点:掌握不同阻抗匹配网络的工作原理和使用特点。熟悉不同定向耦合器、功率分配器的结构特点和相关参数,理解定向的含义。能够根据设计要求,选择合理方案,设计出符合要求的滤波器。

学习难点:不同匹配网络中相关参数的计算和实施,并理解其局限性。

本章内容是前面所学理论知识的实际应用,培养学生利用所学知识能够对射频和微波有源电路进行分析,对微波传输系统具有进一步认识,具备设计和实施本专业工程实验的基本能力。本章建议学时为 10 学时,教师可对定向耦合器的种类进行适当删减,亦可结合"高频电子线路"课程对低噪声放大器和功率放大器部分内容进行调整。

习　题

5-1　一个信号源的内阻为 75 Ω。若用它激励 50 Ω 的传输线,设计一个电阻性网络使二者匹配。计算插入电路引起的以分贝表示的衰减。

5-2　设计一个阶跃阻抗低通滤波器,它具有最平坦响应,截止频率为 2.5 GHz,在 4 GHz 处插入损耗必须大于 20 dB,滤波器阻抗为 50 Ω,最高实际线阻抗为 120 Ω,最低实际线阻抗为 20 Ω。当该滤波器用微带实现时,要考虑损耗的影响,基片的参数为 $d=0.158$ cm,$\varepsilon_r=4.2$,$\tan\delta=0.02$,铜导体的厚度为 0.5 mil(1 mil=25 μm)。

5-3　设计一个使用 3 个四分之一波长开路短截线的带阻滤波器,中心频率是 2.0 GHz,带宽为 15%,阻抗为 15 Ω,等波纹响应为 0.5 dB。

5-4　用电容性耦合串联谐振器设计一个带通滤波器,它有 0.5 dB 的等波纹带通特性,中心频率为 2.0 GHz,带宽为 10%,阻抗为 50 Ω,在 2.2 GHz 所需衰减至少为 20 dB。

5-5　用 4 个开路四分之一波长短截线谐振器,设计一个最平坦带阻滤波器,其中心频率为 3 GHz,带宽为 15%,阻抗为 40 Ω。用 CAD 软件画出插入损耗与频率的关系曲线。

5-6　设计一个用电容性缝隙耦合谐振器的带通滤波器。响应应该是最平坦的,中心频率为 4 GHz,带宽为 12%,在 3.6 GHz 下至少有 12 dB 衰减,特征阻抗为 50 Ω。求出线的电长度和耦合电容值。用 CAD 软件画出插入损耗与频率的关系曲线。

5-7　在三分支 Y 形接头中,假定端口 1、端口 2 是匹配的,试证明:选择适当的参考面可以使其散射矩阵为 $[S]=\begin{bmatrix} 0 & 1 & 0 \\ 1 & 0 & 0 \\ 0 & 0 & 1 \end{bmatrix}$。

5-8　设计一个三端功分器,功分比为 $P_3/P_2=1/3$,源阻抗为 50 Ω。

5-9　如图 5-30 所示的微带不等功率分配器,已知在中心波长时,$\theta=\pi/2$,输入端

微带线特性阻抗 $Z_0 = 50\ \Omega$，端口 2 和端口 3 均接匹配负载 $Z_L = 50\ \Omega$。若要求 $P_2 = P_1/4$，$P_3 = 3P_1/4$，试计算 Z_{02}、Z_{03} 及 Z_{04}、Z_{05}。

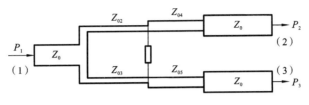

图 5-30 题 5-9

5-10 一个 GaAs FET 在 8 GHz 时有下列散射和噪声参量（$Z_0 = 50\ \Omega$）：$S_{11} = 0.7\angle -110°$，$S_{12} = 0.02\angle 60°$，$S_{21} = 3.5\angle 60°$，$S_{22} = 0.8\angle -70°$，$F_{min} = 2.5$ dB，$\Gamma_{opt} = 0.70\angle 120°$，$R_N = 15\ \Omega$。用开路并联短截线的匹配节，设计一个有最小噪声系数和最大可能增益的放大器。

5-11 一个 GaAs FET 在 6 GHz 时有下列散射和噪声参量（$Z_0 = 50\ \Omega$）：$S_{11} = 0.6\angle -60°$，$S_{21} = 2.0\angle 81°$，$S_{12} = 0$，$S_{22} = 0.7\angle -60°$，$F_{min} = 2.0$ dB，$\Gamma_{opt} = 0.62\angle 100°$，$R_N = 20\ \Omega$。用开路并联短截线的匹配节，设计一个有 6 dB 增益和在该增益下有最小可能噪声系数的放大器。

5-12 重做习题 5.11，但设计噪声系数为 2.5 dB，且在该噪声系数下达到最大可能增益。

5-13 已知 A 类射频功率放大器的 $V_I = 20$ V，计算下列条件下的漏极效率：

(1) $V_m = 0.9 V_I$；

(2) $V_m = 0.5 V_I$；

(3) $V_m = 0.1 V_I$。

5-14 设计一个 B 类射频功率放大器，需要满足以下条件：$V_I = 3.2$ V，$P_0 = 1$ W，BW $= 240$ MHz，$f = 2.4$ GHz。

5-15 设计一个 C 类射频功率放大器，需要满足以下条件：$V_I = 12$ V，$P_0 = 6$ W，$\theta = 45°$，BW $= 240$ MHz，$f = 2.4$ GHz。

5-16 设计一个 C 类射频功率放大器，需要满足以下条件：$V_I = 12$ V，$P_0 = 5$ W，$V_{DS\,min} = 0.5$ V，$f = f_0 = 5$ GHz。

6

天线原理与设计基础

通信的目的是传递信息,根据传递信息的途径不同,可将通信系统大致分为两大类:一类是在相互联系的网络中用各种传输线来传递信息,即所谓的有线通信,如电话、计算机局域网等有线通信系统;另一类是依靠电磁辐射通过无线电波来传递信息,即所谓的无线通信,如电视、广播、雷达、导航、卫星等无线通信系统。在无线通信中,将无线电波转换为导波能量,用来辐射和接收无线电波的装置称为天线。发射天线将电路中的高频电流能量转换为某种极化的电磁波能量,并向所需方向辐射出去。到达接收点后,接收天线将来自于空间特定方向的某种极化的电磁波能量又转换为已调制的高频电流能量。天线作为无线电通信系统中必不可少的重要设备,它的选择与设计是否合理,对整个无线电通信系统的性能有很大的影响。若天线设置不当,则可能导致整个系统不能正常工作。

本章主要介绍天线辐射和接收性能的有关参数以及电磁辐射原理;将介绍几种简单的辐射体:电流元与磁流元、常用的线天线及面天线的辐射特性,以及复合辐射体天线阵的辐射特性。

6.1 天线的方向特性和相关参数

6.1.1 方向性

远离天线一定的位置,表示天线辐射的电磁场强度在空间的相对分布的表达式,称为天线的波瓣图函数,是描述天线方向性的参数,用 $F(\theta, \varphi)$ 表示。

天线的方向特性可以用波瓣图函数来表示,一般定义归一化场强波瓣图函数为

$$f(\theta,\varphi) = \frac{|E(\theta,\varphi)|}{\max|E(\theta,\varphi)|} = \frac{F(\theta,\varphi)}{\max F(\theta,\varphi)} \tag{6.1.1}$$

式中:$E(\theta, \varphi)$ 是空间某一方向辐射的电场强度;$\max|E(\theta, \varphi)|$ 是同一距离辐射场强的最大绝对值;$\max F(\theta, \varphi)$ 是波瓣图函数的最大值。由函数 $f(\theta, \varphi)$ 可绘制归一化波瓣图。

当场点所在的位置远大于天线的尺寸和工作波长时,波瓣图的形状与距离无关,表示天线在不同方向、相同距离电场辐射强度的相对大小。

天线辐射功率的空间分布情况,还可用功率密度 S 来表示。将空间某一点功率密

度与相同距离功率密度的最大值相比,可得归一化功率波瓣图函数 $P(\theta,\varphi)$,与归一化场强波瓣图函数 $f(\theta,\varphi)$ 的关系为

$$P(\theta,\varphi)=\frac{S(\theta,\varphi)}{S(\theta,\varphi)_{\max}}=f^2(\theta,\varphi) \tag{6.1.2}$$

6.1.2　天线的主要参数

工程中设计的天线波瓣图比较复杂,具有许多波瓣,如图 6-1 所示。具有最强辐射方向的波瓣称为主瓣,其余波瓣称为旁瓣,位于主瓣正后方的波瓣称为后瓣。实际表示波瓣图特性的参数主要有主瓣宽度、旁瓣电平、前后向抑制比等。

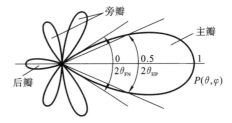

图 6-1　天线的二维场波瓣图

1. 主瓣宽度

主瓣宽度可用半功率波瓣宽度和第一零功率波瓣宽度两种方法来定义。主瓣两侧功率下降为最大值的 1/2(或场强下降为最大值的 $1/\sqrt{2}$)的两个方向之间的夹角,称为半功率波瓣宽度,也称为 3 dB 波瓣宽度,用 $2\theta_{\mathrm{HP}}$ 表示。主瓣两侧第一个零辐射方向之间的夹角,称为第一零功率波瓣宽度,用 $2\theta_{\mathrm{FN}}$ 表示。主瓣宽度越小,天线辐射的能量越集中,定向性越强。

2. 旁瓣电平

第一旁瓣的功率密度最大值 S_1(场强 E_1 的平方)与主瓣的功率密度最大值 S_0(E_0 的平方)之比,称为旁瓣电平,用分贝表示为

$$\mathrm{SLL}=10\lg\frac{S_1}{S_0}=20\lg\frac{E_1}{E_0} \ (\mathrm{dB}) \tag{6.1.3}$$

定向天线一般要求波瓣图的旁瓣电平尽可能低。

3. 前后向抑制比

主瓣的功率密度最大值 S_0 与后瓣的功率密度最大值 S_b 之比,称为前后向抑制比,用分贝表示为

$$\mathrm{FB}=10\lg\frac{S_0}{S_b}=20\lg\frac{E_0}{E_b} \ (\mathrm{dB}) \tag{6.1.4}$$

前后向抑制比越大,天线辐射的电磁能量越集中于主辐射方向。

4. 方向性系数

在相同的辐射功率 P_{r0} 下,天线在空间辐射方向产生的功率密度最大值与其辐射功率密度的平均值之比,称为天线的方向性系数,即

$$D=\frac{S_{\max}}{S_{av}}\bigg|_{P=P_{r0}}=\frac{E_{\max}^2}{E_{av}^2}\bigg|_{P=P_{r0}} \tag{6.1.5}$$

方向性系数是无量纲比值,其数值结果均大于或等于 1,用来表征天线辐射能量集中的程度。式中 $S_{\max}$ 和 $E_{\max}$ 分别表示被测天线的辐射功率密度最大值和场强最大值,S_{av} 和 E_{av} 分别表示被测天线的辐射功率密度的平均值和场强的平均值。

被测天线在 r 处产生的平均功率密度为

$$S_{av} = \frac{1}{4\pi} \int_0^{2\pi} \int_0^{\pi} S(\theta, \varphi) \sin\theta d\theta d\varphi \qquad (6.1.6)$$

由式(6.1.5)和式(6.1.6)得

$$D = \frac{S_{max}}{\frac{1}{4\pi} \int_0^{2\pi} \int_0^{\pi} S(\theta, \varphi) \sin\theta d\theta d\varphi}$$

$$= \frac{1}{\frac{1}{4\pi} \int_0^{2\pi} \int_0^{\pi} [S(\theta, \varphi)/S(\theta, \varphi)_{max}] \sin\theta d\theta d\varphi} \qquad (6.1.7)$$

将式(6.1.2)代入式(6.1.7)可得

$$D = \frac{4\pi}{\int_0^{2\pi} \int_0^{\pi} P(\theta, \varphi) \sin\theta d\theta d\varphi} \qquad (6.1.8)$$

即

$$D = \frac{4\pi}{\int_0^{2\pi} \int_0^{\pi} f^2(\theta, \varphi) \sin\theta d\theta d\varphi} \qquad (6.1.9)$$

6.1.3 辐射效率

实际使用的天线都有一定的损耗,根据能量守恒定律,天线的输入功率一部分向空间辐射,一部分被天线自身消耗,输入功率大于辐射功率。天线的辐射效率表征天线能否有效地转换能量,定义为天线的辐射功率与输入功率之比:

$$\eta = \frac{P_r}{P_{in}} = \frac{P_r}{P_r + P_L} = \frac{R_r}{R_r + R_L} \qquad (6.1.10)$$

式中:P_r是辐射功率;P_{in}是输入总功率;P_L表示天线的总损耗功率。

损耗功率包括天线导体中的热损耗、介质材料中的损耗、天线附近物体的感应损耗等。式(6.1.10)表示的另一个含义是如果把天线向外辐射的功率看作是被某个辐射电阻R_r所吸收,把总损耗功率看作是被某个损耗电阻R_L所吸收,功率与电阻值成正比,则辐射效率也可用电阻表示。

6.1.4 增益系数

在相同的输入功率P_{in0}下,天线在辐射方向产生的功率密度最大值与其辐射功率密度的平均值之比,称为天线的增益系数。根据天线的辐射效率,增益系数可定义为

$$G = \frac{S_{max}}{S_{av}} \bigg|_{P_{in} = P_{in0}} = \frac{E_{max}^2}{E_{av}^2} \bigg|_{P_{in} = P_{in0}} = \eta D \qquad (6.1.11)$$

由此可见,增益G既表示天线辐射能量集中的程度,也反映天线的损耗。只有当天线的D值大,辐射效率η也高时,天线的增益才高。增益系数比较全面地表征了天线的性能,一般用分贝表示为

$$G_{dB} = 10\lg G \qquad (6.1.12)$$

6.1.5 输入阻抗

天线与馈线相连接,要从馈线获得最大功率,就必须和馈线良好匹配,即天线的输入阻抗与馈线的特性阻抗相等。天线的输入阻抗,是指天线输入端的高频电压与输入

端的高频电流之比,可表示为

$$Z_{in} = \frac{U_{in}}{I_{in}} = R_{in} + jX_{in} \tag{6.1.13}$$

式中:R_{in} 和 X_{in} 分别表示天线的输入电阻和输入电抗。天线的输入阻抗是决定天线与馈线匹配状态的重要参数,与天线的具体结构、工作频率及周围环境的情况有关。工程中设计的天线形状较为复杂,测定大多数天线的输入阻抗采用实验、近似计算和软件仿真方法。

6.1.6   有效长度

天线的有效长度是指等效为假想天线的长度。假想天线的电流呈均匀分布,它的电流大小等于未等效时的天线在输入端处的电流,它在最大辐射方向上能够产生与未等效时的天线相等的辐射电场。天线的有效长度可表示为

$$l_e = \frac{1}{I_0} \int_0^{l_p} I(z)\mathrm{d}z = \frac{I_{av}}{I_0} l_p \tag{6.1.14}$$

式中:l_p 为未等效时天线的实际长度;I_0 为未等效时天线在输入端处的电流;I_{av} 为未等效时天线的电流平均值。

6.1.7   极化特性

极化特性是指天线在最大辐射方向上电场矢量的方向随时间变化的规律。按天线辐射电场的极化形式,天线可分为线极化天线、圆极化天线和椭圆极化天线。线极化可分为水平线极化和垂直线极化两种形式;圆极化和椭圆极化都可分为左旋和右旋两种极化形式。

6.1.8   频带宽度

天线的各项参数都与工作频率有关,当工作频率偏离中心频率时,可能会引起波瓣图主瓣偏移和旁瓣分裂、增益下降等。天线的频带宽度由天线参数的允许变化范围确定,参数可以是波瓣图、主瓣宽度、旁瓣电平、方向性系数、增益、输入阻抗等。当天线工作频率偏离中心频率时,天线与传输线的匹配变差,导致传输线上电压驻波比增大,天线效率降低。在实际应用中,引入电压驻波比参数,驻波比不能大于某一规定值。

天线频带宽度一般用相对带宽表示,即

$$B = \frac{f_{max} - f_{min}}{(f_{max} + f_{min})/2} \tag{6.1.15}$$

天线的带宽通常按以下相对带宽分为以下三种。

(1) 窄带天线:$0 \leqslant B \leqslant 1\%$;

(2) 宽带天线:$1\% \leqslant B \leqslant 25\%$;

(3) 超宽带天线:$25\% \leqslant B \leqslant 200\%$。

6.2   接收天线

以上从辐射的角度谈了天线的一些特性及相关参数,下面从接收的角度讨论天线工作中的几个问题。

6.2.1 工作原理和等效电路

接收天线是将空间电磁波能量转换为高频电流能量的装置,工作过程是发射天线的逆过程。天线在外场作用下激励起感应电动势,导体表面产生感应电流,感应电流流进天线接收机,在接收机回路中产生电流。

以电流元天线为例,如图 6-2(a)所示,来波方向与天线夹角为 θ,来波的电场可以分解为垂直于入射平面的分量 $\boldsymbol{E}_\perp$ 和平行于入射平面的分量 $\boldsymbol{E}_\parallel$。只有 $\boldsymbol{E}_\parallel$ 使天线激励起感应电动势,可由电动势的定义式 $\varepsilon = \int \boldsymbol{E} \cdot \mathrm{d}\boldsymbol{l}$ 得到

$$\varepsilon_0 = \int \boldsymbol{E} \cdot \mathrm{d}\boldsymbol{z} = \int (\boldsymbol{E}_\perp + \boldsymbol{E}_\parallel) \cdot \mathrm{d}\boldsymbol{z}$$

$$= \int \boldsymbol{E}_\parallel \cdot \mathrm{d}\boldsymbol{z} \cos\left(\frac{\pi}{2} - \theta\right) = E_\parallel l \sin\theta \qquad (6.2.1)$$

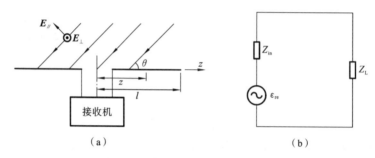

图 6-2 接收天线原理和等效电路

(a) 接收原理;(b) 等效电路

因为线天线属于全向天线,因此有 $f(\theta, \varphi) = \sin\theta$,于是线天线激励的感应电动势可表示为

$$\varepsilon = E_\parallel l_e f(\theta, \varphi) \qquad (6.2.2)$$

式中:l_e 是天线的有效长度。

接收天线与传输线和负载组成的外电路连接,可产生功率输出。接收天线可等效为一电压源,由电压产生装置和内阻组成。根据戴维南定理,电压产生装置的电压等于开路电压 V_{oc},内阻是电压源短路,无外场作用时,由外向内看进去的阻抗,称为接收天线的阻抗,用 $R_{in} + jX_{in}$ 表示。接收天线的等效电路如图 6-2(b)所示,图中 Z_L 是负载阻抗,天线的输出端电流可表示为

$$I_{in} = \frac{V_{oc}}{Z_{in} + Z_L}$$

接收天线输送给负载的平均功率为

$$P_{av} = \frac{1}{2} I_{in}^2 R_L \qquad (6.2.3)$$

当接收和发射天线的最大辐射方向对准,极化方式匹配,阻抗达到共轭匹配 $Z_L = R_{in} - jX_{in}$ 时,负载获得最大功率为

$$P_{max} = \frac{1}{2} \frac{V_{oc}^2}{4R_{in}} = \frac{1}{2} \frac{E^2 l_e^2}{4R_{in}} \qquad (6.2.4)$$

6.2.2　接收天线的性能参数

接收天线的方向性系数、效率和增益应与它用作发射天线时的对应参数值一致,只是意义不同。

(1)方向性系数:设空间各方向来波场强相同,电磁波从某方向进入时,负载上的接收功率密度与天线从各个方向接收送入负载的接收功率密度的平均值之比。

(2)效率:输入负载的最大接收功率与输入负载在天线无耗时的最大接收功率之比。

(3)增益:负载从某方向接收到的功率密度与一个无耗全向天线从该方向接收到的功率密度之比。

(4)有效面积:天线与来波的极化方式完全匹配,与负载的阻抗共轭匹配,天线在此方向上接收的功率密度与入射波功率密度之比。有效面积可以看成是具有面积为 S_e 的口面所吸收入射波的能流,用来衡量接收天线吸收同极化的外来电磁波的能力,用公式表示为

$$S_e = \frac{S_{\max}}{S} = \frac{\lambda^2}{4\pi} G \tag{6.2.5}$$

6.3　滞后位(推迟势)

前面介绍了天线的一些基本特性和规律,下面从理论来具体分析电磁波的辐射问题。在电磁场理论中曾介绍过时变电磁场的矢量位和标量位,满足的微分方程为

$$\mathbf{\nabla}^2 \mathbf{\Phi} - \mu\varepsilon \frac{\partial^2 \mathbf{\Phi}}{\partial t^2} = -\frac{\rho}{\varepsilon} \tag{6.3.1}$$

$$\mathbf{\nabla}^2 \mathbf{A} - \mu\varepsilon \frac{\partial^2 \mathbf{A}}{\partial t^2} = -\mu \mathbf{J} \tag{6.3.2}$$

在时变电磁场的无源区,即在所研究区域内不存在源,标量位满足的方程为

$$\mathbf{\nabla}^2 \mathbf{\Phi} - \mu\varepsilon \frac{\partial^2 \mathbf{\Phi}}{\partial t^2} = 0 \tag{6.3.3}$$

设标量位 Φ 由分布在一定体积内的电荷产生,可看作点电荷。在球坐标系中,在均匀空间产生的场具有球对称性,可表示为 $\Phi = \Phi(r, t)$,代入式(6.3.3)可得

$$\frac{1}{r^2} \frac{\partial}{\partial r} \left(r^2 \frac{\partial \Phi}{\partial r} \right) - \mu\varepsilon \frac{\partial^2 \Phi}{\partial t^2} = 0 \tag{6.3.4}$$

令 $U = r\Phi$,式(6.3.4)变为

$$\frac{\partial^2 U}{\partial r^2} - \frac{1}{v^2} \frac{\partial^2 U}{\partial t^2} = 0 \tag{6.3.5}$$

式中: $v = \dfrac{1}{\sqrt{\mu\varepsilon}}$。方程的通解可以写为

$$U = f_1 \left(t - \frac{r}{v} \right) + f_2 \left(t + \frac{r}{v} \right) \tag{6.3.6}$$

其中第一项表示沿 r 正方向辐射的电磁波,第二项表示沿 r 反方向辐射的电磁波。讨论电磁波的辐射时,第二项不考虑,因此

$$\Phi = \frac{f_1\left(t - \dfrac{r}{v}\right)}{r} \tag{6.3.7}$$

所讨论的时变电磁场沿 r 方向传播,标量位 Φ 由电荷产生,式(6.3.1)的解与体电荷在无限大自由空间的解 $\Phi = \dfrac{1}{4\pi\varepsilon}\iiint\limits_{V}\dfrac{\rho}{r}\mathrm{d}V'$ 具有相似性,另外解中应含有时间项 $t - \dfrac{r}{v}$,因此式(6.3.1)的解可表示为

$$\Phi = \frac{1}{4\pi\varepsilon}\iiint\limits_{V}\frac{\rho\left(0, t - \dfrac{r}{v}\right)}{r}\mathrm{d}V' \tag{6.3.8}$$

一般情况下,电荷不是位于原点,而是位于 $\boldsymbol{r}'$,场点位于 $\boldsymbol{r}$ 处,则式(6.3.8)可表示为

$$\Phi = \frac{1}{4\pi\varepsilon}\iiint\limits_{V}\frac{\rho\left(\boldsymbol{r}', t - \dfrac{|\boldsymbol{r} - \boldsymbol{r}'|}{v}\right)}{|\boldsymbol{r} - \boldsymbol{r}'|}\mathrm{d}V' \tag{6.3.9}$$

矢量位 $\boldsymbol{A}$ 的方程与标量位 Φ 的方程形式相同,则式(6.3.2)的解可写为

$$\boldsymbol{A} = \frac{\mu}{4\pi}\iiint\limits_{V}\frac{\boldsymbol{J}\left(\boldsymbol{r}', t - \dfrac{|\boldsymbol{r} - \boldsymbol{r}'|}{v}\right)}{|\boldsymbol{r} - \boldsymbol{r}'|}\mathrm{d}V' \tag{6.3.10}$$

由以上分析可以得知,空间各点的标量位 Φ 和矢量位 $\boldsymbol{A}$ 随时间的变化总是落后于场源,延迟的时间为 $\Delta t = |\boldsymbol{r} - \boldsymbol{r}'|/v$,所以位函数 Φ 和 $\boldsymbol{A}$ 通常称为滞后位。这一现象符合实际的物理条件,源先于场存在,先有了源而后产生了场。

对于正弦电磁场,式(6.3.1)和式(6.3.2)可改写为复矢量形式:

$$\nabla^2\dot{\Phi} + k^2\dot{\Phi} = -\frac{\dot{\rho}}{\varepsilon} \tag{6.3.11}$$

$$\nabla^2\dot{\boldsymbol{A}} + k^2\dot{\boldsymbol{A}} = -\mu\dot{\boldsymbol{J}} \tag{6.3.12}$$

其中,$k^2 = \dfrac{\omega^2}{v^2} = \omega^2\mu\varepsilon$。以上两式的复矢量形式的解可表示为

$$\dot{\Phi} = \frac{1}{4\pi\varepsilon}\iiint\limits_{V}\frac{\dot{\rho}(\boldsymbol{r}')\mathrm{e}^{-jk|\boldsymbol{r}-\boldsymbol{r}'|}}{|\boldsymbol{r} - \boldsymbol{r}'|}\mathrm{d}V' \tag{6.3.13}$$

$$\dot{\boldsymbol{A}} = \frac{\mu}{4\pi}\iiint\limits_{V}\frac{\dot{\boldsymbol{J}}(\boldsymbol{r}')\mathrm{e}^{-jk|\boldsymbol{r}-\boldsymbol{r}'|}}{|\boldsymbol{r} - \boldsymbol{r}'|}\mathrm{d}V' \tag{6.3.14}$$

6.4　电流元天线的辐射

电流元天线就是无穷小的电偶极子,长度为 l,半径趋于零,载有电流,如图 6-3 所示。任何一个 LC 谐振电路都可以作为发射电磁波的振源,振荡频率满足

$$f \propto \frac{1}{\sqrt{LC}} \tag{6.4.1}$$

在集总参数元件组成的 LC 谐振电路中,电磁场和电磁能的绝大部分都集中在电感和电容元件中。为了有效地将电路中的电磁能发射出去,改造电路使其开放,减小 L 和 C 的值,提高电磁谐振频率,从而演化成直线振荡电路。电流往复振荡,两端出现正负交替的等量异号电荷,这样的电路称为振荡偶极子。

电流元天线的长度 $l \ll \lambda, l$ 上各点的电流 $\dot{I}$ 等幅同相，P 点到天线中心的距离 $r \gg l, l$ 上各点到 P 点的距离可认为相等。发射台的实际天线发射的电磁波可以看成是偶极振子所发射的电磁波的叠加。

在正弦电流作用下，电流元在空间产生的矢量位的一般表达式为

$$\dot{\boldsymbol{A}} = \frac{\mu}{4\pi} \iiint_V \frac{\dot{\boldsymbol{J}} \mathrm{e}^{-jkr}}{r} \mathrm{d}V' \qquad (6.4.2)$$

由电流元天线的特点，由 $\boldsymbol{e}_z \dot{I} \mathrm{d}z$ 代替 $\dot{\boldsymbol{J}} \mathrm{d}V'$，体积分变为线积分，上式可得

$$\dot{\boldsymbol{A}} = \boldsymbol{e}_z \dot{A}_z = \frac{\mu \dot{I} l}{4\pi r} \mathrm{e}^{-jkr} \qquad (6.4.3)$$

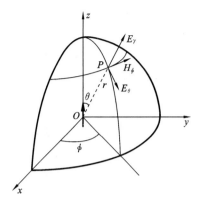

图 6-3   电流元天线

在球坐标系下的三个分量为

$$\begin{cases} \dot{A}_r = \dot{A}_z \cos\theta = \dfrac{\mu \dot{I} l}{4\pi r} \mathrm{e}^{-jkr} \cos\theta \\[2mm] \dot{A}_\theta = -\dot{A}_z \sin\theta = -\dfrac{\mu \dot{I} l}{4\pi r} \mathrm{e}^{-jkr} \sin\theta \\[2mm] \dot{A}_\varphi = 0 \end{cases} \qquad (6.4.4)$$

将方程(6.4.4)代入 $\dot{\boldsymbol{H}} = \dfrac{1}{\mu} \boldsymbol{\nabla} \times \dot{\boldsymbol{A}}$，得辐射场的磁场强度为

$$\begin{cases} \dot{H}_r = 0 \\[2mm] \dot{H}_\theta = 0 \\[2mm] \dot{H}_\varphi = \dfrac{\dot{I} l \sin\theta}{4\pi r} \left(jk + \dfrac{1}{r} \right) \mathrm{e}^{-jkr} \end{cases} \qquad (6.4.5)$$

将方程(6.4.5)代入 $\dot{\boldsymbol{E}} = \dfrac{1}{j\omega\varepsilon} \boldsymbol{\nabla} \times \dot{\boldsymbol{H}}$，得辐射场的电场强度为

$$\begin{cases} \dot{E}_r = \dfrac{\dot{I} l \cos\theta}{2\pi \omega \varepsilon} \left(\dfrac{k}{r^2} - j\dfrac{1}{r^3} \right) \mathrm{e}^{-jkr} \\[2mm] \dot{E}_\theta = \dfrac{\dot{I} l \sin\theta}{4\pi \omega \varepsilon} \left(j\dfrac{k^2}{r} + \dfrac{k}{r^2} - j\dfrac{1}{r^3} \right) \mathrm{e}^{-jkr} \\[2mm] \dot{E}_\varphi = 0 \end{cases} \qquad (6.4.6)$$

考虑如下不同的情况：

（1）当 $kr = 2\pi r/\lambda \ll 1$ 时，场点 P 与源点的距离 r 远小于波长 λ 区域称为天线的近区，方程(6.4.5)和方程(6.4.6)中 $\mathrm{e}^{-jkr} \approx 1$，电偶极子两端电荷与电流的关系可表示为 $\dot{I} = \dfrac{\partial \dot{q}}{\partial t} = j\omega \dot{q}$，它的电偶极矩为 $\dot{p}_e = \dot{q} l$，那么近区的电磁场量表示为

$$\begin{cases} \dot{E}_r = -j \dfrac{\dot{I} l \cos\theta}{2\pi \omega \varepsilon r^3} = \dfrac{\dot{q} l \cos\theta}{2\pi \varepsilon r^3} = \dfrac{\dot{p}_e \cos\theta}{2\pi \varepsilon r^3} \\[2mm] \dot{E}_\theta = -j \dfrac{\dot{I} l \sin\theta}{4\pi \omega \varepsilon r^3} = \dfrac{\dot{q} l \sin\theta}{4\pi \varepsilon r^3} = \dfrac{\dot{p}_e \sin\theta}{4\pi \varepsilon r^3} \end{cases} \qquad (6.4.7)$$

$$\dot{H}_\varphi = \dfrac{\dot{I} l \sin\theta}{4\pi r^2} \qquad (6.4.8)$$

将方程(6.4.7)和式(6.4.8)与静态场比较可见,它们分别是电偶极子 $\dot{q}l$ 产生的静电场及恒定电流元 $\dot{I}l$ 产生的磁场。尽管电流元产生的电磁场随时间正弦变化,但其产生的近区场与源的相位相同,略去了由距离因子引起的滞后现象,所以近区场也称为似稳场。此时,由方程(6.4.5)和方程(6.4.6)可计算平均能流密度矢量

$$S_{av} = \frac{1}{2}\mathrm{Re}(\dot{E} \times \dot{H}^*) = \mathbf{0}$$

能流密度矢量的平均值为零,只存在虚部。近区场中没有能量的辐射,能量只在电场与磁场之间不断交换,完全被束缚在电流元的周围,因此这种场也称为束缚场。

(2) 当 $kr \gg 1$ 时,场点 P 与源点的距离 r 远大于波长 λ 区域称为天线的远区,由方程(6.4.5)和方程(6.4.6)可得,远区的电磁场量表示为

$$\begin{cases} \dot{E}_\theta = \mathrm{j}\dfrac{\dot{I}k^2 l\sin\theta}{4\pi\omega\varepsilon r}\mathrm{e}^{-\mathrm{j}kr} = \mathrm{j}\dfrac{\dot{I}l}{2\lambda r}\cdot\dfrac{k}{\omega\varepsilon}\sin\theta\mathrm{e}^{-\mathrm{j}kr} \\[3mm] \dot{H}_\varphi = \mathrm{j}\dfrac{\dot{I}kl\sin\theta}{4\pi r}\mathrm{e}^{-\mathrm{j}kr} = \mathrm{j}\dfrac{\dot{I}l}{2\lambda r}\sin\theta\mathrm{e}^{-\mathrm{j}kr} \end{cases} \tag{6.4.9}$$

在远区,$r \to \infty$,$\dot{E}_r \to 0$。电流元天线电场只有 $\dot{E}_\theta$ 分量,磁场只有 $\dot{H}_\varphi$ 分量,$\mathbf{E}$ 和 $\mathbf{H}$ 互相垂直,并都与传播方向相垂直,因此这是横电磁波(TEM 波)。$\dot{E}_\theta$ 和 $\dot{H}_\varphi$ 的空间相位因子都是 $-kr$,相位随离源点的距离 r 增大而滞后,等 r 的球面是等相面,因此这是球面波。这种波相当于从球心一点发出,这种波源称为点源,球心称为相位中心。在远区上,电流元天线的波阻抗表示为

$$\eta = \frac{\dot{E}_\theta}{\dot{H}_\varphi} = \sqrt{\frac{\mu}{\varepsilon}} \tag{6.4.10}$$

空气中 $\eta_0 = 377\ \Omega$。天线远区称为辐射场,平均能流密度矢量为

$$S_{av} = \frac{1}{2}\mathrm{Re}(\mathbf{e}_\theta\dot{E}_\theta \times \mathbf{e}_\varphi\dot{H}_\varphi^*) = \frac{1}{2}\mathrm{Re}(\mathbf{e}_r\dot{E}_\theta\dot{H}_\varphi^*) = \mathbf{e}_r\frac{1}{2}\frac{|\dot{E}_\theta|^2}{\eta} = \mathbf{e}_r\frac{1}{2}\eta|\dot{H}_\varphi|^2 \tag{6.4.11}$$

电流元天线的辐射功率 P_r,等于平均能流密度 S_{av} 沿以电流元为中心的球面积分,即

$$\begin{aligned} P_r &= \oiint_S S_{av}\mathrm{d}S = \int_0^\pi \int_0^{2\pi} \frac{1}{2}\eta\left(\frac{Il}{2\lambda r}\sin\theta\right)^2 r^2\sin\theta\mathrm{d}\theta\mathrm{d}\varphi \\[2mm] &= \frac{\pi\eta I^2 l^2}{3\lambda^2} = \frac{40\pi^2 I^2 l^2}{\lambda^2} \end{aligned} \tag{6.4.12}$$

电流元辐射的电磁能量不能返回波源,对波源而言也是一种损耗。引入一个等效电阻,称为辐射电阻,此电阻消耗的功率等于辐射功率,则有

$$P = \frac{1}{2}I^2 R_r \tag{6.4.13}$$

将式(6.4.12)代入式(6.4.13),可得电流元天线的辐射电阻为

$$R_r = \frac{80\pi^2 l^2}{\lambda^2} \tag{6.4.14}$$

【例 6.1】 长度 $l = 0.1\lambda$ 的电流元天线,计算当电流振幅值为 3 mA 时的辐射电阻和辐射功率。

解 辐射电阻为

$$R_r = \frac{80\pi^2 l^2}{\lambda^2} = 80\pi^2 \times (0.1)^2 \ \Omega = 7.9 \ \Omega$$

辐射功率为

$$P_r = \frac{1}{2} I^2 R_r = \frac{1}{2}(3\times 10^{-3})^2 \times 7.9 \ \mathrm{W} = 35.6 \ \mu\mathrm{W}$$

6.5　磁流元天线的辐射

6.5.1　对偶原理

　　静止的电荷产生电场,运动的电荷或电流除了产生电场外,还产生磁场,电荷和电流是产生电磁场唯一的源。自然界中至今尚未发现磁荷和磁流的存在,但是对于一些电磁场问题,引入磁荷和磁流可以简化问题的分析和计算。这种假想认为磁荷产生磁场,磁荷定向运动形成磁流,从而产生电场。引入磁荷和磁流以后,麦克斯韦方程组变为

$$\nabla \times \boldsymbol{H} = \boldsymbol{J}_e + \varepsilon \frac{\partial \boldsymbol{E}}{\partial t} \tag{6.5.1}$$

$$\nabla \times \boldsymbol{E} = -\boldsymbol{J}_m - \mu \frac{\partial \boldsymbol{H}}{\partial t} \tag{6.5.2}$$

$$\nabla \cdot \boldsymbol{H} = \frac{\rho_m}{\mu} \tag{6.5.3}$$

$$\nabla \cdot \boldsymbol{E} = \frac{\rho_e}{\varepsilon} \tag{6.5.4}$$

式中:下标 e 表示电量,下标 m 表示磁量;$\boldsymbol{J}_m$ 是磁流密度,$\mathrm{V/m^2}$;ρ_m 是磁荷密度,$\mathrm{Wb/m^3}$(韦伯/米³)。

　　式(6.5.1)右边正号表示电流与磁场之间由右手螺旋关系确定;式(6.5.2)右边负号表示磁流与电场之间由左手螺旋关系确定。

　　电场 $\boldsymbol{E}$（或磁场 $\boldsymbol{H}$）可认为是由 ρ_e 和 $\boldsymbol{J}_e$ 产生的电场 $\boldsymbol{E}_e$（或磁场 $\boldsymbol{H}_e$）与由 ρ_m 和 $\boldsymbol{J}_m$ 产生的电场 $\boldsymbol{E}_m$（或磁场 $\boldsymbol{H}_m$）的和:

$$\boldsymbol{E} = \boldsymbol{E}_e + \boldsymbol{E}_m, \quad \boldsymbol{H} = \boldsymbol{H}_e + \boldsymbol{H}_m \tag{6.5.5}$$

将式(6.5.5)代入式(6.5.1)～式(6.5.4),可以分别得到两组不同源的方程,即

$$\begin{cases} \nabla \times \boldsymbol{H}_e = \boldsymbol{J}_e + \varepsilon \dfrac{\partial \boldsymbol{E}_e}{\partial t} \\[2mm] \nabla \times \boldsymbol{E}_e = -\mu \dfrac{\partial \boldsymbol{H}_e}{\partial t} \\[2mm] \nabla \cdot \boldsymbol{H}_e = 0 \\[2mm] \nabla \cdot \boldsymbol{E}_e = \dfrac{\rho_e}{\varepsilon} \end{cases} \tag{6.5.6}$$

$$\begin{cases} \nabla \times \boldsymbol{H}_m = \varepsilon \dfrac{\partial \boldsymbol{E}_m}{\partial t} \\[2mm] \nabla \times \boldsymbol{E}_m = -\boldsymbol{J}_m - \mu \dfrac{\partial \boldsymbol{H}_m}{\partial t} \\[2mm] \nabla \cdot \boldsymbol{H}_m = \dfrac{\rho_m}{\mu} \\[2mm] \nabla \cdot \boldsymbol{E}_m = 0 \end{cases} \tag{6.5.7}$$

由方程组(6.5.6)和方程组(6.5.7)可以看出电与磁的对偶关系为

$$E_e \leftrightarrow H_m, \quad H_e \leftrightarrow -E_m, \quad J_e \leftrightarrow J_m, \quad \rho_e \leftrightarrow \rho_m, \quad \varepsilon \leftrightarrow \mu \tag{6.5.8}$$

这个关系称为对偶原理。以上各场量相互替换,方程组(6.5.6)与方程组(6.5.7)就可相互转换。方程组的解形式上也具有对偶性,比如由磁荷(或磁流)产生的场量可直接写出电荷(或电流)产生的电磁场。

6.5.2 磁流元天线的辐射特性

磁流元天线实际上由一个小电流环构成,如图 6-4(a)所示。其周长远小于波长,环上的电流 $\dot{I}$ 在各点幅值相等且相位相同,半径远小于场点 P 到电流环中心的距离。小电流环的磁矩与电流 $\dot{I}$ 的关系为

$$p_m = \mu \dot{I} S \tag{6.5.9}$$

其中,S 为电流环的面积矢量,方向与环电流 I 满足右手螺旋关系。

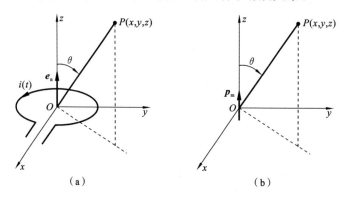

图 6-4 磁流元天线

(a) 小电流圆环;(b) 等效磁流元

对于磁流元天线远区的辐射场,如图 6-4(a)所示,半径 $a \ll \lambda$,因此将小电流环看成一个时变的磁偶极子,两端磁荷分别为 $\pm q_m$,相距 l,磁荷间的磁流为 I_m,如图 6-4(b)所示,磁矩可表示为

$$p_m = q_m l = e_z q_m l \tag{6.5.10}$$

比较式(6.5.9)和式(6.5.10)得

$$q_m = \mu I S / l$$

则磁荷间的磁流为

$$I_m = \frac{dq_m}{dt} = \frac{\mu S}{l} \frac{dI}{dt} \tag{6.5.11}$$

复数形式可表示为

$$I_m = j \frac{\omega \mu S}{l} I \tag{6.5.12}$$

由式(6.4.9)可知,电流元天线的辐射场

$$\dot{E}_\theta = j \frac{\dot{I} l \sin\theta}{2\lambda r} \sqrt{\frac{\mu}{\varepsilon}} e^{-jkr}, \quad \dot{H}_\varphi = j \frac{\dot{I} l \sin\theta}{2\lambda r} e^{-jkr}$$

根据电与磁的对偶原理,磁流元天线的远区场

$$-\dot{E}_\varphi = j \frac{\dot{I}_m l \sin\theta}{2\lambda r} e^{-jkr}, \quad \dot{H}_\theta = j \frac{\dot{I}_m l \sin\theta}{2\lambda r} \sqrt{\frac{\mu}{\varepsilon}} e^{-jkr}$$

将式(6.5.12)代入上式得

$$\dot{E}_{\varphi}=\frac{\omega\mu S\dot{I}}{2\lambda r}\sin\theta e^{-jkr} \tag{6.5.13}$$

$$\dot{H}_{\theta}=-\frac{\omega\mu S\dot{I}}{2\lambda r}\sqrt{\frac{\varepsilon}{\mu}}\sin\theta e^{-jkr} \tag{6.5.14}$$

磁流元天线的辐射总功率

$$P_{\mathrm{r}}=\oiint_{S}S_{\mathrm{av}}\mathrm{d}S=\oiint_{S}\frac{1}{2}\mathrm{Re}(\boldsymbol{E}\times\boldsymbol{H}^{*})\mathrm{d}\boldsymbol{S}=\frac{4\pi^{3}\eta I^{2}S^{2}}{3\lambda^{4}}=\frac{160\pi^{4}I^{2}S^{2}}{\lambda^{4}} \tag{6.5.15}$$

辐射电阻为

$$R_{\mathrm{r}}=\frac{2P_{\mathrm{r}}}{I^{2}}=\frac{8\pi^{3}\eta S^{2}}{3\lambda^{4}}=\frac{320\pi^{4}S^{2}}{\lambda^{4}} \tag{6.5.16}$$

【例 6.2】 将周长为 $0.1\lambda_{0}$ 的细导线绕成圆环,求此磁流元天线的辐射电阻。

解 此磁流元天线的辐射电阻为

$$R_{\mathrm{r}}=\frac{2P_{\mathrm{r}}}{I^{2}}=\frac{8\pi^{3}\eta S^{2}}{3\lambda^{4}}=\frac{320\pi^{4}S^{2}}{\lambda^{4}}=\frac{320\pi^{4}}{\lambda_{0}^{4}}\cdot\pi^{2}\cdot\left(\frac{0.1\lambda_{0}}{2\pi}\right)^{4}=0.02\ \Omega$$

由例 6.2 可知,长度与磁流元天线周长相等的电流元天线的辐射电阻远比磁流元天线的辐射电阻大,电流元天线的辐射能力大于磁流元天线的辐射能力。

6.6 常用的线天线

6.6.1 环天线

环天线用金属导线按一定形状绕成,如方形、三角形、菱形、圆形等,可绕制为一圈或多圈。环天线的电流分布与平行传输线相似,终端负载阻抗可等于零,也可等于环的特性阻抗。

根据环天线的周长 L 与波长 λ 的关系,环天线可分为小环($L<\lambda/4$)、中环($\lambda/4\leqslant L<\lambda$)和大环($L\geqslant\lambda$)三种。小环天线上电流分布近似为等幅同相,大环天线上电流近似为驻波分布。接入终端负载,阻抗和环的特性阻抗相等,环上的电流分布为行波。小环天线在实际中应用最为广泛,如便携式电台天线、无线导航定位天线、收音机天线、场强计探头天线、无线收发模块天线等。大环天线主要用作阵列天线的阵元。

环天线的辐射场与环的圈数、面积以及环电流的大小成正比,与距离和工作波长的平方成反比,环的形状对其影响不大。增加环的直径,可使电流呈驻波分布状态,周长为一个工作波长的环天线较为常用。

环天线的波瓣图函数为

$$f(\theta)=\sin\theta \tag{6.6.1}$$

式中:θ 是场与天线中心处法线的夹角。环天线的波瓣图如图 6-5 所示。

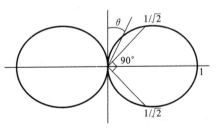

图 6-5 环天线的波瓣图

6.6.2 对称天线

对称天线由两臂长度相等而中心断开并接以馈电的导线构成,可用作发射和接收天线。对称天线的结构可看成是一段张开的开路传输线。由第 2 章可知,终端开路的平行传输线,其上电流呈驻波分布,两线末端张开,辐射逐渐增强。当两线完全张开时,张开的两臂上电流方向相同,辐射场强增强显著。对称天线的结构如图 6-6 所示,归一化波瓣图函数为

$$f(\theta)=\frac{\cos(kl\cos\theta)-\cos(kl)}{\sin\theta} \tag{6.6.2}$$

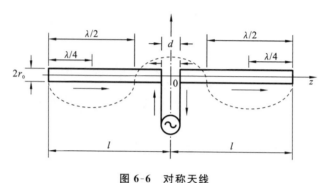

图 6-6　对称天线

对称天线的波瓣图如图 6-7 所示。

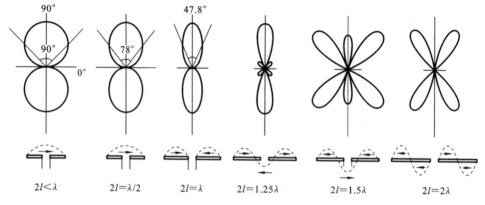

图 6-7　对称天线的波瓣图

其总长为半个波长的对称天线,称为半波对称天线,是最基本的单元天线,使用非常广泛,很多复杂天线可由它组成。半波对称天线长度 $2l=0.5\lambda$,归一化波瓣图函数为

$$f(\theta)=\frac{\cos\left(\dfrac{\pi}{2}\cos\theta\right)}{\sin\theta} \tag{6.6.3}$$

对称天线在通信、广播、电视和雷达等无线传输设备中应用广泛。对称天线的工作频率范围广,短波波段到微波波段都可使用。对称天线既可用作独立的天线,也可作为天线基本振子构成线阵或平面阵。

6.6.3　双锥天线

双锥天线属于宽频带天线的一种,将对称天线的两臂变为圆锥面而成,是一种垂直极化的全向天线,如图 6-8 所示。这种天线的应用范围虽不广泛,但基于这种天线的许多变形却得到了广泛应用,如锥盘天线等。

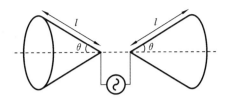

图 6-8　双锥天线

6.6.4　对数周期天线

对数周期天线基于缩比原理设计,属于宽频带天线的一种,由平行排列的对称偶极子组成。偶极子由一均匀双线传输线来馈电,传输线在相邻偶极子之间要调换位置,如图 6-9 所示。图中 0 为顶点,α 为各偶极子相对于顶点的张角,L_n 是第 n 个对称偶极子的臂长,R_n 是第 n 个偶极子到顶点的距离,d_n 是第 n 个偶极子和第 $n+1$ 个偶极子的间距。天线的结构满足下列关系式:

$$\tau=\frac{L_{n+1}}{L_n}=\frac{R_{n+1}}{R_n}=\frac{d_{n+1}}{d_n}<1 \tag{6.6.4}$$

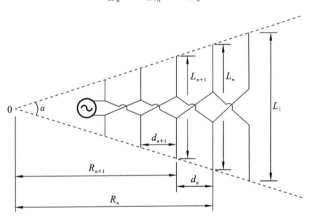

图 6-9　对数周期偶极天线

由式(6.6.4)可知,各个偶极子的长度可表示成为 $\tau^n L$,则频率上具有的特性可表示为 $\tau^n f$,其中 n 为整数。相邻频率点的频率之比的对数即为 τ 的对数,对数周期天线由此而来。

对于某一工作频率,长度约为 $\lambda/4$ 的几个偶极子起主要辐射作用,其电流幅值与其余的相比要大很多,这部分偶极子称为有效区。当工作频率从低到高变化时,有效区从长偶极子向短偶极子移动。天线通频带的下限由最长的偶极子决定,上限由最短的偶极子决定,工作频率由下式确定:

$$L_l=\frac{\lambda_l}{2},\quad L_h=\frac{\lambda_h}{2} \tag{6.6.5}$$

式中:λ_l 和 λ_h 分别为最低和最高工作频率所对应的波长。

对数周期天线的方向性和输入阻抗等参数呈周期性重复,周期为 $\ln\tau$。在频带范围 $(f,\tau f)$ 内,天线的参数会有变化,当 τ 趋近于 1 时,变化非常小,τ 不趋近于 1 时,变化也不大,因此对数周期天线具有宽频带的特点。

对数周期天线种类很多,除了上述对数周期偶极天线外,还有齿形对数周期平面天线、对数周期螺旋天线等形式。对数周期天线的应用波段比较广泛,可用作中短波的广播发射天线和短波通信天线,也可当作微波反射面天线的馈源。

6.7 天线阵

实际工程上要求天线增益高、方向性强,需要的波瓣图形状各异,有的要求波瓣图尖锐,有的要求波瓣图均匀,前面所介绍的单个天线很难满足这些要求。设想将许多天线单元放在一起构成阵列,天线阵的波瓣图与天线单元的类型、馈电电流的大小和相位有关,调整天线间的位置及馈电电流的大小和相位,就可以控制波瓣图的形状,从而适应工程的需要。

由若干个辐射单元以各种形式(如直线、圆环、三角和平面等)在空间排列组成的天线系统称为天线阵。组成天线阵的辐射单元称为阵元。目前已有可使主瓣电扫描的天线阵,通过改变阵中每个单元天线的激励电流的相位,辐射方向图可以在空间扫描,这种阵称为相控阵,应用领域非常广泛,特别适用于雷达。

6.7.1 二元阵与方向图相乘定理

下面以二元直线阵为例,说明天线阵的基本原理和特性。如图 6-10 所示,假设天线 1 与天线 2 为同一类型的天线,在空间的取向相同,天线间的距离为 d,它们至观察点的距离分别为 r_1 和 r_2,电流的相位差为 ξ,即 $I_2 = mI_1 e^{j\xi}$,其中 m 为两单元电流的振幅比,两阵元的辐射场分别为

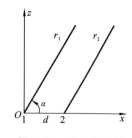

图 6-10 二元天线阵

$$E_1 = CI_1 f(\theta,\varphi) \frac{e^{-jkr_1}}{r_1} \tag{6.7.1}$$

$$E_2 = CI_1 f(\theta,\varphi) \frac{me^{-jkr_2} \cdot e^{-j\xi}}{r_1} \tag{6.7.2}$$

系数 C 与天线单元类型有关,天线单元相同,系数相等。对于远区场,可以近似认为 r_1 与 r_2 平行,在计算两天线至观察点的距离时,可近似认为 $r_2 = r_1$,在计算两天线至观察点的相位差时,$r_2 = r_1 - d\cos\alpha$。观察点的合场强为

$$E = E_1 + E_2 = CI_1 f(\theta,\varphi) \frac{e^{-jkr_1}}{r_1} (1 + me^{j\xi} \cdot e^{jkd\cos\alpha})$$

$$= CI_1 f(\theta,\varphi) \frac{e^{-jkr_1}}{r_1} (1 + me^{j\psi}) \tag{6.7.3}$$

式中:$\psi = \xi + kd\cos\alpha$。由波瓣图函数的定义可知,二元阵的波瓣图函数为

$$F(\theta,\varphi) = f(\theta,\varphi) \cdot |1 + me^{j\psi}| = f(\theta,\varphi) \cdot f_n(\theta,\varphi) \tag{6.7.4}$$

式中:$f_n(\theta,\varphi) = |1 + me^{j\psi}|$,展开得

$$f_n(\theta,\varphi) = \sqrt{m^2 + 2m\cos\psi + 1} \tag{6.7.5}$$

合成场由两部分相乘得到,第一部分是天线 1 单独在观察点产生的场强,与天线单元的类型和空间取向有关,与天线阵的排列方式无关。第二部分与天线单元无关,与天线的相互位置、馈电电流的大小和相位有关,这一部分称为阵因子。因此,式(6.7.4)表明天线阵的波瓣图等于天线单元的波瓣图与阵因子波瓣图的乘积,称为方向图相乘定

理。这个定理对于多元相似阵也是适用的。

6.7.2 均匀直线天线阵

均匀直线天线阵指各天线单元同方向、等间距排列成一直线,馈电电流大小相等,相位以相同的比例递增或递减,如图 6-11 所示。

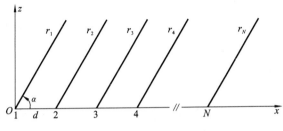

图 6-11 均匀直线天线阵

图 6-11 所示的为一个 N 元均匀直线阵,相邻两单元天线间的距离为 d,电流相位差为 ξ,第 n 个阵元的电流为

$$I_n = I_0 e^{j(n-1)\xi}, \quad n = 1, 2, 3, \cdots, N \tag{6.7.6}$$

类似于二元阵,计算合场强的幅值时,可取 $r_2 = r_3 = \cdots = r_n = r_1$;计算合场强的相位时,相邻两阵元辐射场的相位差为

$$\psi = \xi + kd\cos\alpha \tag{6.7.7}$$

则在观察点的合成电场强度为

$$E = E_1 + E_2 + \cdots + E_N = CI_0 \frac{e^{-jkr_1}}{r_1} f(\theta, \varphi)[1 + e^{j\psi} + e^{j2\psi} + \cdots + e^{j(N-1)\psi}] \tag{6.7.8}$$

利用等比级数求和公式,求得

$$E = CI_0 \frac{e^{jkr_1}}{r_1} f(\theta, \varphi) \left(\frac{1 - e^{jN\psi}}{1 - e^{j\psi}} \right) \tag{6.7.9}$$

可得均匀直线阵的阵因子

$$\left| \frac{1 - e^{jN\psi}}{1 - e^{j\psi}} \right| = \frac{\sin \dfrac{N\psi}{2}}{\sin \dfrac{\psi}{2}}$$

由 $f_{N\max}(\psi) = \lim\limits_{\psi \to 0} \dfrac{\sin \dfrac{N\psi}{2}}{\sin \dfrac{\psi}{2}} = N$ 得到归一化阵因子为

$$f_N(\psi) = \frac{1}{N} \frac{\sin \dfrac{N\psi}{2}}{\sin \dfrac{\psi}{2}} \tag{6.7.10}$$

6.8 面天线

面天线常用于微波、毫米波波段,辐射结构由平面或曲面组成,辐射源是电流或电磁场。天线分为两部分:一是初级辐射源,如抛物面天线的馈源喇叭;二是方向性器件,

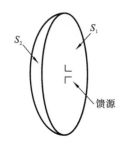

图 6-12　面天线的结构

如金属抛物面。天线辐射口径有多种形状,如矩形、圆形和椭圆形等,应用比较广泛的是矩形和圆形面天线。

面天线的辐射场与所研究天线内部的场有关,面天线不仅需要求解辐射场,还需确定由初级辐射源产生的天线内部的场。如图 6-12 所示,面天线一般由金属面 S_2 和馈源组成。金属面的外表面 S_2 和口径面 S_1 构成天线的封闭曲面,S_2 是导体的外表面,场强为零,面天线的辐射转化为口径面 S_1 的辐射。

6.8.1　等效原理与惠更斯元

等效原理是指某一区域内产生电磁场的源可用一个在同一区域内产生相同电磁场的场源替代。

惠更斯原理是指波在传播过程中,任一等相位面(或称为波前面)上的每一点都可看成一新的次级波源,在任一时刻,这些次级波源的包络就是一新的波前面。口径面上存在着口径电场和磁场,由惠更斯原理将口径面分割成许多面元,这些面元称为惠更斯元或次级辐射源,如图 6-13 所示。

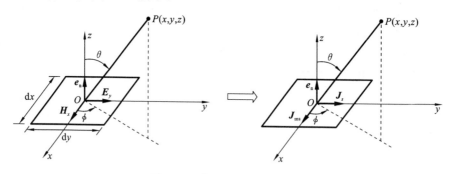

图 6-13　惠更斯辐射元的等效

整个口径面的辐射场由所有惠更斯元的辐射求和得到。口径面 S 一般取平面以便于计算。用等效电流元与等效磁流元代替每一个面元的次级辐射,口径场的辐射场由所有等效电流元和等效磁流元共同产生,称之为电磁场理论中的等效原理。

设 xOy 面上存在一个惠更斯元 $\mathrm{d}S = e_z \mathrm{d}x\mathrm{d}y$,其上均匀分布着切向电场 E_y 和切向磁场 H_x,根据等效原理,面元上磁场 H_x 可等效为一个电流元,线电流密度 J_s 为

$$J_s = e_z \times e_x H_x = e_y H_x \tag{6.8.1}$$

电流元的电流为

$$I = J_s \mathrm{d}x = H_x \mathrm{d}x \tag{6.8.2}$$

面元上的电场 E_y 可等效为一个磁流元,线磁流密度 J_{ms} 为

$$J_{ms} = -e_z \times e_y E_y = e_x E_y \tag{6.8.3}$$

磁流元的磁流为

$$I_m = J_{ms} \mathrm{d}y = E_y \mathrm{d}y \tag{6.8.4}$$

惠更斯元可表示为相互正交放置的等效电流元和等效磁流元的场量之和。电流元方向沿 y 轴,长度为 $\mathrm{d}y$;磁流元方向沿 x 轴,长度为 $\mathrm{d}x$。

研究天线的方向性时,通常关注两个主平面的情况,即电场所在的 E 面和磁场所

在的 H 面,因此只讨论面元在两个主平面的辐射。在 E 面(yOz 平面)内,如图 6-14 所示,由方程组(6.4.9)可得等效的电流元的远区场为

$$\boldsymbol{E}_{\mathrm{e}}=-\mathrm{j}\,\frac{\dot{I}\mathrm{d}y}{2\lambda r}\frac{k}{\omega\varepsilon}\boldsymbol{e}_{\theta}\cos\theta\mathrm{e}^{-\mathrm{j}kr} \tag{6.8.5}$$

通过式(6.5.13)和式(6.5.14),由于在 yOz 平面上,这时等效的磁流元落于 x 轴上,它的远区场可以改写为

$$\boldsymbol{E}_{\mathrm{m}}=\mathrm{j}\,\frac{\dot{I}_{m}\mathrm{d}x}{2\lambda r}\boldsymbol{e}_{\theta}\sin\varphi\mathrm{e}^{-\mathrm{j}kr} \tag{6.8.6}$$

由式(6.8.2)和式(6.8.4),以及 $E_{y}/H_{x}=-\eta$,则由式(6.8.5)和式(6.8.6)叠加得惠更斯元的远区场为

$$\mathrm{d}\boldsymbol{E}=\mathrm{j}\,\frac{E_{y}\mathrm{d}S}{2\lambda r}\boldsymbol{e}_{\theta}(\sin\varphi+\cos\theta)\mathrm{e}^{-\mathrm{j}kr} \tag{6.8.7}$$

惠更斯元在 E 平面内,$\varphi=\pi/2$,辐射场为

$$\mathrm{d}\boldsymbol{E}_{E}=\boldsymbol{e}_{\theta}\mathrm{j}\,\frac{E_{y}\mathrm{d}S}{2\lambda r}(1+\cos\theta)\mathrm{e}^{-\mathrm{j}kr} \tag{6.8.8}$$

在 H 平面(xOz 平面)内,$\varphi=0$,如图 6-15 所示,同理计算电流元产生的辐射场和磁流元产生的辐射场,惠更斯元在 H 平面内的辐射场为

$$\mathrm{d}\boldsymbol{E}_{H}=\boldsymbol{e}_{\varphi}\mathrm{j}\,\frac{E_{y}\mathrm{d}S}{2\lambda r}(1+\cos\theta)\mathrm{e}^{-\mathrm{j}kr} \tag{6.8.9}$$

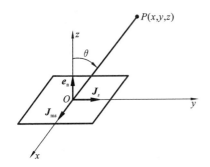
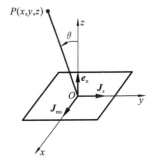

图 6-14　惠更斯元的 E 平面　　　　图 6-15　惠更斯元的 H 平面

由式(6.8.8)和式(6.8.9)比较可见,惠更斯元的两主平面的归一化波瓣图函数均为

$$f(\theta)=\frac{1}{2}(1+\cos\theta) \tag{6.8.10}$$

由式(6.8.10)得到的归一化波瓣图如图 6-16 所示。由图可见,惠更斯元的最大辐射方向与之相垂直。

图 6-16　惠更斯元的归一化波瓣图

6.8.2　平面口径辐射

任意形状的平面口径位于 xOy 平面内,口径面积为 S。以矩形口径面为例,其尺寸为 $a\times b$,坐标原点到远区观察点 $P(r,\theta,\varphi)$ 的距离为 r,面元 $\mathrm{d}S$ 到观察点的距离为 r',如图 6-17 所示。将惠更斯元的主平面辐射场积分,可得到平面口径在远区处的辐射场为

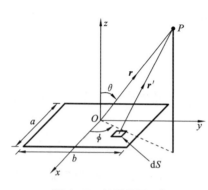

图 6-17 矩形平面口径

$$E_p = j\frac{1}{2\lambda r}(1+\cos\theta)\iint_S E_y e^{-jkr'}\,dS$$

(6.8.11)

观察点在远区，r' 与 r 近似平行，r' 可表示为

$$r' \approx r - x'\sin\theta\cos\varphi - y'\sin\theta\sin\varphi \quad (6.8.12)$$

将式(6.8.12)代入式(6.8.11)可得

$$E_p = j\frac{1}{2\lambda r}(1+\cos\theta)e^{-jkr}\iint_S E_y e^{jk(x'\sin\theta\cos\varphi + y'\sin\theta\sin\varphi)}\,dx'dy'$$

(6.8.13)

E 平面(yOz 平面)上，$\varphi = \pi/2$，远区场为

$$\boldsymbol{E}_E = \boldsymbol{e}_\theta E_\theta = \boldsymbol{e}_\theta j\frac{1}{2\lambda r}(1+\cos\theta)e^{-jkr}\iint_S E_y e^{jky'\sin\theta}\,dx'dy' \quad (6.8.14)$$

H 平面(xOz 平面)上，$\varphi = 0$，远区场为

$$\boldsymbol{E}_H = \boldsymbol{e}_\varphi E_\varphi = \boldsymbol{e}_\varphi j\frac{1}{2\lambda r}(1+\cos\theta)e^{-jkr}\iint_S E_y e^{jkx'\sin\theta}\,dx'dy' \quad (6.8.15)$$

已知口径面的形状和口径面上的场分布，由式(6.8.14)和式(6.8.15)可计算平面口径辐射场。矩形口径面上的电场沿 y 轴方向均匀分布($E_y(x',\ y') = E_0$)，E 平面的场强为

$$E_E = j\frac{E_0}{2\lambda r}(1+\cos\theta)e^{-jkr}\int_{-a/2}^{a/2}dx'\int_{-b/2}^{b/2}e^{jky'\sin\theta}\,dy' \quad (6.8.16)$$

H 平面的场强为

$$E_H = j\frac{E_0}{2\lambda r}(1+\cos\theta)e^{-jkr}\int_{-b/2}^{b/2}dy'\int_{-a/2}^{a/2}e^{jkx'\sin\theta}\,dx' \quad (6.8.17)$$

通过积分，可得均匀矩形口径面的波瓣图函数分别为

$$F_E(\theta) = \frac{(1+\cos\theta)}{2}\cdot\frac{\sin\psi_1}{\psi_1} \quad (6.8.18)$$

$$F_H(\theta) = \frac{(1+\cos\theta)}{2}\cdot\frac{\sin\psi_2}{\psi_2} \quad (6.8.19)$$

式中：$\psi_1 = \frac{1}{2}kb\sin\theta$；$\psi_2 = \frac{1}{2}ka\sin\theta$。图 6-18 所示的为 $\frac{\sin\psi}{\psi}$ 随 ψ 变化的曲线，可知最大辐射方向在 $\psi = 0$(即 $\theta = 0$)处。可以证明，当 a/λ 和 b/λ 都较大时，均匀矩形口径面辐射场的能量集中在 θ 较小的区域内。

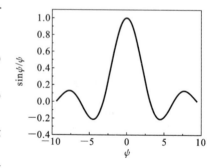

图 6-18 $\frac{\sin\psi}{\psi}$ 分布曲线

6.8.3 常见的几种平面天线

1. 喇叭天线

喇叭天线是目前应用最为广泛的一种微波天线。它不仅可以用作相控阵天线的阵元，也可以用作各种复杂天线的馈源。作为通用标准，可以对其他高增益天线进行校准和增益测量。其特点是频带较宽、增益高，并且结构简单，制造容易。

喇叭天线是由波导的开口面逐渐扩展而成的。开口面的逐渐扩展，可以改善喇叭天线与自由空间的良好匹配,减小开口面处的反射,以提高定向辐射的能力。喇叭天线由开口面的形状可分为矩形喇叭天线和圆形喇叭天线等,如图 6-19 所示。图 6-19(a)是矩形波导的宽边尺寸扩展而窄边尺寸不变,称为 H 面扇形喇叭;图 6-19(b)是矩形波导的窄边尺寸扩展而宽边尺寸不变,称为 E 面扇形喇叭;图 6-19(c)是矩形波导的宽边和窄边均扩展,称为角锥喇叭;图 6-19(d)是由圆波导扩展而成的,称为圆锥喇叭。

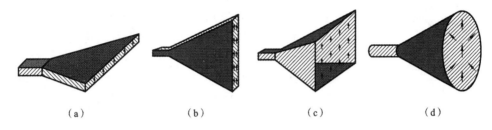

图 6-19　常用的喇叭天线

(a) H 面扇形喇叭;(b) E 面扇形喇叭;(c) 角锥喇叭;(d) 圆锥喇叭

　　E 面或 H 面扇形喇叭辐射的是柱面波,圆锥喇叭和角锥喇叭辐射的是球面波。喇叭天线的口径场含有二次方相位差,二次方相位差值与喇叭的长度和口径面尺寸有关。根据惠更斯原理,喇叭天线的远区场可由口径场来计算,口径场取决于喇叭的口径面大小与传输的波形。天线的辐射特性取决于口径面尺寸与场分布,阻抗取决于喇叭的颈部和口径面的反射。如果喇叭长度一定,逐渐增大张角,二次方相位差与口径面尺寸会同时增大,而增益不会同时增强,增益达到最大值时的口径面尺寸为最优。角锥喇叭天线是微波段的标准增益天线,方向性很强。

　　减小喇叭颈部与口径面的反射,可以扩展喇叭天线的频带。增大口径面尺寸,使波导与喇叭之间的过渡尽量平滑,可以减小反射。喇叭天线一般传输的是单模,有时为了控制辐射波瓣图,在喇叭内的适当位置引入产生高次模的器件,以使口径面上产生多模场分布。这种喇叭称为多模喇叭,可用于高效率天线的馈源或单脉冲雷达。

2. 旋转抛物面天线

　　旋转抛物面天线也是目前使用比较广泛的一种天线,由反射面和馈源构成,如图 6-20 所示。天线反射面的形状为抛物面,由金属导体或表面覆盖导体栅栏制成。馈源放置在抛物面焦点 F 上,是一种弱方向性辐射器,可以由槽缝天线、螺旋天线、振子天线、喇叭天线等提供。由焦点发出的光线经反射面反射后,其反射光线与反射面的轴线平行;反之,当与轴线平行的光线入射到反射面时,经反射面反射后聚焦于 F 点。

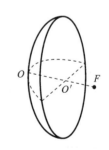

图 6-20　旋转抛物面天线

　　假设天线反射面的尺寸无限大,反射面把馈源发出的球面波变为理想平面波,则能量只沿天线轴向传播,在其他方向的辐射为零。然而实际反射面的尺寸是有限的,旋转抛物面天线的辐射是馈源发出的电磁波经过反射面的绕射,因此获得的是与反射面口径大小以及口径场分布相关的窄波束。

　　对于馈源来说,应具备以下特点:有确定的相位中心,辐射球面波;在反射面的前方,尺寸应尽量小,以减少对反射面口径的遮挡;馈源的波瓣图单向辐射或旋转对称,旁瓣和后瓣尽可能低;有足够的工作频带宽度。如前所述,可用作旋转抛物面天线馈源的类型有很多种,适应于不同的要求。

3. 卡塞格伦天线

卡塞格伦天线是由卡塞格伦光学望远镜引申发展起来的,在微波中继通信、卫星地面站、射电天文以及雷达等领域中应用十分广泛。

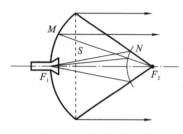

图 6-21 卡塞格伦天线

如图 6-21 所示,卡塞格伦天线由主反射面、副反射面以及馈源组成。主反射面是旋转抛物面 M,副反射面是旋转双曲面 N。双曲面的实焦点 F_1 在抛物面的顶点附近,另一个虚焦点 F_2 和抛物面的焦点重合,馈源位于实焦点 F_1 上。主、副反射面的轴线重合。

根据双曲面的几何原理,位于旋转双曲面 N 的实焦点 F_1 处的馈源发射电磁波,经过双曲面反射,其反射的电磁波方向可以看作是由双曲面的虚焦点 F_2 直接发出的方向。F_2 是抛物面的焦点,因此,由 F_1 发出的电磁波经副、主反射面反射后,在旋转抛物面形成同相电磁场,最终获得平行于轴线的电磁波。

与旋转抛物面天线相比,卡塞格伦天线有以下优点:

(1) 馈源在抛物面顶点附近,既缩短了馈源和接收机之间的传输线长度,也方便维修和调整;

(2) 采用主、副两个反射面,增加了几何参数,设计灵活度高;

(3) 主反射面可以采用短焦距抛物面实现长焦距抛物面天线的功能,从而减小了天线的纵向尺寸。

卡塞格伦天线的缺点在于:副反射面直径的选取一般较大,这对于小口径天线的前向辐射会造成比较大的阻挡。

6.9 本章小结

本章主要介绍了电流元与磁流元、常用的线天线和面天线的辐射特性,以及由简单天线构成的天线阵的辐射特性。还介绍了基本的电磁辐射原理,如对偶原理和惠更斯原理等。涉及的主要物理概念有线天线和面天线、电流元和惠更斯元、近区场和远区场、似稳场、束缚场、辐射场、天线的方向性、主瓣和旁瓣、均匀直线式天线阵、阵因子、方向图乘法等。主要的辐射参数有:方向性因子、方向性系数、效率、增益、极化特性、输入阻抗、辐射效率、口径场等。通过本章的学习旨在使学生掌握电流元与磁流元辐射基本概念、基本理论及主要分析计算方法,了解不同天线的传播特点和特性参数,能够运用这些方法分析天线理论中的发射、传输与接收问题。

学习重点:掌握天线辐射和接收性能的有关参数以及电磁辐射原理,能够分析电流元天线近区场和远区场的辐射特性的不同,了解常用的线天线、面天线及阵列天线的基本分析方法和工作原理。

学习难点:理解方向图相乘定理。

本章建议学时为 12 学时,在使学生掌握天线的方向特性和相关参数、电流元与磁流元辐射的基本概念、基本理论及主要分析计算方法的基础上,教师可对具体天线的种类部分进行适当删减和调整。

习　　题

6-1　计算电流元的方向性系数及辐射电阻。

6-2　已知电流元 $Il = e_y Il$,试求其远区电场强度及磁场强度。

6-3　试证明对于远区,矢量位 $\boldsymbol{A}$ 及 $\boldsymbol{F}$ 可以表示为

$$\begin{cases} \boldsymbol{A}(r) = \dfrac{\mu}{4\pi r} \mathrm{e}^{-jkr} \boldsymbol{N} \\[2mm] \boldsymbol{F}(r) = \dfrac{\varepsilon}{4\pi r} \mathrm{e}^{-jkr} \boldsymbol{L} \end{cases}$$

式中:$\boldsymbol{N}$ 及 $\boldsymbol{L}$ 称为辐射矢量,它们与电流密度 $\boldsymbol{J}$ 及磁流密度 $\boldsymbol{J}_\mathrm{m}$ 的关系分别为

$$\begin{cases} \boldsymbol{N} = \iiint\limits_{V} \boldsymbol{J}(r') \mathrm{e}^{jkr'\cos\theta} \mathrm{d}V' \\[2mm] \boldsymbol{L} = \iiint\limits_{V} \boldsymbol{J}_\mathrm{m}(r') \mathrm{e}^{jkr'\cos\theta} \mathrm{d}V' \end{cases}$$

6-4　已知对称天线的有效长度定义为

$$2l_\mathrm{e} = \sin\theta \int_{-l}^{l} \sin[k(l-|z|)] \mathrm{e}^{-jk\cos\theta} \mathrm{d}z$$

试求半波天线的有效长度及其最大值。

6-5　已知天线远区中的矢量磁位为

$$\boldsymbol{A} = e_z \frac{\mu I}{2\pi kr} \frac{\cos\left(\dfrac{\pi}{2}\cos\theta\right)}{\sin^2\theta} \mathrm{e}^{-jkr}$$

试求该天线的远区场、方向性因子及方向性系数。

6-6　已知长度为 L 的行波天线电流分布为

$$I = I_0 \mathrm{e}^{-jkz}, \quad 0 \leqslant z \leqslant L$$

利用电流元的远区场公式,求解该行波天线的远区场,并编程绘出 $L = \lambda/2$ 时的波瓣图。

6-7　设有一电距振幅为 p_0、频率为 ω 的电偶极子距离理想导体平面 $a/2$ 处,p_0 平行于导体平面,设 $a \ll \lambda$,求在 $R \gg \lambda$ 处电磁场及辐射能流。

6-8　设有线偏振平面波 $\boldsymbol{E} = \boldsymbol{E}_0 \mathrm{e}^{j(\omega t - kx)}$ 照射到一个绝缘介质球上($\boldsymbol{E}_0$ 在 z 方向),引起介质球极化,极化矢量 $\boldsymbol{P}$ 是随时间变化的,因而产生辐射,设平面波的波长 $2\pi/k$ 远大于球半径 R_0,求介质球所产生的辐射场和能流。

7

电磁仿真软件 HFSS 应用

近年来,随着无线通信产业的蓬勃发展,业界对天线设计人才的需求也与日俱增。HFSS 是美国 Ansoft 公司开发的一款基于电磁场有限元法分析微波工程问题的全波三维电磁仿真软件,可为天线及天线系统设计提供全面的解决方案,精确仿真计算出天线的各种性能,包括天线增益、远场/近场辐射方向图、天线阻抗以及 S 参数等。经过 80 多年的发展,现今 HFSS 以其无与伦比的仿真精度和可靠性、快捷的仿真速度、方便易用的操作界面、稳定成熟的自适应网格剖分技术,成为三维电磁仿真设计的首选工具和行业标准,被广泛地应用于航空、航天、电子等多个领域,帮助工程师高效地设计各种微波/高频无源器件,从而有效地降低设计成本,缩短设计周期,增强竞争力。

本章首先介绍了 HFSS 仿真分析的具体设置、详细操作和完整流程,然后对倒 F 天线和圆柱形介质谐振腔的仿真设计分析进行了实践。本章尽量摒弃烦琐的理论推导、抽象的概念,使得理论和工程实践紧密结合,多从工程实践的角度出发,采用通俗易懂的语言和直观的工程实例,让读者能够知其然并知其所以然,从而能够熟练掌握这些设计应用,活学活用。

7.1 HFSS 概述

7.1.1 HFSS 简介

HFSS 采用标准的 Windows 图形用户界面,简洁直观;自动化的设计流程,易学易用;稳定成熟的自适应网格剖分技术,结果准确。使用 HFSS 时,用户只需要创建或导入设计模型,指定模型材料属性,正确分配模型的边界条件和激励,准确定义求解设置,软件便可以计算输出用户需要的设计结果。具体应用包括以下 8 个方面。

1. 射频和微波无源器件设计

HFSS 能够快速精确地计算各种射频/微波无源器件的电磁特性,得到 S 参数、传播常数、电磁特性,优化器件的性能指标,并进行容差分析,帮助工程师们快速完成设计并得到各类器件的准确电磁特性。

2. 天线、天线阵列设计

HFSS 可为天线和天线阵列提供全面的仿真分析和优化设计,精确仿真计算天线的各种性能,包括二维及三维远场和近场辐射方向图、天线的方向性、增益、轴比、半功率波瓣宽度、内部电磁场分布、天线阻抗、电压驻波比、S 参数等。

3. 高速数字信号完整性分析

随着信号工作频率和信息传输速度的不断提高,互联结构的寄生效应对整个系统的性能影响已经成为制约设计成功的关键因素。HFSS 能够自动和精确地提取高速互联结构和版图寄生效应,导出 SPICE 参数模型和 Touchstone 文件(即 .snp 格式文件),结合 Ansoft Designer 或其他电路仿真分析工具去仿真瞬态现象。

4. EMC/EMI 问题分析

电磁兼容和电磁干扰(EMC/EMI)问题具有随机性和多变性的特点,因此,完整的"复现"一个实际工程中的 EMC/EMI 问题是很难做到的。Ansoft 提供的"自顶向下"的 EMC 解决方案可以轻松地解决这个问题。HFSS 强大的场后处理功能为设计人员提供丰富的场结果。

5. 电真空器件设计

在电真空器件如行波管、速调管、回旋管设计中,HFSS 本征模求解器结合周期性边界条件,能够准确地仿真分析器件的色散特性,得到归一化相速与频率的关系以及结构中的电磁场分布,为这类器件的分析和设计提供了强有力的手段。

6. 目标特性研究和 RCS 仿真

雷达散射截面(RCS)的分析预估一直是电磁理论研究的重要课题,当前人们对电大尺寸复杂目标的 RCS 分析尤为关注。HFSS 中定义了平面波入射激励,结合辐射边界条件或 PML 边界条件,可以准确地分析器件的 RCS。

7. 计算 SAR

比吸收率(SAR)是单位质量的人体组织所吸收的电磁辐射能量,SAR 的大小表明了电磁辐射对人体健康的影响程度。使用 HFSS 可以准确地计算出指定位置的局部 SAR 和平均 SAR。

8. 光电器件仿真设计

HFSS 的应用频率能够达到光波波段,精确仿真光电器件的特性。

7.1.2 启动 HFSS

HFSS 软件安装完成后,在桌面和程序菜单中都会建有快捷方式。可以通过两种方法来启动 HFSS 软件:一是双击桌面快捷方式，启动 HFSS;二是在 Windows 程序菜单中,单击【Ansoft】→【HFSS】→【HFSS××】,启动 HFSS,如图 7-1 所示。HFSS 启动后的用户界面如图 7-2 所示。

7.1.3 设置 HFSS 工程文件的默认路径

HFSS 启动后,在图 7-2 所示的用户界面主菜单栏单击【Tools】→【Options】→【General Options】命令,可以打开如图 7-3 所示的 Options 对话框。在对话框的 Directories 界面,可以设置 HFSS 工程文件、临时工程文件和材料库文件的存放路径。一般材料库文件保留默认路径不变;HFSS 工程文件、临时工程文件路径用户可以根据需要

图 7-1 启动 HFSS 操作

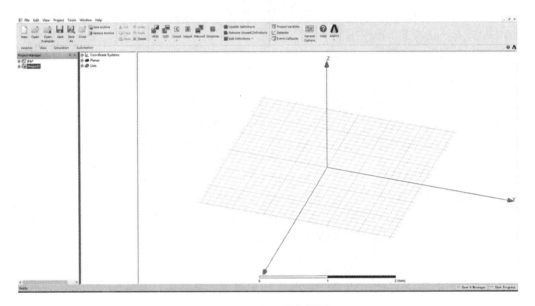

图 7-2 HFSS 用户界面

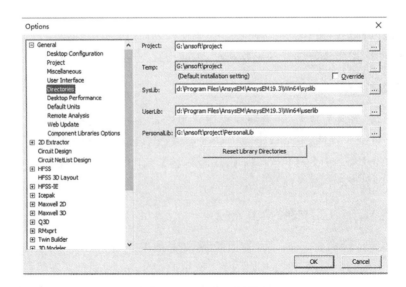

图 7-3 Options 对话框

更改。需要说明的是,HFSS 工程文件、临时工程文件和材料库文件的存放路径不能包含中文字符,否则在软件的使用过程中有可能会出现错误信息。

7.1.4 HFSS 设计流程

使用 HFSS 进行电磁分析和高频器件设计的流程如图 7-4 所示。各个步骤简述如下。

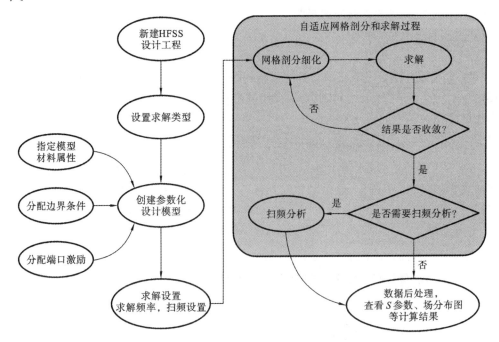

图 7-4 HFSS 设计流程

（1）启动 HFSS 软件,新建一个设计工程。

（2）设置求解类型。在 HFSS 中有 3 种求解类型:模式驱动求解、终端驱动求解和本征模求解。

（3）创建参数化设计模型。在 HFSS 设计中,创建参数化设计模型包括:构造出准确的几何模型、指定模型的材料属性以及准确地分配边界条件和端口激励。

（4）求解设置。求解设置包括指定求解频率、收敛误差和网格剖分最大迭代次数等信息;如果需要进行扫频分析,还需要选择扫频类型并指定扫频范围。

（5）运行仿真计算。在 HFSS 中,仿真计算的过程是全自动的。软件根据用户指定的求解设置信息,自动完成仿真计算,无需用户干预。

（6）数据后处理,查看计算结果,包括 S 参数、场分布图、电流分布、谐振频率、品质因数 Q、天线辐射方向图等。

另外,HFSS 还集成了 Ansoft 公司的 Optimetrics 设计优化模块,可以对设计模型进行参数扫描分析、优化设计、调谐分析、灵敏度分析和统计分析。

7.2 倒 F 天线

倒 F 天线（inverted-F antenna,IFA）是单极子天线的一种变形结构,具有体积小、结构简单、易于匹配和制作成本低等优点,因此,它被广泛应用于短距离无线通信领域。另外,因为倒 F 天线的辐射既包含水平极化分量,又包含垂直极化分量,所以对于应用环境主要为室内的 Bluetooth 和 WLAN 等通信标准,由于室内墙壁和装饰物等的散射会造成电场水平极化和垂直极化之间的相互转换,即退极化现象,使用倒 F 天线可以有效地增强接收效果。

本节首先讲解倒 F 天线的发展过程,并简要分析倒 F 天线的结构参数对天线谐振频率、输入阻抗和带宽等性能的影响。

7.2.1 倒 F 天线概述

倒 F 天线是单极子天线的一种变形结构,其衍变发展的过程可以看成是从 1/4 波长单极子天线到倒 L 天线再到倒 F 天线的过程,由于其形状像一个面向地面的字母 F,因此将此种类型的天线称为倒 F 天线。

1. 倒 F 天线的结构参数分析

倒 F 天线的结构如图 7-5 所示,由长为 L 的终端开路传输线和长为 S 的终端短路传输线并联而成。其中,开路端到馈电点可以等效成电阻和电容的并联(相当于负载,谐振时开路),短路端到馈点可以等效成电阻和电感的串联(谐振时短路)。当天线谐振时,电流主要分布在天线的水平部分和对地短路部分,而馈电支路基本无电流分布。

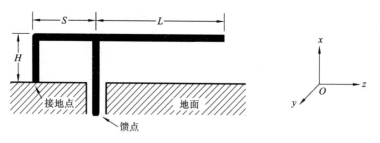

图 7-5 倒 F 天线结构

在进行倒 F 天线设计时,主要有 3 个结构参数(天线的谐振长度 L、天线的高度 H 以及两条竖直臂之间的距离 S)决定着天线的输入阻抗、谐振频率和天线带宽等性能。作为天线的谐振部分,天线水平支路长度 L 对天线的谐振频率和输入阻抗的影响最为直接。当长度 L 增加时,天线的谐振频率降低,输入阻抗减小,天线呈感性;反之,天线呈容性。通常,L 和 H 的长度之和约为 1/4 个工作波长。而对于倒 F 天线,因为天线的辐射贴片是蚀刻在 PCB 介质层上的,所以 L 和 H 的长度之和一般介于 1/4 个自由空间工作波长和 1/4 个介质层导波波长之间。在设计过程中,初始值通常由以下公式计算:

$$L+H \approx \frac{\lambda_0}{4\sqrt{(1+\varepsilon_r)/2}} \tag{7.2.1}$$

式中:ε_r 是介质板材的介电常数;λ_0 是自由空间波长。

由于 H 和 S 对天线性能的影响比较复杂,因此我们难以通过理论分析推导出比较直观的规律。通过仿真分析可以给出,在保持 L、H 和 S 这 3 个结构参数中任意两个结构参数不变的情况下,另一个结构参数变化对天线性能的影响。仿真分析结果表明:

（1）当 H 增加（减小）时，天线的谐振频率会随之降低（升高），输入阻抗的电阻分量会随之增加（减小），而电抗部分也会随之增加（减小），即电抗部分逐渐呈现电感（电容）性质，其中电抗的变化是由于天线的水平部分与地面之间距离增加（减小）后，所产生的分布电容减小（增加）所造成的。

（2）当 S 增加（减小）时，天线的谐振频率会随之升高（降低），输入阻抗的电阻分量会随之减小（增加），而电抗部分也会随之减小（增加），即电抗部分逐渐呈现电容（电感）性质，其中输入电阻的变化是由于电流分布不同而造成的。假设馈电点处输入电压幅度不变，因为接地短路点处的电流幅度最大，所以随着距离 S 的增加，接地点逐渐远离馈电点，馈电点处的输入电流幅度随之逐渐变小，从而使输入阻抗变大，反之亦然。表 7-1 所示的为倒 F 天线的结构参数 L、H 和 S 对天线的谐振频率和输入阻抗性能的影响。

表 7-1　结构参数对天线性能的影响

结 构 参 数	变 化 趋 势	谐 振 频 率	输 入 阻 抗	输 入 电 抗
L	增加	降低	减小	感性
	减小	升高	增加	容性
H	增加	降低	增加	感性
	减小	升高	减小	容性
S	增加	升高	减小	容性
	减小	降低	增加	感性

从前面的分析可知，只要适当选取 3 个结构参数，即可使天线谐振在任意的频率上，并且使天线的输入阻抗非常接近 50 Ω 的纯电阻。也就是说，倒 F 天线可以不需要使用任何额外的阻抗匹配电路，就能实现与微波传输线的阻抗匹配，这为天线设计提供了极大的自由。

2. 倒 F 天线的辐射特性

倒 F 形天线不仅具有交叉极化特性，而且具有等向辐射特性。当天线谐振时，电流主要分布在天线的水平部分和对地短路部分，馈电部分则基本无电流分布。当取如图 7-5 所示的坐标系时，由水平部分电流所产生的相对电场强度为

$$E_{\text{Horizontal}} = e_\theta \cos\varphi \left[\cos\theta + \mathrm{j} e^{\mathrm{j}\frac{\pi}{2}\cos\theta} \right] \tag{7.2.2}$$

由对地短路部分电流所产生的相对电场强度为

$$E_{\text{Vertical}} = -e_\theta \cos\theta \cos\varphi + e_\varphi \sin\varphi \tag{7.2.3}$$

所以总的电场强度为

$$E_{\text{total}} = E_{\text{Horizontal}} + E_{\text{Vertical}} = e_\theta \cos\varphi \left[-\sin\left(\frac{\pi}{2}\cos\theta\right) + \mathrm{j}\cos\left(\frac{\pi}{2}\cos\theta\right) \right] + e_\varphi \sin\varphi \tag{7.2.4}$$

因此，天线辐射的功率流密度为

$$
\begin{aligned}
\rho &= \frac{E_{\text{total}} E_{\text{total}}^*}{2\eta_0} \\
&= \frac{1}{2\eta_0}\left\{ \cos^2\varphi \left[\cos^2\left(\frac{\pi}{2}\cos\theta\right) + \sin^2\left(\frac{\pi}{2}\cos\theta\right) \right] + \sin^2\varphi \right\} = \frac{1}{2\eta_0}
\end{aligned}
\tag{7.2.5}
$$

式中：$\eta_0 = 120\pi$ 表示真空的特性阻抗。

由式(7.2.5)可见，功率流密度与 θ、φ 无关，因此天线在各个方向上辐射的功率密度都相同，并且都具有等向辐射特性。由式(7.2.3)可知，电场的极化方向既包含 θ 方向的分量，也包含 φ 方向的分量，所以，倒 F 天线在空间辐射的电场方式上具有交叉极化的特点。

7.2.2 倒 F 天线的设计和分析

本节将重点讲述倒 F 天线的 HFSS 设计过程，并仿真分析讨论倒 F 天线的谐振长度 L、高度 H 以及两条竖直臂之间的距离 S 对天线性能的实际影响。

1. 倒 F 天线的模型结构

本节设计的倒 F 天线制作在 PCB 上，工作于 2.4 GHz ISM 频段，其中心工作频率为 2.45 GHz，并要求 10 dB 带宽大于 100 MHz。

所设计的倒 F 天线结构模型如图 7-6 所示，整个天线结构大致可以分为 3 个部分，分别是倒 F 形状天线、介质层和接地板。介质层的材质使用的是 PCB 中最常用的玻璃纤维环氧树脂(FR4)，其相对介电常数 $\varepsilon_r = 4.4$，损耗角正切 $\tan\delta = 0.02$。介质层的厚度为 0.8 mm，长度和宽度分别为 110 mm 和 50 mm。接地板位于介质层的下表面，其长度和宽度分别为 90 mm 和 50 mm。倒 F 形状天线位于介质层的上表面，其谐振长度 L 为 16.2 mm，天线高度 H 为 3.8 mm，接地点和馈电点的距离 S 为 5 mm，微带线的宽度为 1 mm。天线的接地点通过过孔与接地板连接，并且用一个矩形理想导体平面来代替接地的过孔。

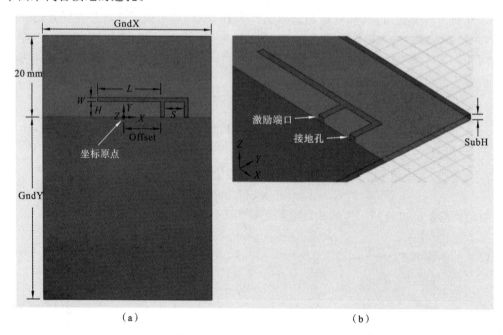

(a)   (b)

图 7-6 倒 F 天线的 HFSS 模型

(a) 俯视图；(b) 立体图

为了便于更改模型的大小以及后续的参数化分析，即分析天线的结构参数对天线性能的影响，我们在表 7-2 中定义了一系列的变量来表示天线的结构，并且在图 7-6 中也标示出了部分变量所表示的含义。

表 7-2 变量定义

变 量 意 义	变 量 名	变量初始值/mm
天线的谐振长度	L	16.2
天线的高度	H	3.8
天线馈电点和接地点间的距离	S	5
天线的微带线宽度	W	1
介质层的厚度	SubH	0.8
接地板的长度	GndY	90
接地板的宽度	GndX	50
馈电点到坐标原点的横向距离	Offset	12
自由空间波长	Lambda	122.4

2. HFSS 仿真设计过程

1) 新建设计工程

(1) 运行 HFSS 并新建工程。

启动 HFSS 软件。HFSS 运行后,它会自动新建一个工程文件,选择主菜单栏中的【File】→【Save As】命令,把工程文件另存为 IFA. hfss。

(2) 设置求解类型。

将当前设计的求解类型设置为终端驱动求解类型。

从主菜单栏中选择【HFSS】→【Solution Type】命令,打开如图 7-7 所示的 Solution Type 对话框,选中 Terminal 单选按钮,然后单击 OK 按钮,完成设置。

(3) 设置模型长度单位。

设置当前设计在创建模型时所使用的默认长度单位为 mm。

从主菜单栏中选择【Modeler】→【Units】命令,打开如图 7-8 所示的 Set Model Units 对话框。在 Select units 下拉列表中选择 mm 选项,然后单击 OK 按钮,完成设置。

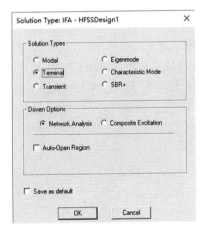

图 7-7 设置求解类型

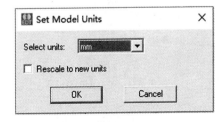

图 7-8 设置长度单位

2）添加和定义设计变量

在 HFSS 中定义和添加如表 7-2 所示的设计变量。

从主菜单栏中选择【HFSS】→【Design Properties】命令，打开设计属性对话框。在该对话框中单击 **Add...** 按钮，打开 Add Property 对话框。在 Name 文本框中输入第一个变量名称 L，在 Value 文本框中输入该变量的初始值 16.2 mm，然后单击 **OK** 按钮，即可添加变量 L 到设计属性对话框中。变量定义和添加的过程如图 7-9 所示。

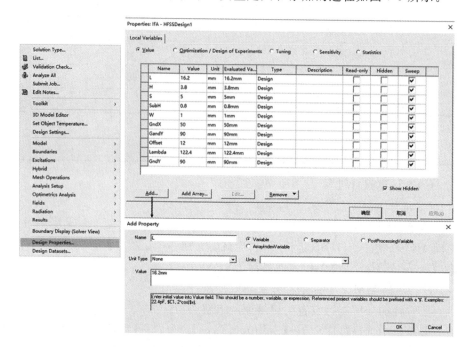

图 7-9 定义变量

使用相同的操作步骤方法，分别定义变量 H、S、W、SubH、GndX、GndY、Offset 和 Lambda，其初始值分别为 3.8 mm、5 mm、1 mm、0.8 mm、50 mm、90 mm、12 mm 和 122.4 mm。定义变量完成后，确认设计属性对话框如图 7-10 所示。

最后单击设计属性对话框中的 **确定** 按钮，完成所有变量的定义和添加工作，退出设计属性对话框。

3）IFA 天线设计建模

如图 7-6 所示，设置系统的坐标原点位于接地板顶端的中心位置。接地板和天线辐射体都设置为不考虑厚度的理想薄导体。首先在 xOy 平面上创建长度和宽度分别为变量 GndY 和 GndX 的接地板，并设置其边界条件为理想导体边界，用以模拟理想导体特性。然后在接地板的正上方创建材质为 FR4、厚度为 SubH 的介质层。最后在介质层的上表面创建倒 F 天线。

（1）创建接地板。

在 xOy 平面上创建一个矩形面，其一个顶点坐标为（–GndX/2，–GndY，0），长度和宽度分别用变量 GndY 和 GndX 表示。矩形面模型建好后，设置其边界条件为理想导体边界。

从主菜单栏中选择【Draw】→【Rectangle】命令，或者单击工具栏上的 ▢ 按钮，进入

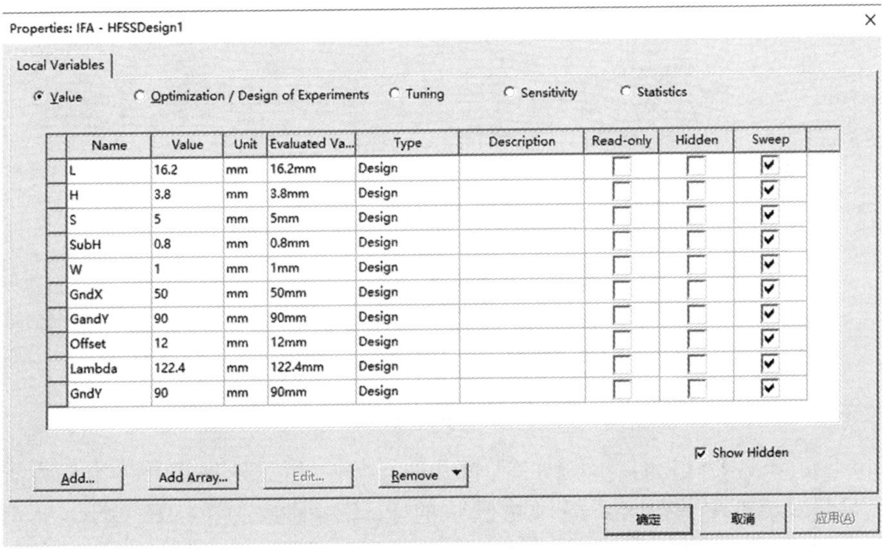

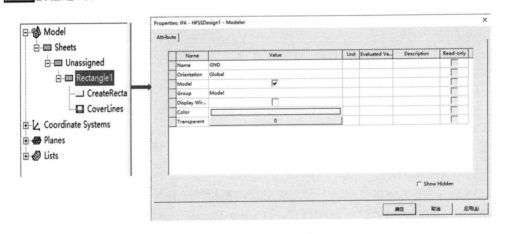

图 7-10 完成所有设计变量定义后的设计属性对话框

创建矩形面的状态,然后在三维模型窗口的 xy 面上创建一个任意大小的矩形面。新建的矩形面会添加到操作历史树的 Sheets 节点下,其默认的名称为 Rectangle1。双击操作历史树 Sheets 节点下的 Rectangle1 选项,打开新建矩形面属性对话框的 Attribute 选项卡,如图 7-11 所示。在 Name 文本框中输入 GND,即可将矩形面的名称修改为 GND,单击 Color 选项对应的 **Edit** 按钮,设置矩形面的颜色为铜黄色,然后单击 **确定** 按钮退出。

图 7-11 Attribute 选项卡

展开操作历史树 Sheets 下的 GND 节点,双击该节点下的 CreateRectangle 选项,打开新建矩形面属性对话框的 Command 选项卡。在该选项卡中设置矩形面的顶点坐标和大小。在 Position 文本框中输入顶点位置坐标为(−GndX/2,−GndY,0),在 XSize 和 YSize 文本框中分别输入矩形面的宽度和长度为 GndX 和 GndY,如图 7-12 所示,然后单击 **确定** 按钮退出。

最后按快捷键 Ctrl+D 全屏显示创建的物体模型,如图 7-13 所示。

在三维模型窗口中选中参考地模型,然后单击鼠标右键,在弹出的快捷菜单中选择

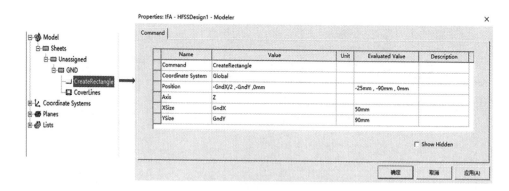

图 7-12　Command 选项卡 1

【Assign Boundary】→【Perfect E】命令,打开如图 7-14 所示的理想导体边界设置对话框。然后将对话框中的 Name 选项由默认的 PerfE1 修改为 PerfE_GND,然后单击 OK 按钮完成设置。此时,即可把矩形面 GND 的边界条件设置为理想导体边界,矩形面 GND 就相当于一块理想导体平面。同时,理想边界的名称 PerfE_GND 也会自动添加到工程树的 Boundaries 节点下。

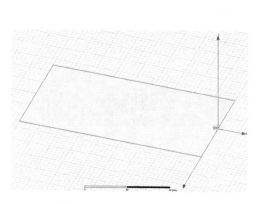

图 7-13　接地板 GND 模型

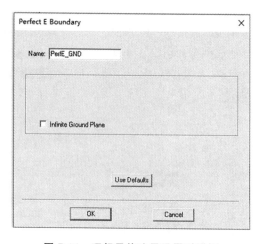

图 7-14　理想导体边界设置对话框

(2)创建介质层。

创建一个长方体模型用以表示介质层。模型位于接地板的正上方,即模型的底面位于 xOy 平面,模型的材质为 FR4,并将模型命名为 Substrate。

从主菜单栏中选择【Draw】→【Box】命令,或者单击工具栏上的 按钮,进入创建长方体的状态,然后在三维模型窗口中创建一个任意大小的长方体。新建的长方体会添加到操作历史树的 Solids 节点下,其默认的名称为 Box1。

双击操作历史树 Solids 节点下的 Box1 选项,打开新建长方体属性对话框的 Attribute 选项卡,然后将长方体的名称修改为 Substrate,将 Material 选项对应的 Value 值设置为 FR4_epoxy,设置其材质为 FR4_epoxy,然后单击 Color 选项的 Edit 按钮,设置其颜色为深绿色,透明度值为 0.6,如图 7-15 所示。最后单击 确定 按钮退出。

再双击操作历史树 Substrate 节点下的 CreateBox 选项,打开新建长方体属性对

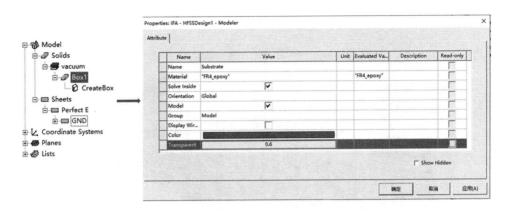

图 7-15 Attribute 选项卡

话框的 Command 选项卡,设置长方体的顶点坐标和大小。在 Position 文本框中输入顶点位置坐标为(−GndX/2,−GndY,0),在 XSize、YSize 和 ZSize 文本框中分别输入矩形面的宽、长和高为 GndX、(GndY+20 mm)和 SubH,如图 7-16 所示,然后单击 确定 按钮退出。

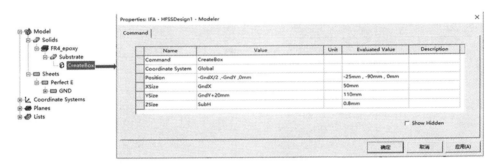

图 7-16 Command 选项卡 2

最后,按快捷键 Ctrl+D 全屏显示创建的长方体模型。

(3) 创建倒 F 天线模型。

创建倒 F 天线的辐射贴片模型,其位于介质层的上表面,通过一个理想导体矩形面接地,如图 7-17 所示。整个倒 F 天线的辐射贴片模型可以看作由图 7-17 所示的 5 个矩形面组成,其中矩形面 1、2、3 、4 均位于介质层的上表面,矩形面 5 平行于 xOz 平面,把天线和接地板连接起来。建模时,可以首先分别创建如图 7-17 所示的 5 个矩形面,然后通过合并操作,将所有的矩形面合并成一个完整的模型。

① 创建矩形面 1。

在介质层的上表面创建如图 7-17 所示的矩形面 1,即天线的馈线部分,并将其命名为 FeedLine,其长度和宽度分别用变量 H 和 W 表示。

从主菜单栏中选择【Draw】→【Rectangle】命令,或者单击工具栏上的 ▭ 按钮,进入创建矩形面的状态,然后在三维模型窗口的 xOy 面上创建一个任意大小的矩形面。展开操作历史树 Sheets 下的 Rectangle1 节点,双击该节点下的 CreateRectangle 选项,打开新建矩形面属性对话框的 Command 选项卡,在该选项卡中设置矩形面的顶点坐标和大小。在 Position 文本框中输入其顶点位置坐标为(Offset,0,SubH),在 XSize

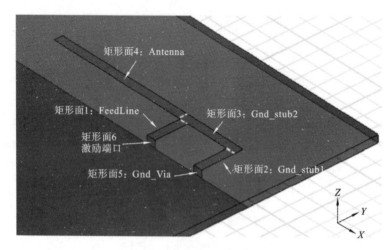

图 7-17   倒 F 天线的辐射贴片模型

和 YSize 文本框中分别输入矩形面的宽度和长度为 W 和 H,如图 7-18 所示,然后单击
确定 按钮退出。

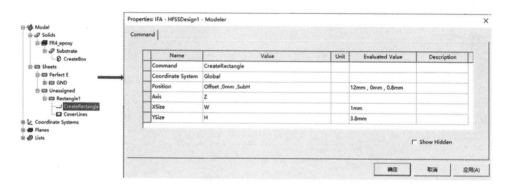

图 7-18   Command 选项卡 3

再双击操作历史树 Sheets 节点下的 Rectangle1 选项,打开新建矩形面 Rectangle1
属性对话框的 Attribute 选项卡,如图 7-19 所示。在 Name 文本框中输入 FeedLine,
将矩形面的名称由默认的 Rectangle1 修改为 FeedLine,然后单击 确定 按钮退出。此
时,操作历史树 Sheets 节点下的 Rectangle1 也随之更改为 FeedLine。

② 创建矩形面 2。

在介质层的上表面创建如图 7-17 所示的矩形面 2,即倒 F 天线短路线的折线部
分,并将其命名为 Gnd_stub1,其长度和宽度分别用变量 H 和 W 表示。

从主菜单栏中选择【Draw】→【Rectangle】命令,或者单击工具栏上的□按钮,进入
创建矩形面的状态,然后在三维模型窗口的 xOy 面上创建一个任意大小的矩形面。展
开操作历史树 Sheets 下的 Rectangle1 节点,双击该节点下的 CreateRectangle 选项,
打开新建矩形面属性对话框的 Command 选项卡,在该选项卡中设置矩形面的顶点坐
标和大小。在 Position 文本框中输入其顶点位置坐标为(Offset+W+S,0,SubH),在
XSize 和 YSize 文本框中分别输入矩形面的宽度和长度为 W 和 H,如图 7-20 所示,然
后单击 确定 按钮退出。

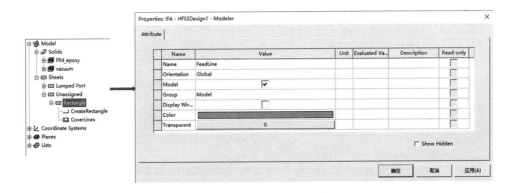

图 7-19 Attribute 选项卡

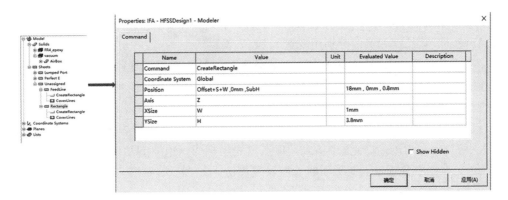

图 7-20 Command 选项卡 4

再双击操作历史树 Sheets 节点下的 Rectangle1 选项,打开新建矩形面 Rectangle1 属性对话框的 Attribute 选项卡。在 Name 文本框中输入 Gnd_stub1,将矩形面的名称由默认的 Rectangle1 修改为 Gnd_stub1,然后单击 **确定** 按钮退出。此时,操作历史树 Sheets 节点下的 Rectangle1 也随之更改为 Gnd_stub1。

③ 创建矩形面 3。

在介质层的上表面创建如图 7-17 所示的矩形面 3,即倒 F 天线短路线的平行部分,并将其命名为 Gnd_stub2,其长度、宽度分别用变量(S+2×W)和 W 表示。

从主菜单栏中选择【Draw】→【Rectangle】命令,或者单击工具栏上的 □ 按钮,进入创建矩形面的状态,然后在三维模型窗口的 xOy 面上创建一个任意大小的矩形面。展开操作历史树 Sheets 下的 Rectangle1 节点,双击该节点下的 CreateRectangle 选项,打开新建矩形面属性对话框的 Command 选项卡,在该选项卡中设置矩形面的顶点坐标和大小。在 Position 文本框中输入其顶点位置坐标为(Offset,H,SubH),在 XSize 和 YSize 文本框中分别输入矩形面的长度和宽度为(S+2×W)和 W,如图 7-21 所示。然后单击 **确定** 按钮退出。

再双击操作历史树 Sheets 节点下的 Rectangle1 选项,打开新建矩形面 Rectangle1 属性对话框的 Atribute 选项卡。在 Name 文本框中输入 Gnd_stub2,即可将矩形面的名称由默认的 Rectangle1 修改为 Gnd_stub2,然后单击 **确定** 按钮退出。此时,操作历史树 Sheets 节点下的 Rectangle1 也随之更改为 Gnd_stub2。

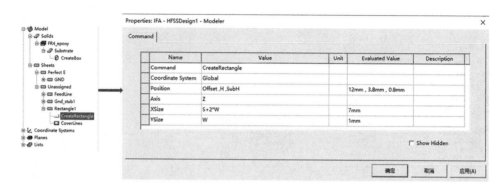

图 7-21 Command 选项卡 5

④ 创建矩形面 4。

在介质层的上表面创建如图 7-17 所示的矩形面 4，即天线的谐振部分，并将其命名为 Antenna，其长度和宽度分别用变量 L 和 W 表示。

从主菜单栏中选择【Draw】→【Rectangle】命令，或者单击工具栏上的▭按钮，进入创建矩形面的状态，然后在三维模型窗口的 xOy 面上创建一个任意大小的矩形面。展开操作历史树 Sheets 下的 Rectanglel 节点，双击该节点下的 CreateRectangle 选项，打开新建矩形面属性对话框的 Command 选项卡，在该选项卡中设置矩形面的顶点坐标和大小。在 Position 文本框中输入其顶点位置坐标为(Offset,H,SubH)，在 XSize 和 YSize 文本框中分别输入矩形面的长度和宽度为－L 和 W，如图 7-22 所示，然后单击 确定 按钮退出。

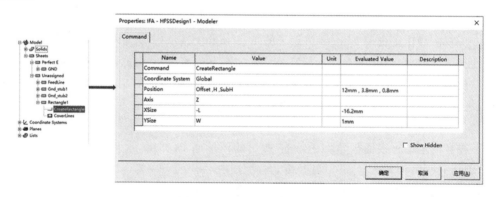

图 7-22 Command 选项卡 6

再双击操作历史树 Sheets 节点下的 Rectanglel 选项，打开新建矩形面 Rectanglel 属性对话框的 Attribute 选项卡。在 Name 文本框中输入 Antenna，即可将矩形面的名称由默认的 Rectanglel 修改为 Antenna，然后单击 确定 按钮退出。此时，操作历史树 Sheets 节点下的 Rectangle1 也随之更改为 Antenna。

⑤ 创建矩形面 5。

在矩形面 Gnd_stub2 的底端创建一个平行于 xOz 平面的矩形面，用以模拟天线的接地孔，将天线和接地板连接起来，如图 7-17 所示的矩形面 5。并将其命名为Gnd_via，其长度和宽度分别用变量 SubH 和 W 表示。

因为该矩形面平行于 xOz 平面，所以首先需要把当前工作平面设置为 xOz 面。单击工具栏上的 XY ▼ 下拉列表框,从其下拉列表中选择 ZX 选项,即可把 xOz 平面设置为当前工作平面。

从主菜单栏中选择【Draw】→【Rectangle】命令,或者单击工具栏上的 ▢ 按钮,进入创建矩形面的状态,然后在三维模型窗口的 xOz 面上创建一个任意大小的矩形面。展开操作历史树 Sheets 下的 Rectangle1 节点,双击该节点下的 CreateRectangle 选项,打开新建矩形面属性对话框的 Command 选项卡,在该选项卡中设置矩形面的顶点坐标和大小。在 Position 文本框中输入其顶点位置坐标为(Offset+W+S,0,SubH),在 XSize 和 ZSize 文本框中分别输入矩形面的宽度和长度为 W 和−SubH,如图 7-23 所示,然后单击 确定 按钮退出。

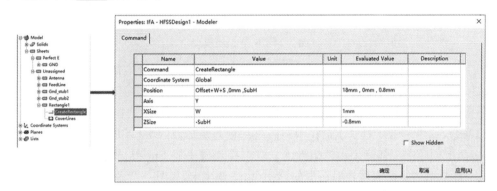

图 7-23　Command 选项卡 7

再双击操作历史树 Sheets 节点下的 Rectangle1 选项,打开新建矩形面 Rectangle1 属性对话框的 Attribute 选项卡。在 Name 文本框中输入 Gnd_via,即可把矩形面的名称由默认的 Rectangle1 修改为 Gnd_via,然后单击 确定 按钮退出。此时,操作历史树 Sheets 节点下的 Rectangle1 也随之更改为 Gnd_Via。

⑥ 合并操作生成完整倒 F 天线模型。

按住 Ctrl 键的同时依次单击操作历史树 Sheets 节点下的 Antenna、FeedLine、Gnd_stub1、Gnd_stub2 和 Gnd_via,同时选中这 5 个矩形面。然后从主菜单栏中选择【Modeler】→【Boolean】→【Unite】命令,或者单击工具栏上的相应按钮,执行合并操作。此时,即可把选中的 5 个矩形面合并成一个整体,合并生成的新物体的名称为 Antenna。

⑦ 设置倒 F 天线模型的边界条件。

选中操作历史树 Sheets 下的 Antenna 选项以选中该模型,然后单击鼠标右键,在弹出的快捷菜单中选择【Assign Boundary】→【PerfectE】命令,打开理想导体边界设置对话框,将 Name 选项由默认的 PerfE1 修改为 PerfE_Antenna,然后单击 OK 按钮完成设置。此时,即可把倒 F 贴片模型 Antenna 的边界条件设置为理想导体边界,倒 F 贴片模型就相当于理想导体贴片。同时,理想边界的名称 PerfE_Antenna 也会自动添加到工程树的 Boundaries 节点下。最后,按快捷键 Ctrl+D 全屏显示创建的所有物体模型,如图 7-24 所示。

4) 设置激励端口

因为天线的输入端口位于模型内部,所以需要使用集总端口激励。在天线的馈线(即矩形面 FeedLine)底端和接地板之间创建一个平行于 xOz 平面的矩形面,将其作为

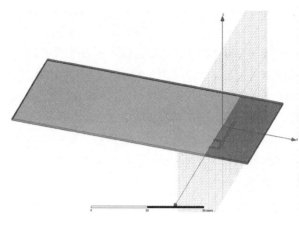

图 7-24　倒 F 天线模型

天线的激励端口面,如图 7-17 所示的矩形面 6,然后设置该激励端口面的激励方式为集总端口激励。

　　确认当前工作平面设置在 xOz 平面。然后,从主菜单栏中选择【Draw】→【Rectangle】命令,或者单击工具栏上的 □ 按钮,进入创建矩形面的状态,并在三维模型窗口的 xOz 面上创建一个任意大小的矩形面。双击操作历史树 Sheets 节点下的 Rectangle1 选项,打开新建矩形面属性对话框的 Attribute 选项卡,如图 7-25 所示。在该选项卡中将矩形面的名称修改为 Feed_Port,然后单击 确定 按钮退出。

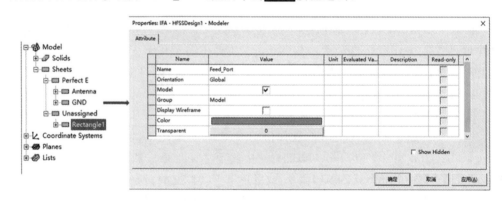

图 7-25　Attribute 选项卡

　　再双击操作历史树 Feed_Port 节点下的 CreateRectangle 选项,打开新建矩形面属性对话框的 Command 选项卡,在该选项卡中设置矩形面的顶点坐标和大小。在 Position 文本框中输入顶点位置坐标为(Offset,0,SubH),在 XSize 和 ZSize 文本框中分别输入矩形面的宽度和长度为 W 和 −SubH,如图 7-26 所示。然后单击 确定 按钮退出。

　　这样就在 xOz 面上创建了一个与天线的馈线和接地板相接的矩形面 Feed_Port,该矩形面的宽度与馈线的宽度一样。然后把该矩形面设置为集总端口激励,终端驱动求解类型下集总端口激励的设置操作与模式驱动求解类型下的设置操作是不一样的,其具体操作如下。

　　单击操作历史树 Sheets 节点下的 Feed_Port,选中该矩形面,然后单击鼠标右键,在弹出的快捷菜单中选择【Assign Excitation】→【Lumped Port】命令,打开如图 7-27 所

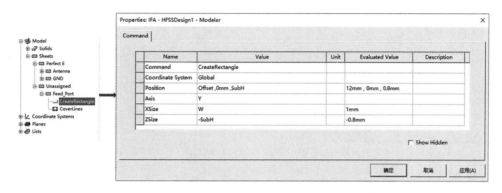

图 7-26　Command 选项卡 8

示的终端驱动求解类型下集总端口设置对话框。在该对话框中的 Port Name 项是设置端口激励名称的,默认名称为 1,下面的 Conductor 选项是设置端口的参考地的,设计中参考地是 GND,所以这里选中 GND 对应的复选框,单击 OK 按钮,完成集总端口激励的设置。

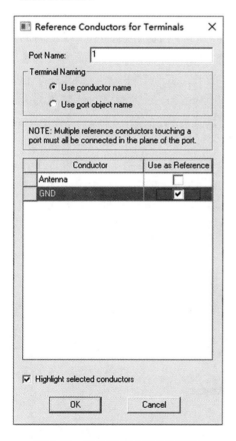

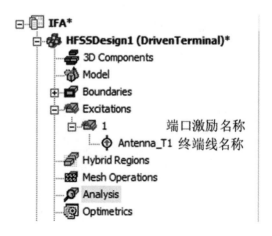

图 7-27　集总端口设置对话框图　　　　　　**图 7-28**　工程树下的激励名称

完成后,设置的集总端口名称 1 会添加到工程树 Excitations 节点下,如图 7-28 所示。其中,1 是集总端口激励名称,Antenna_T1 是终端线名称。双击工程树 Excitations 节点下的端口激励名称 1,打开如图 7-29 所示的 Lumped Port 对话框,确认其端口阻抗为 50 Ω。再双击终端线名称 Antenna_T1,打开如图 7-30 所示的 Terminal 对话框,将终端线名称 Name 由默认的 Antennal_T1 修改为 T1,再确认其归一化阻抗也为 50 Ω。

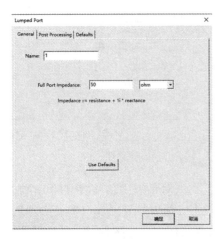

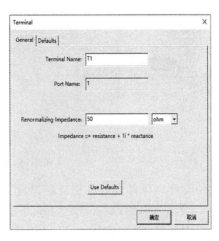

| 图 7-29 Lumped Port 对话框图 | 图 7-30 Terminal 对话框 |

5)创建和设置辐射边界

使用 HFSS 分析天线问题时,必须设置辐射边界条件,且辐射表面和天线之间的距离需要不小于 1/4 个工作波长。在本设计中,设置一个长方体模型的表面为辐射表面,辐射表面和倒 F 天线模型的距离为 1/2 个工作波长。在设计中,首先创建一个长方体模型 AirBox,该长方体模型的各个表面和介质层 Substrate 表面之间的距离都为 1/2 个工作波长,然后把该长方体模型的全部表面都设置为辐射边界条件。

首先,单击工具栏上的 **ZX** 下拉列表框,从其下拉列表中选择 XY 选项,设置当前工作平面为 xy 平面。然后从主菜单栏中选择【Draw】→【Box】命令,或者单击工具栏上的 按钮,进入创建长方体的状态,并在三维模型窗口中创建一个任意大小的长方体。双击操作历史树 Solids 节点下的 Box1 选项,打开新建长方体属性对话框的 Attribute 选项卡,将长方体的名称修改为 AirBox,设置其透明度为 0.8,如图 7-31 所示,然后单击 确定 按钮退出。

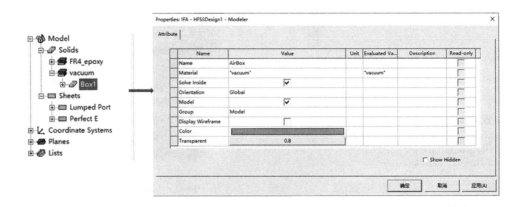

图 7-31 Attribute 选项卡

再双击操作历史树 AirBox 节点下的 CreateBox 选项,打开新建长方体属性对话框的 Command 选项卡,在该选项卡中设置长方体的顶点坐标和大小。在 Position 文

本框中输入其顶点位置坐标为（－Lambda/2－GndX/2，－Lambda/2－GndY，
－Lambda/2），在 XSize、YSize 和 ZSize 文本框中分别输入矩形面的宽度、长度和高度
为 Lambda＋GndX、Lambda＋GndY＋20 mm 和 Lambda＋SubH，如图 7-32 所示，然
后单击 确定 按钮退出。

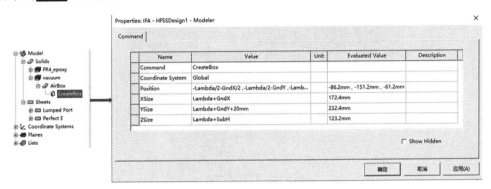

图 7-32　Command 选项卡 8

　　长方体模型 AirBox 创建好了之后，右击操作历史树 Solids 节点下 AirBox 选项，
在弹出的快捷菜单中选择【Assign Boundary】→【Radiation】命令，打开辐射边界条件设
置对话框，如图 7-33 所示。保留对话框中的默认设置不变，直接单击 OK 按钮，即可把
长方体模型 AirBox 的表面设置为辐射边界条件。设置完成后，辐射边界条件的默认
名称 Rad1 会自动添加到工程树的 Boundaries 节点下。

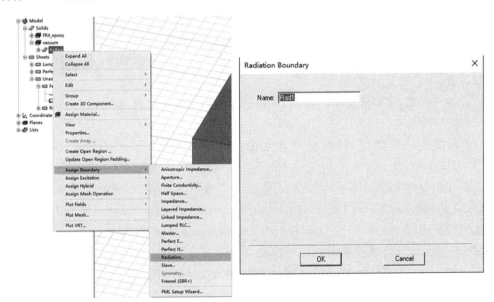

图 7-33　辐射边界条件设置对话框

　　最后，按快捷键 Ctrl＋D 全屏显示创建的所有物体模型，如图 7-34 所示。

6）求解设置

　　所设计的倒 F 天线工作于 2.4 GHz ISM 频段，其中心工作频率为 2.45 GHz，所
以求解频率可以设置为 2.45 GHz。同时添加频率范围为 1.8 GHz～3.2 GHz 的扫频
设置，选择插值扫频类型，分析天线在 1.8 GHz～3.2 GHz 频段内的回波损耗和输入

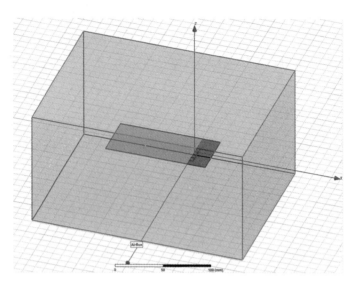

图 7-34 倒 F 天线模型

阻抗等性能。

(1) 求解频率和网格剖分设置。

设置求解频率为 2.45 GHz,自适应网格剖分的最大迭代次数为 20,收敛误差为 0.02。

右击工程树下的 Analysis 节点,在弹出的快捷菜单中选择【Add Solution Setup】命令,打开 Solution Setup 对话框。在 Solution Frequency 文本框中输入求解频率 2.45 GHz,在 Maximum Number of Passes 文本框中输入最大迭代次数 20,在 Maximum Delta S 文本框中输入收敛误差 0.02,如图 7-35 所示。然后单击 [确定] 按钮,完成求解设置。

设置完成后,求解设置项的名称 Setup1 会添加到工程树的 Analysis 节点下。

(2) 扫频设置。

扫频类型选择插值扫频,扫频频率范围为 1.8 GHz~3.2 GHz,频率步进为 0.05 GHz。

展开工程树下的 Analysis 节点,右击求解设置项 Setup1,在弹出的快捷菜单中选择【Add Frequency Sweep】命令,打开 Edit Frequency Sweep 对话框,如图 7-36 所示。在该对话框中将 Sweep Type 选项设置为 Interpolating。在 Frequency Sweeps 选项组中将 Distribution 选项设置为 Linear Step,在 Start 文本框中输入 1.8 GHz,在 End 文本框中输入 3.2 GHz,在 Step Size 文本框中输入 0.05 GHz,其他选项都保留默认设置。最后单击对话框 [OK] 按钮,完成设置。

设置完成后,该扫频设置项的名称 Sweep1 会添加到工程树的求解设置项 Setup1 下。

7) 设计检查和运行仿真计算

至此已经完成了模型创建和求解设置等前期工作,接下来就可以运行仿真计算并查看分析结果了。但在运行仿真计算之前,通常需要进行设计检查,确认设计的完整性和正确性。

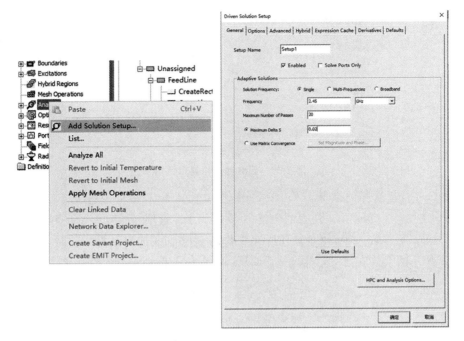

图 7-35 求解设置

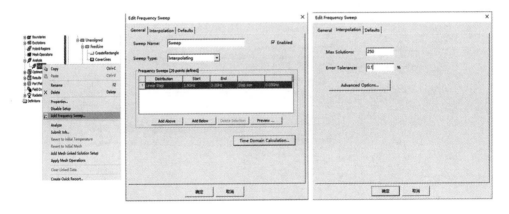

图 7-36 扫频设置

右击工程树下的 Analysis 节点,在弹出的快捷菜单中选择【Analyze All】命令,或者单击工具栏上的 按钮,开始运行仿真计算。工作界面右下方的进度条窗口中会显示出求解进度,信息管理窗口也会有相应的信息说明,并会在仿真计算完成后给出完成提示信息,如图 7-37 所示。

8)查看天线性能参数

仿真分析完成后,在数据后处理部分能够查看天线的各项性能参数。这里我们重点查看所设计天线的谐振频率和输入阻抗。

(1)查看天线谐振频率。

通过查看天线的回波损耗(即 S_{11} 参数),即可看出天线的谐振频率。右击工程树下的 Results 节点,在弹出的快捷菜单中选择【Create Terminal Solution Data Report】→【Rectangular Plot】命令,打开报告设置对话框,如图 7-38 所示。在该对话框中确定左

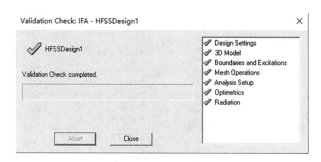

图 7-37　设计检查结果对话框

侧 Solution 选项选择的是 Setup1：Sweep1，在 Category 列表框中选中 Terminal S Parameter 选项，在 Quantity 列表框中选中 St(T1,T1)选项，在 Function 列表框中选中 dB 选项。然后单击 New Report 按钮，再单击 Close 按钮关闭对话框。此时，即可生成如图 7-39 所示的天线在 1.8 GHz～3.2 GHz 的回波损耗 S_{11} 分析结果。

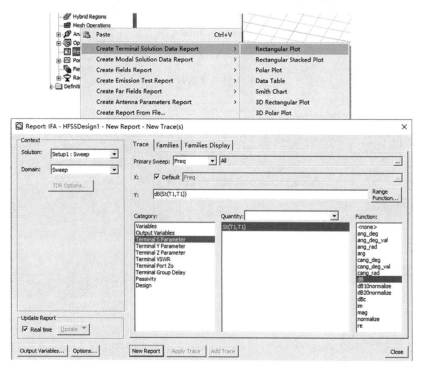

图 7-38　查看 S_{11} 分析结果的操作

从结果报告中可以看出，天线谐振频率为 2.45 GHz，10 dB 带宽约为 400 MHz。在 2.45 GHz 时，$S_{11} = -34.81$ dB。

（2）查看天线的输入阻抗。

在直角坐标系下和 Smith 圆图下分别查看天线的输入阻抗随频率的变化关系。

右击工程树下的 Results 节点，在弹出的快捷菜单中选择【Create Terminal Solution Data Report】→【Rectangular Plot】命令，打开如图 7-40 所示的报告设置对话框。将该对话框中左侧的 Solution 选项同样选择 Setup1：Sweep，在 Category 列表框中选中 Terminal Z Parameter 选项，在 Quantity 列表框中选中 Zt(T1,T1)选项，在 Func-

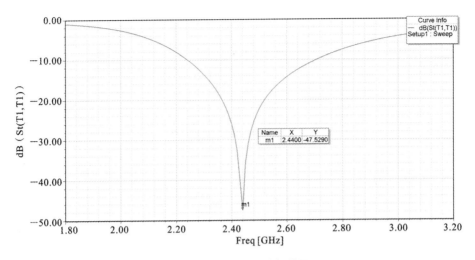

图 7-39 S_{11} 的扫频分析结果

tion 列表框中同时选中 im 和 re 选项,表示同时查看输入阻抗的虚部(即电抗部分)和实部(即电阻部分)。然后单击 New Report 按钮,再单击 Close 按钮关闭对话框。此时,即可生成如图 7-41 所示的天线输入阻抗结果报告。从结果报告中可以看出,在 2.45 GHz 中心频率上,天线的输入阻抗为(49.26 + j1.41) Ω,可见此时天线的输入阻抗已经和 50 Ω 匹配良好。

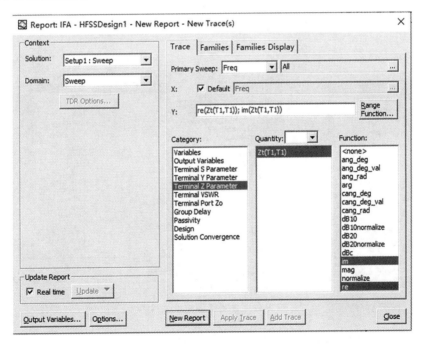

图 7-40 查看输入阻抗的设置

再右击工程树下的 Results 节点,在弹出的快捷菜单中选择【Create Terminal Solution Data Report】→【Smith Chart】命令,打开如图 7-42 所示的报告设置对话框。将该对话框中左侧的 Solution 选项同样选择 Setup1:Sweep1,在 Category 列表框中选中 Terminal S Parameter 选项,在 Quantity 列表框中选中 St(T1,T1)选项,在 Function

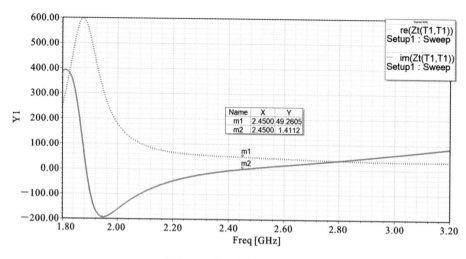

图 7-41　输入阻抗结果报告

列表框中选择＜none＞选项。然后单击 New Report 按钮,再单击 Close 按钮关闭对话框。此时,给出如图 7-43 所示的 Smith 圆图显示的天线输入阻抗结果报告。从结果报告中同样可以看出,在 2.45 GHz 中心频率上,天线的归一化输入阻抗为$(0.98+j0.02)$ Ω。

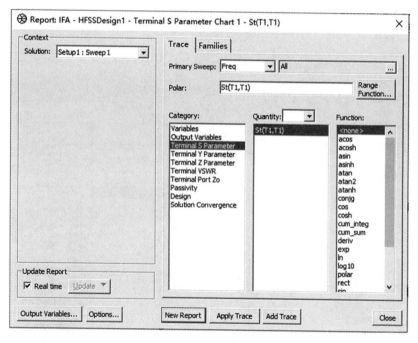

图 7-42　查看输入阻抗的设置

（3）查看天线的方向图。

本节只查看天线的三维增益方向图。天线方向图是在远场区确定的,当查看天线的远区场分析结果时,首先需要定义辐射表面。

① 定义辐射表面。

右击工程树下的 Radiation 节点,在弹出的快捷菜单中选择【Insert Far Field Set-up】→【Infinite Sphere】命令,打开 Far Field Radiation Sphere Setup 对话框,定义辐射

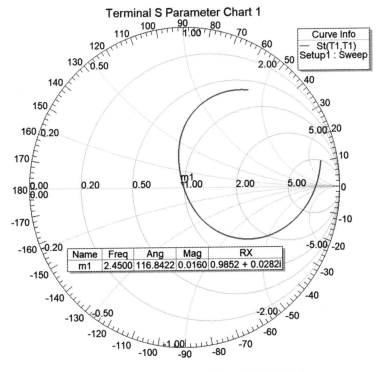

图 7-43　Smith 圆图显示的输入阻抗结果报告

表面,如图 7-44 所示。辐射表面是基于球坐标系定义的,对于三维立体空间来说,球坐标系下就相当于 $0°<\varphi<360°,0°<\theta<180°$。在该对话框中的 Name 选项是定义辐射表面的名称,这里输入 3D,在 Phi 角度对应的 Start、Stop 和 Step Size 文本框中分别输入 0deg、360deg 和 1deg,在 Theta 角度对应的 Start、Stop 和 Step Size 文本框中分别输

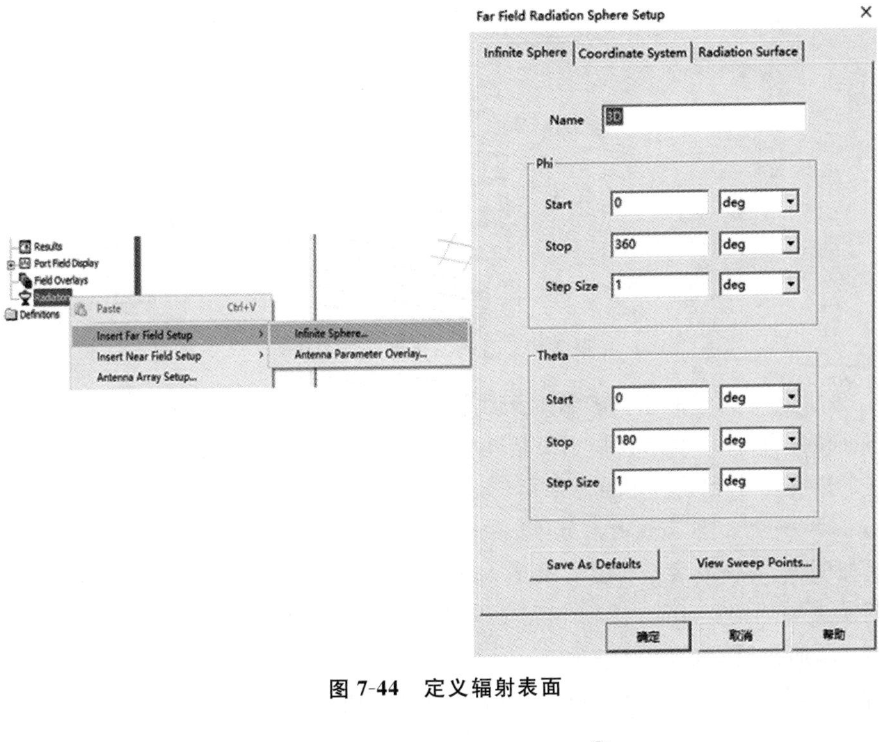

图 7-44　定义辐射表面

入 0deg、180deg 和 1deg,然后单击 确定 按钮完成设置。此时,辐射表面名称 3D 会添加到工程树的 Radiation 节点下。

② 查看三维增益方向图。

右击工程树下的 Results 节点,在弹出的快捷菜单中选择【Create Far Fields Report】→【3D Polar Plot】命令,打开报告设置对话框,如图 7-45 所示。将该对话框中的 Geometry 选项选择为前面定义的辐射表面 3D,在 Category 列表框中选择 Gain 选项,在 Quantity 列表框中选择 GainTotal 选项,在 Function 列表框中选择 dB 选项。然后单击 New Report 按钮,生成所设计的倒 F 天线的三维增益方向图,如图 7-46 所示。

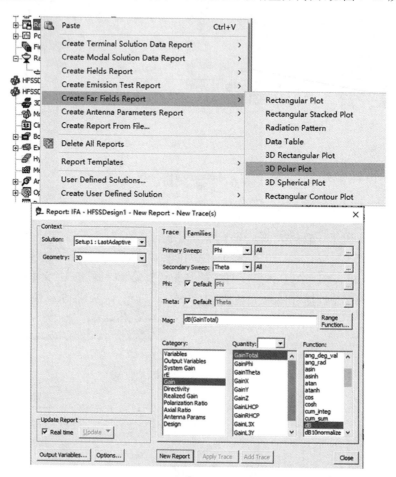

图 7-45 查看三维增益方向图

3. 分析倒 F 天线的结构参数对天线性能的影响

下面使用 HFSS 的参数扫描分析功能来具体分析倒 F 天线的上述 3 个结构参数对天线的谐振频率和输入阻抗的实际影响。

1) 谐振长度 L 与天线谐振频率、输入阻抗的关系

添加倒 F 天线的谐振长度变量 L 为扫描变量,使用参数扫描分析功能仿真分析给出当变量 L 在 15.2 mm~17.2 mm 变化时,天线谐振频率和输入阻抗的变化。

(1) 添加扫描变量。

右击工程树下的 Optimetrics 节点,在弹出的快捷菜单中选择【Add】→【Paramet-

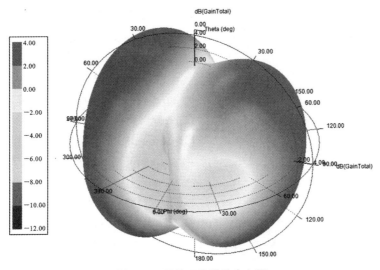

图 7-46　天线三维增益方向图

ric】命令,打开 Setup Sweep Analysis 对话框。单击该对话框中的 Add... 按钮,打开 Add/Edit Sweep 对话框,如图 7-47 所示。在 Variable 下拉列表中选择变量 L,选中 Linear step 单选按钮,在 Start、Stop 和 Step 文本框中分别输入 15.2 mm、17.2 mm 和 1 mm,然后单击 Add >> 按钮。完成后,单击 OK 按钮,关闭 Add/Edit Sweep 对话框。最后,单击 Setup Sweep Analysis 对话框中的 确定 按钮,完成添加参数扫描操作,添加变量 L 为扫描变量。完成后,参数扫描分析项的名称会添加到工程树的 Optimetrics 节点下,其默认的名称为 ParametricSetup1。

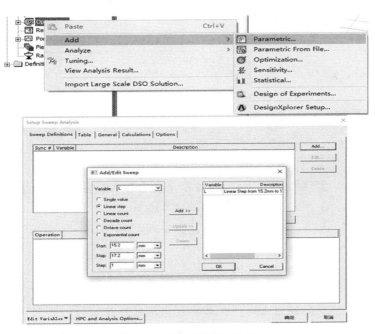

图 7-47　添加参数扫描分析

(2) 运行参数扫描分析。

展开工程树下的 Optimetrics 节点,右击 Optimetrics 节点下的 ParametricSetup1

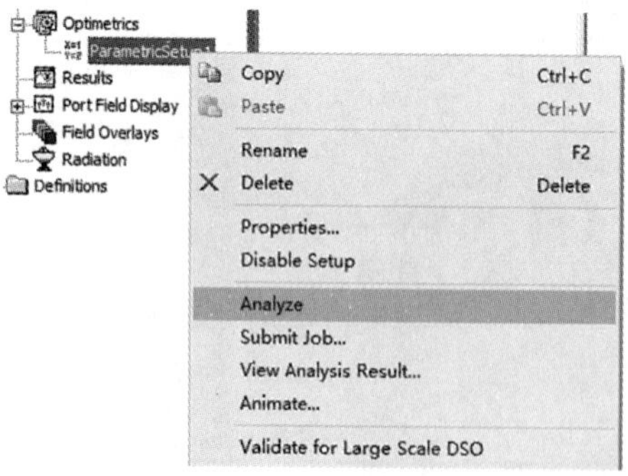

选项,在弹出的快捷菜单中选择【Analyze】命令,运行参数扫描分析,如图 7-48 所示。

（3）查看分析结果。

参数扫描分析完成后,右击工程树下的 Results 节点,在弹出的快捷菜单中选择【Create Terminal Solution Data Report】→【Rectangular Plot】命令,打开报告设置对话框,在 Category 列表框中选中 Terminal S Parameter 选项,在 Quantity 列表框中选中 St(T1,T1)选项,在 Function 列表框中选中

图 7-48　运行参数扫描分析

dB 选项。然后单击 New Report 按钮,可以生成如图 7-49 所示的 L 值分别为 15.2 mm、16.2 mm 和 17.2 mm 时的 S_{11} 随频率变化关系曲线结果报告。结果报告的默认名称为 XY Plot 3。

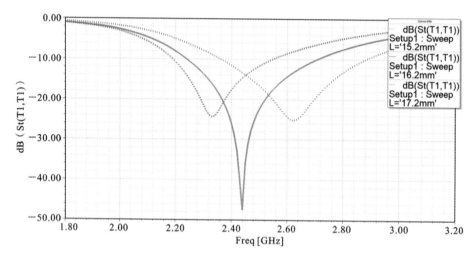

图 7-49　不同 L 值对应的 S_{11} 曲线

该报告的名称会自动添加到工程树的 Results 节点下。从参数扫描分析结果可以看出,倒 F 天线的谐振频率随着天线谐振长度变量 L 的变大而降低。

再右击工程树下的 Results 节点,在弹出的快捷菜单中选择【Create Terminal Solution Data Report】→【Rectangular Plot】命令,打开报告设置对话框,其设置如图 7-40 所示,即在 Category 列表框中选中 Terminal Z Parameter 选项,在 Quantity 列表框中选中 Zt(T1,T1)选项,在 Function 列表框中同时选中 im 和 re 选项。然后单击 New Report 按钮,可以生成如图 7-50 所示的一组输入阻抗分析结果报告。在结果报告中,每根曲线对应不同的 L 变量值,即显示 L 值分别为 15.2 mm、16.2 mm 和 17.2 mm 时的输入电阻和输入电抗。

结果报告的默认名称为 XY Plot 4,该报告的名称也会自动添加到工程树的 Results 节点下。可以看出,在工作频率 2.45 GHz 附近,倒 F 天线输入阻抗的电阻值随着 L 的增加而降低,电抗值随着 L 的增加而增加,即电抗值随着 L 的增加逐渐由容性变为感性。

再次右击工程树下的 Results 节点,在弹出的快捷菜单中选择【Create Terminal Solu-

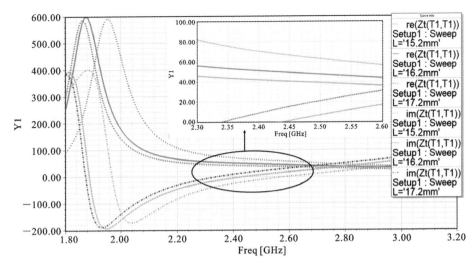

图 7-50 不同 _L_ 对应的输入阻抗曲线

tion Data Report】→【Smith Chart】命令,打开报告设置对话框,其设置图 7-42 所示,即在 Category 列表框中选中 Teminal S Parameter 选项,在 Quantity 列表框中选中 St(T1,T1) 选项,在 Function 列表框中选择 <none> 选项。然后单击 New Report 按钮,可以生成如 图 7-51 所示的使用 Smith 圆图显示的一组输入阻抗分析结果报告。结果报告的默认名 称为 Smith Chart2,该报告的名称同样会自动添加到工程树的 Results 节点下。

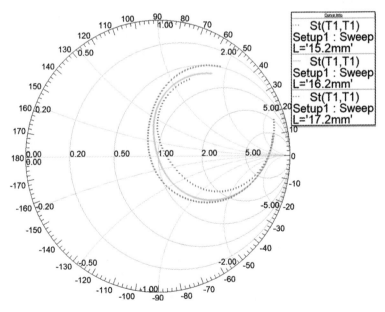

图 7-51 Smith 圆图显示的不同 _L_ 对应的输入阻抗

2) 高度 _H_ 与天线谐振频率、输入阻抗的关系

添加倒 F 天线的馈线高度变量 _H_ 为扫描变量,使用参数扫描分析功能仿真分析给 出当变量 _H_ 在 2.8 mm～4.8 mm 变化时,天线谐振频率和输入阻抗的变化。

(1) 添加扫描变量。

右击工程树下的 Optimetrics 节点,在弹出的快捷菜单中选择【Add】→【Parametric】命令,打开 Setup Sweep Analysis 对话框。再单击该对话框中的 Add... 按钮,打开 Add/Edit Sweep 对话框,如图 7-47 所示。在 Variable 下拉列表中选择变量 H,选中 Linear step 单选按钮,在 Start、Stop 和 Step 文本框中分别输入 2.8 mm、4.8 mm 和 1 mm,然后单击 Add >> 按钮。完成后,单击 OK 按钮,关闭 Add/Edit Sweep 对话框。最后单击 Setup Sweep Analysis 对话框中的 确定 按钮,完成添加参数扫描操作,添加变量 H 为扫描变量。完成后,参数扫描分析项的名称会添加到工程树的 Optimetrics 节点下,其默认的名称为 ParametricSetup2。

（2）运行参数扫描分析。

右击工程树 Optimetrics 节点下的 ParametricSetup2 选项,在弹出的快捷菜单中选择【Analyze】命令,运行参数扫描分析。

（3）查看分析结果。

参数扫描分析完成后,我们继续查看天线谐振频率和输入阻抗随高度变量 H 的变化关系。在此,参数扫描结果报告在前节生成的结果报告的基础上更新生成。

在前面查看谐振频率随变量 L 值变化关系时,生成了结果报告 XY Plot 3。这里展开工程树的 Results 节点,在 Results 节点下找到 XY Plot 3,并展开该节点,然后再双击 XY Plot 3 节点下的 dB(St(T1,T1)) 选项,打开报告设置对话框。在报告设置对话框中选择 Families 选项卡,如图 7-52 所示。在 Families 选项卡中,首先单击右下方 Nominals 选项对应的 ▶ 按钮,选择【Set All Variables to Nominal】命令。然后再单击变量 H 右侧的 ... 按钮,在对话框中选中 Use all values 复选框。最后单击 Add >> 按钮,更新结果报告 XY Plot 3,生成 $L=16.2$ mm,H 值分别为 2.8 mm、3.8 mm 和 4.8 mm 时的 S_{11} 随频率变化曲线,如图 7-53 所示。可以看出,倒 F 天线的谐振频率随着高度 H 的变大而降低。

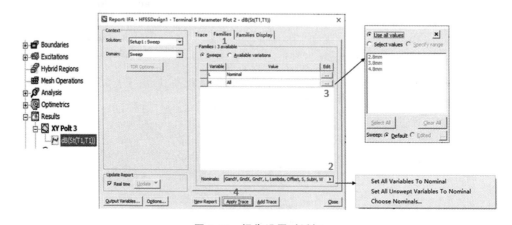

图 7-52　报告设置对话框

再展开工程树 Results 下的 XY Plot 4 节点,然后双击 XY Plot 4 节点下的 im(Zt(T1,T1)) 选项,打开报告设置对话框。使用和前面相同的操作方法,更新结果报告 XY Plot 4,生成 $L=16.2$ mm,H 值分别为 2.8 mm、3.8 mm 和 4.8 mm 时的输入电抗。再双击 XY Plot 4 节点下的 re(Zt(T1,T1)) 选项,打开报告设置对话框。使用和前面相同的操作方法,更新结果报告 XY Plot 4,生成 $L=16.2$ mm,H 值分别为 2.8 mm、3.8 mm 和 4.8 mm 时的输入电阻。更新后的结果报告如图 7-54 所示。从参数扫

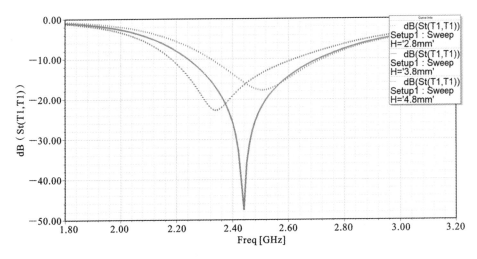

图 7-53 不同 H 值对应的 S_{11} 曲线

描分析结果中可以看出,在工作频率 2.45 GHz 附近,倒 F 天线输入阻抗的电阻值随着高度 H 的增加而增加,电抗值也是随着高度 H 的增加而增加,即随着高度 H 的增加电抗部分逐渐由容性变为感性。

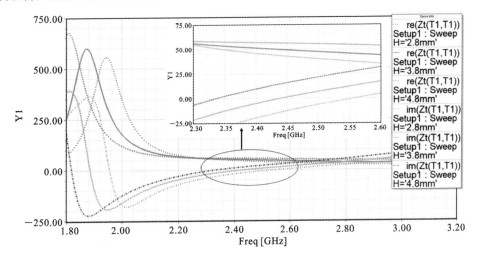

图 7-54 不同 H 值对应的输入阻抗曲线

最后,展开工程树 Results 下的 Smith Chart2 节点,然后双击 Smith Chart2 节点下的 St(T1,T1)选项,打开报告设置对话框。使用和前面相同的操作方法,更新结果报告 Smith Chart2,生成 $L=16.2$ mm,H 值分别为 2.8 mm、3.8 mm 和 4.8 mm 时 S_{11} 的 Smith 圆图。更新后的结果报告如图 7-55 所示。

3)间距 S 与天线谐振频率、输入阻抗的关系

添加倒 F 天线两条竖直臂之间的距离 S 为扫描变量,使用参数扫描分析功能仿真分析给出当变量 S 在 3 mm～7 mm 范围内变化时,天线谐振频率和输入阻抗的变化。

(1)添加扫描变量。

右击工程树下的 Optimetrics 节点,在弹出的快捷菜单中选择【Add】→【Parametric】命令,打开 Setup Sweep Analysis 对话框。再单击该对话框中的 **Add...** 按钮,打开

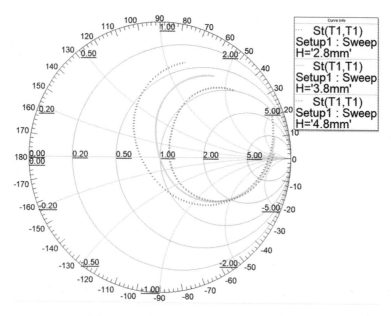

图 7-55 不同 H 值对应 S_{11} 的 Smith 圆图

Add/Edit Sweep 对话框,整个过程如图 7-47 所示。在 Variable 下拉列表中选择变量 S,选中 Linear step 单选按钮,在 Start、Stop 和 Step 文本框中分别输入 3 mm、7 mm 和 2 mm,然后单击 Add >> 按钮。单击 OK 按钮,关闭 Add/Edit Sweep 对话框。最后,单击 Setup Sweep Analysis 对话框中的 确定 按钮,完成添加参数扫描操作,添加变量 S 为扫描变量。完成后,参数扫描分析项的名称会添加到 Optimetrics 节点下,其默认名称为 ParametricSetup3。

(2) 运行参数扫描分析。

右击工程树 Optimetrics 节点下的 ParametricSetup3 选项,在弹出的快捷菜单中选择【Analyze】命令,运行参数扫描分析。

(3) 查看分析结果。

参数扫描分析完成后,我们需要查看天线谐振频率、输入阻抗和间距变量 S 之间的关系。在此,我们还是在前面生成的结果报告的基础上更新生成此次参数扫描分析结果。

展开工程树 Results 下的 XY Plot 3 节点,再双击 XY Plot 3 节点下的 dB(St(T1,T1))选项,打开报告设置对话框。在报告设置对话框中选择 Families 选项卡,如图 7-56 所示。在 Families 选项卡中首先单击右下方 Nominals 选项对应的 ▶ 按钮,在弹出的菜单中选择【Set All Variables to Nominal】命令。然后再单击变量 S 右侧的 ... 按钮,在弹出的对话框中选中 Use all values 复选框。最后单击 Apply Trace 按钮,更新结果报告 XY Plot 3,生成 $L=16.2$ mm,$H=3.8$ mm,S 值分别为 3 mm、5 mm 和 7 mm 时的 S_{11} 随频率变化曲线,如图 7-57 所示。可以看出,S 对谐振频率影响很小,但随着 S 的增大,天线的带宽逐渐增大。

再展开工程树 Results 下的 XY Plot 4 节点,然后双击 XY Plot 4 节点下的 im(Zt(T1,T1))选项,打开报告设置对话框。使用和前面相同的操作方法,更新结果报告 XY Plot 4,生成 $L=16.2$ mm,$H=3.8$ mm,S 值分别为 3 mm、5 mm 和 7 mm 时的输

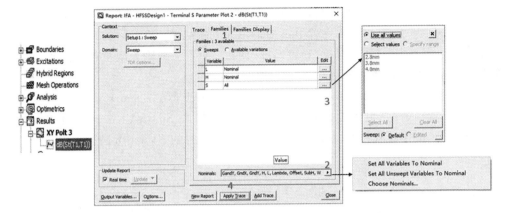

图 7-56 更改报告设置

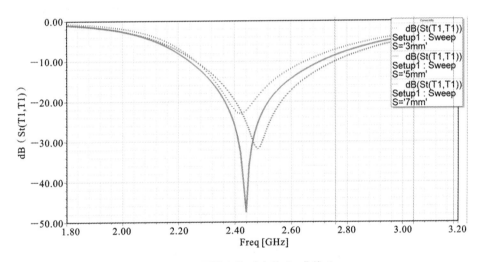

图 7-57 不同 S 值对应的 S_{11} 曲线 1

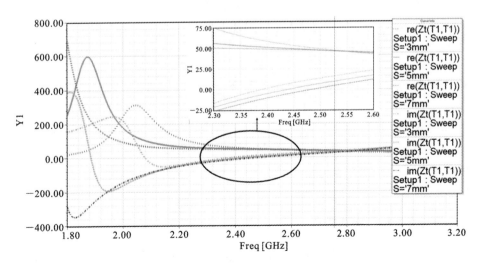

图 7-58 不同 S 值对应的 S_{11} 曲线 2

入电抗结果。再双击 XY Plot 4 节点下的 re(Zt(T1,T1))选项,打开报告设置对话框。使用和前面相同的操作方法,更新结果报告 XY Plot 4,生成 $L=16.2$ mm,$H=3.8$ mm,S 值分别为 3 mm,5 mm 和 7 mm 时的输入电阻结果。更新后的结果报告如图 7-58 所示。可以看出,在工作频率 2.45 GHz 附近,倒 F 天线输入阻抗的电阻和电抗部分都是随着间距 S 的增大而减小。

最后,展开工程树 Results 下的 Smith Chart2 节点,双击 Smith Chart2 节点下的 St(T1,T1)选项,打开报告设置对话框。更新结果报告 Smith Chart2,生成 $L=16.2$ mm,$H=3.8$ mm,S 值分别为 3 mm、5 mm 和 7 mm 时的 S_{11} Smith 圆图。更新后的结果报告如图 7-59 所示。

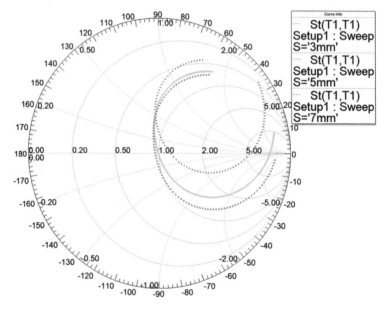

图 7-59　不同 S 值对应的 S_{11} Smith 圆图

仿真结果验证了结构参数变量 L、H 和 S 的变化会影响天线的谐振频率和输入阻抗。只要选取合适的结构参数,即可使其谐振频率在任意的频率上使输入阻抗接近 50 Ω 负载匹配。

7.3　HFSS 谐振腔体分析实例

本节通过一个圆柱形介质谐振腔的分析设计实例,详细讲解如何使用 HFSS 中的本征模求解器分析设计谐振腔体一类的问题。读者需要重点关注使用本征模求解器时,模式数的概念,以及在分析多个模式时,如何查看各个模式的谐振频率、品质因数和场分布。

7.3.1　圆柱形腔体谐振器简介

谐振电路在电子工程中起着非常重要的作用。在低频段,谐振电路通常由集总参数的电感和电容构成,即为 LC 谐振回路。当频率升高到微波频段时,电路的尺寸与电磁波的波长可以比拟,集总参数谐振回路所需的元件的值太小,在工程上无法实现,普通的集总参数谐振回路在微波频率下不再适用。在微波频段,经常使用的谐振电路是微波腔体谐振器。

微波谐振器的主要参数有两个:谐振频率或谐振波长和品质因数 Q。

本节我们要分析的是如图 7-60 所示的圆形腔体谐振器,由理论分析可知,当 $l=a$ 时,TM_{010} 是最低次模,TE_{111} 是次低次模,且二者的谐振波长分别为

$$\lambda_{TM_{010}} = 2.62a \tag{7.3.1}$$

$$\lambda_{TE_{111}} = \frac{1}{\sqrt{\left(\frac{1}{3.41a}\right)^2 + \left(\frac{1}{2l}\right)^2}} \tag{7.3.2}$$

TM_{010} 模通常工作在分米和厘米波段,采用 TM_{010} 模的圆形腔体谐振器,其有载品质因数可达到 5000 左右。TM_{010} 模的谐振波长与腔体长度无关,无法利用调节谐振腔长度的方法进行调谐,但在圆柱轴线方向引入一段细圆柱形导体或细圆柱形介质,可以使 TM_{010} 模的场分布发生变化,通过改变细圆柱形导体/介质的长度,可以实现谐振腔的调谐。圆形波导谐振腔 TM_{010} 模的场分布如图 7-61 所示。

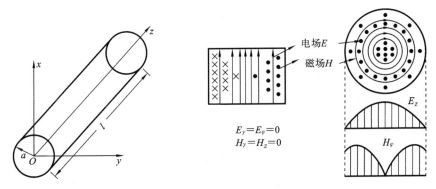

图 7-60　圆形腔体谐振腔　　　　图 7-61　TM_{010} 模的场分布

TE_{111} 模的主要用于谐振腔波长计。其场分布如图 7-62 所示,该模的极化面不稳定,易因波导横截面的变形而偏转,出现同模极化简并现象。

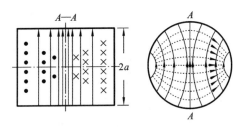

图 7-62　TM_{111} 模的场分布

7.3.2　HFSS 设计概述

本节使用 HFSS 分析设计一个圆形腔体谐振器,腔体的长度和截面半径都为 15 mm,腔体的外壁材质是厚度为 1 mm 的金属铝。根据式(7.3.1)和式(7.3.2)可以计算出该谐振腔 TM_{010} 模和 TE_{111} 模波长的理论值分别为

$$\lambda_{TM_{010}} = 39.3 \text{ mm}, \quad \lambda_{TM_{111}} = 25.88 \text{ mm}$$

从而进一步计算出该谐振腔 TM_{010} 模和 TE_{111} 模谐振频率的理论值分别为

$$f_{TM_{010}} = 7.634 \text{ GHz}, \quad f_{TM_{111}} = 11.592 \text{ GHz}$$

首先在 HFSS 中创建该腔体模型,然后仿真计算出 TM_{010} 模和 TE_{111} 模谐振频率的实际值和品质因数 Q 值,并查看 TM_{010} 模和 TE_{111} 模的场分布;然后在圆形谐振腔体内部添加一个半径为 5 mm 的介质圆柱,使用 HFSS 的参数扫描分析功能,分析介质圆柱的高度对 TM_{010} 模和 TE_{111} 模谐振频率的影响。

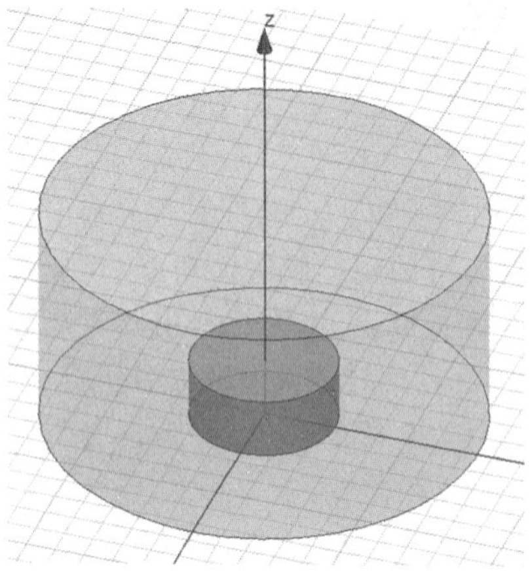

在 HFSS 中,对于谐振腔体的分析设计,需要选择本征模求解类型。圆形腔体谐振器的模型如图 7-63 所示。外侧的大圆柱模型是圆形谐振腔模型,其高度和截面半径皆为 15 mm;内侧的小圆柱模型是调谐介质,用于改变谐振腔的谐振频率,其截面半径为 5 mm,高度使用设计变量 Height 代替,介质的相对介电常数 $\varepsilon_r =$ 10.2,损耗正切 $\tan\delta = 0.0035$。

因为采用本征模求解,所以不需要设置激励端口。1 mm 厚的腔体金属铝外壁在 HFSS 中可以通过给腔体模型外壁分配有限导体边界条件来实现。已知该圆形空腔的最低次模谐振频率在 7.634 GHz 左右,所以在设置本征模求解的最小频率时,只要小于 7.6 GHz 即可。但是,为了给后面的参数扫描分析留有足够的余量,这里本征模求解的最小频率设置为 3 GHz。

图 7-63 圆形腔体谐振器模型

在设计分析时,首先不创建介质圆柱体模型,只分析空腔时腔体内两个最低次模式的谐振频率、品质因数 Q 和场分布。分析完成后,在腔体内部创建半径为 5 mm,高度用变量 Height 表示的介质圆柱体,并添加变量 Height 为扫描变量,然后使用 HFSS 的参数扫描分析功能,分析圆形谐振腔两个最低次模的谐振频率随着介质圆柱体高度的变化关系。

7.3.3 新建工程

1. 运行 HFSS 并新建工程

双击桌面上的 HFSS 快捷方式,启动 HFSS 软件。HFSS 运行后,会自动新建一个工程文件,从主菜单栏选择【File】→【Save As】命令,把工程文件另存为 Resonator.hfss;然后右击工程树下的设计文件名 HFSS Design 1,从弹出菜单中选择【Rename】命令项,把设计文件重新命名为 Cavity。

2. 设置求解类型

设置当前设计为本征模求解类型。从主菜单栏选择【HFSS】→【Solution Type】,打开如图 7-64 所示的 Solution Type 对话框,选中 Eigenmode 单选按钮,然后单击 OK 按钮,完成设置,退出对

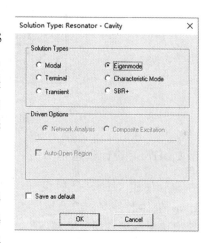

图 7-64 设置求解类型

话框。

7.3.4　创建圆形谐振腔模型

1. 设置默认的长度单位

设置当前设计在创建模型时使用的默认长度单位为毫米。

从主菜单栏选择【Modeler】→【Units】命令，打开如图 7-65 所示的 Set Model Units（模型长度单位设置）对话框。在该对话框中，Select units 项选择单位 mm，然后单击 OK 按钮，完成设置，退出对话框。

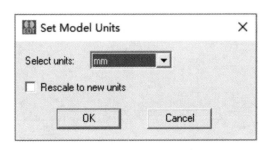

图 7-65　Set Model Units **对话框**

2. 建模相关选项设置

从主菜单栏选择【Tools】→【Options】→【General Options】命令，打开 3D Modeler Options 对话框，单击对话框中的 Drawing 选项卡，选中 Drawing 选项卡界面的 Edit properties of new primitives 复选框，如图 7-66 所示。然后单击 OK 按钮，退出对话框，完成设置。

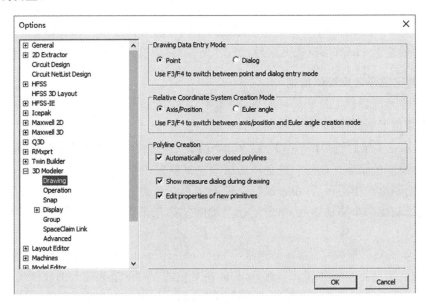

图 7-66　3D Modeler Options **对话框**

3. 定义设计变量

定义设计变量 Height，并赋初始值 4 mm，用以代替后面创建的介质圆柱体的高度。

（1）从主菜单栏选择【HFSS】→【Design Properties】命令，在弹出的"属性"对话框中单击 **Add...** 按钮，打开 Add Property 对话框。

（2）在 Add Property 对话框中，Name 项输入变量名称 Height，Value 项输入变量初始值 4 mm，如图 7-67 所示。

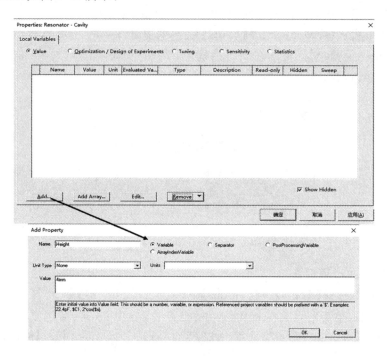

图 7-67　添加设计变量

（3）单击 Add Property 对话框的 **OK** 按钮，退回"属性"对话框，此时其空白栏会列出添加的变量 Height；确认无误后，单击"属性"对话框的 **确定** 按钮，完成变量定义。

4. 创建圆形谐振腔体模型

创建一个底面圆心位于坐标原点，底面半径为 15 mm，高度为 15 mm 的圆柱体模型，作为圆形谐振腔体，命名为 Cavity。

（1）从主菜单栏选择【Draw】→【Cylinder】命令，或者在工具栏单击 🗄 按钮，进入创建圆柱体模型的状态。在任一位置单击鼠标左键确定一个点；然后在 xOy 面移动鼠标光标，在绘制出一个圆形后，单击鼠标左键确定第二个点；最后沿着 z 轴方向移动鼠标光标，在绘制出一个圆柱体后，单击鼠标左键确定第三个点。此时，弹出圆柱体"属性"对话框。

（2）单击对话框的 Command 选项卡，在 Center Position 项对应的 Value 值处输入圆柱体的底面圆心坐标 $(0,0,0)$，在 Radius 项对应的 Value 值处输入圆柱体的半径 15，在 Height 项对应的 Value 值处输入圆柱体的高度 15，如图 7-68（a）所示。

（3）单击对话框的 Attribute 选项卡，在 Name 项对应的 Value 值处输入圆柱体的名称 Cavity，确认 Material 项对应的材料属性为 vacuum，设置 Transparent 项对应的模型透明度为 0.8，其他项保持默认设置不变，如图 7-68（b）所示。

（4）然后，单击"属性"对话框的 **确定** 按钮，完成设置，退出对话框。

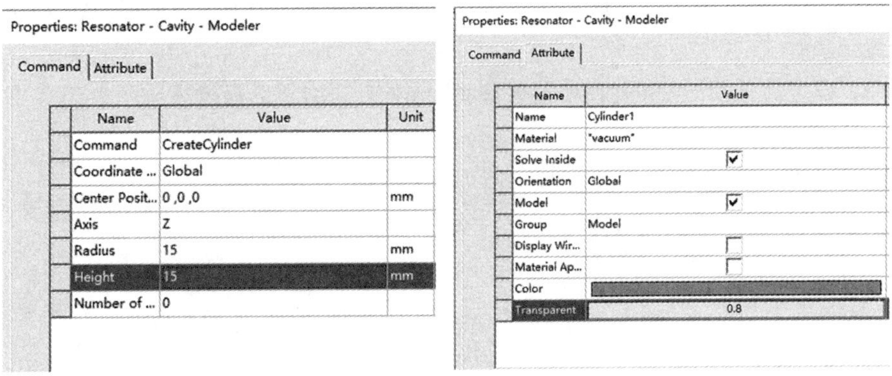

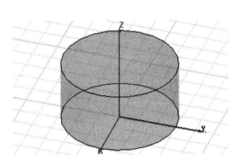

图 7-68 "属性"对话框

（a）属性值设定；（b）材料属性设定

（5）最后，按下快捷键 Ctrl+D，适合窗口大小全屏显示创建的圆柱体模型，如图 7-69 所示。

7.3.5 边界条件和激励

在 HFSS 中，对于使用本征模求解类型的一类问题，不需要设置端口激励。因此，本例中无需设置激励端口。圆形腔体的外壁材质是厚度 1 mm 的金属铝，在 HFSS 中可以通过给腔体外壁分配有限导体边界条件来实现。

图 7-69 圆形谐振腔体模型

（1）在三维模型窗口，左键单击圆柱体 Cavity，选中该模型。

（2）在三维模型窗口的任意位置右击，从弹出菜单中选择【Assign Boundary】→【Finite Conductivity】，打开 Finite Conductivity Boundary（有限导体边界设置）对话框。

（3）在该对话框中，选中 Use Material 复选框，并单击该复选框右侧的按钮，从弹出的对话框中选择金属材料 aluminum；然后选中 Layer Thickness 复选框，在其右侧文本框输入腔体外壁厚度 1 mm，如图 7-70 所示。完成后，单击 OK 按钮，退出对话框。

7.3.6 求解设置

设置最小求解频率为 3 GHz，最大迭代次数为 20 次，收敛误差为 2.5%，求解的模式数为 2。在 HFSS 中，模式 1 表示最低次模，模式 2 表示次低次模，以此类推。因此求解时，模式设为 2 表示只分析两个最低次模的情况。

（1）右击工程树下的 Analysis 节点，从弹出菜单中选择【Add Solution Setup】命令，打开 Solution Setup 对话框。

（2）在该对话框中，Setup Name 项保留默认的名称 Setup1，Minimum Frequency 项输入最小求解频率 3 GHz，Number of Modes 项输入求解的模式数 2，Maximum Number of Passes 项输入最大迭代次数 20，Maximum Delta Frequency Per Pass 项输

入收敛误差 2.5%，其他项保留默认设置，如图 7-71 所示。然后单击 确定 按钮，完成求解设置。

（3）设置完成后，求解设置项的名称 Setup1 会添加到工程树 Analysis 节点下。

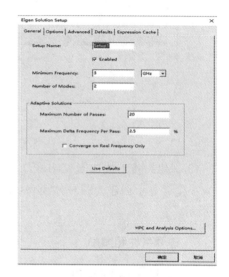

图 7-70 Finite Conductivity Boundary 对话框   **图 7-71** 求解设置

7.3.7 设计检查和运行仿真分析

至此已经完成了模型创建和求解设置等前期工作，接下来就可以运行仿真计算，并查看分析结果了。在运行仿真计算之前，通常需要进行设计检查，检查设计的完整性和正确性。

从主菜单栏选择【HFSS】→【Validation Check】命令，或者单击工具栏的 按钮，进行设计检查。此时弹出如图 7-72 所示的 Validation Check Resonator（检查结果显示）对话框，该对话框中的每一项都显示图标 ，表示当前的 HFSS 设计正确、完整。单击 Close 关闭对话框，准备运行仿真计算。

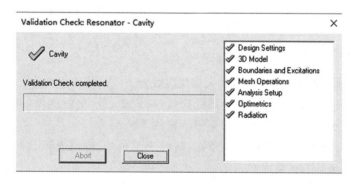

图 7-72 Validation Check Resonator 对话框

右击工程树下的 Analysis 节点，从弹出菜单中选择【Analyze All】命令，或者单击工具栏的🔘按钮,运行仿真计算。工作界面上的进度条窗口会显示求解进度,信息管理窗口也会有相应的信息提示,并会在仿真计算完成后,给出完成提示信息。

7.3.8　结果分析

仿真计算完成后,通过 HFSS 的数据后处理部分来查看以下分析结果:腔体的谐振频率和品质因数 Q,腔体内场的分布。

1. 谐振频率和品质因数 Q

右击工程树下的 Results 节点,从弹出菜单中选择【Solution Data】命令,打开求解结果显示窗口,单击窗口中的 Eigenmode Data 选项卡,查看模式 1 和模式 2 的谐振频率和品质因数 Q,如图 7-73 所示。

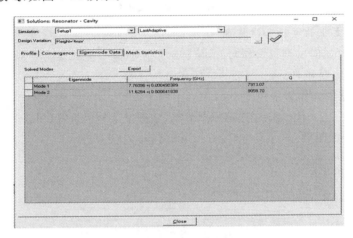

图 7-73　谐振频率和品质因数计算结果

可以看出,计算出的圆形谐振腔体的模式 1(即 TM_{010} 模)的谐振频率为 7.76096 GHz,品质因数 $Q=7913.07$;模式 2(即 TE_{111} 模)的谐振频率为 11.6284 GHz,品质因数 $Q=9058.70$。

2. 腔体内部电磁场的分布

绘制出腔体的垂直截面和横截面上的电场和磁场的分布图。垂直截面直接选取 yOz 面,横截面选取在谐振腔体的中间位置,即 $z=7.5$ mm 的 xOy 面。

1)创建非实体平面

在 $z=7.5$ mm 位置创建一个平行于 xOy 面的非实体平面,用于绘制腔体在该平面上的电场和磁场的分布,创建非实体平面不会影响 HFSS 的分析结果。

(1)从主菜单栏选择【Draw】→【Plane】,或者单击工具栏的⏢按钮,进入创建非实体平面的状态。

(2)在状态栏 X、Y、Z 项对应的文本框中分别输入 0、0、7.5,单击回车键,确定非实体面的位置;然后在状态栏 dX、dY、dZ 项对应的文本框中分别输入 0、0、1,再次单击回车键,确定非实体平面的法向是沿着 z 轴的正方向。

(3)此时,即在 $z=7.5$ mm 位置处创建了一个平行于 xOy 面的非实体面。创建好的非实体面默认名称为 Plane1,该名称同时会自动添加到操作历史树 Planes 的节点下。

(4)单击操作历史树 Planes 节点下的 Plane1,选中该非实体面,如图 7-74 所示。

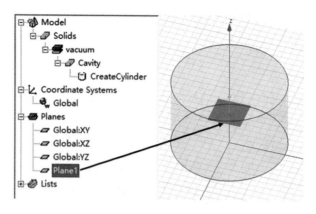

图 7-74 定义的非实体面

2）绘制模式 1 的电场和磁场分布

根据本节开始时的理论分析可知，该圆形谐振腔体中模式 1 为 TM_{010} 模，下面来绘制模式 1 在 yOz 面和 Plane1 面上的电场和磁场分布。

（1）单击选中操作历史树 Planes 节点下的平面 Plane1。

（2）右击工程树下的 Field Overlay 节点，从弹出菜单中选择【Plot Fields】→【E】→【Mag_E】，打开如图 7-75 所示的 Create Field Plot 对话框。

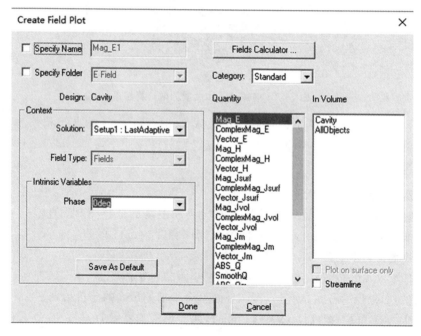

图 7-75 Create Field Plot 对话框 1

（3）直接单击对话框中的 **Done** 按钮，绘制出模式 1 在腔体横截面（Plane1 平面）上的电场分布，如图 7-77(a) 所示。

（4）右击工程树下的 Field Overlay 节点，在弹出菜单中选择【Plot Fields】→【H】→【Mag_H】，打开如图 7-76 所示的 Create Field Plot 对话框。

（5）直接单击对话框中的 **Done** 按钮，绘制出模式 1 在腔体横截面（Plane1 平面）

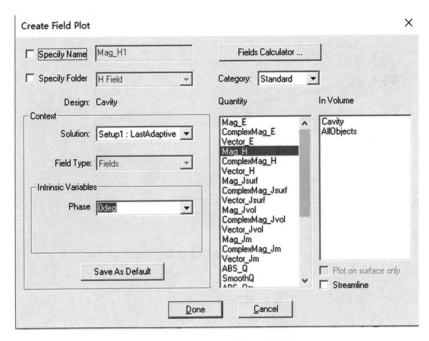

图 7-76 Create Field Plot 对话框 2

上的磁场分布,如图 7-77(b)所示。

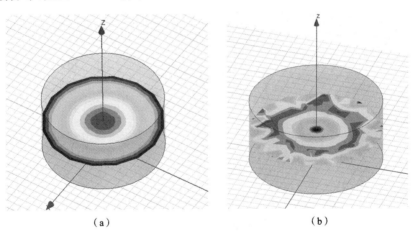

（a） （b）

图 7-77 模式 1 在腔体横截面上的场分布

(a) 电场分布；(b) 磁场分布

（6）单击选中操作历史树 Planes 节点下的平面 Global:YZ。

（7）重复步骤（2）～步骤（5），绘制出模式 1 在腔体垂直截面（yOz 面）上的电场和磁场分布，分别如图 7-78(a) 和图 7-78(b) 所示。

3）绘制模式 2 的电场和磁场分布

根据最初的理论分析可知，该圆形谐振腔体中模式 2 为 TE_{111} 模，下面来绘制模式 2 在 yOz 面和 Plane1 面上的电场和磁场分布。因为在绘制场分布时，HFSS 默认绘制的是模式 1 的场分布，所以在绘制模式 2 的场分布时，首先需要把谐振源设置为模式 2。

（1）右击工程树下的 Field Overlay 节点，从弹出菜单中选择【Edit Sources】命令，

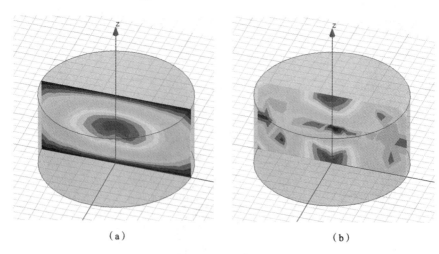

（a） （b）

图 7-78 模式 1 在腔体垂直截面上的场分布

（a）电场分布；（b）磁场分布

打开如图 7-79 所示的 Edit Sources 对话框。在该对话框中，把 EigenMode_1 对应的 Scaling Factor 由 1 改为 0，把 EigenMode_2 对应的 Scaling Factor 由 0 改为 1。这样即将谐振源设置为模式 2，然后单击对话框的 确定 按钮，完成设置，退出对话框。

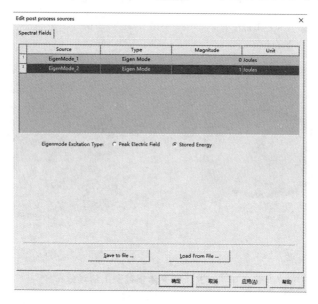

图 7-79 Edit Source 对话框

（2）此时，前面绘制的模式 1 下的电场和磁场的分布都会自动更新为模式 2 下的电场和磁场的分布。模式 2 在腔体横截面（Plane1 平面）上的电场和磁场分布分别如图 7-80（a）和图 7-80（b）所示，模式 2 在腔体垂直截面（yOz 面）上的电场和磁场分布分别如图 7-80（c）和图 7-80（d）所示。

7.3.9 参数扫描分析

为了能改变该圆形腔体中低次模的谐振频率，我们在腔体内部添加一个细介质圆柱，该介质圆柱的横截面半径为 5 mm，通过改变介质圆柱的高度可以改变腔体的谐振

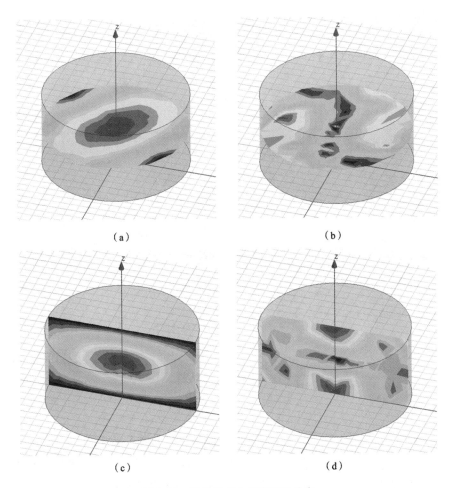

图 7-80 腔体模式 2 的电磁场分布

(a) 腔体横截面上的电场分布;(b) 腔体横截面上的磁场分布;
(c) 腔体垂直截面上的电场分布;(d) 腔体垂直截面上的磁场分布

频率。我们使用 HFSS 的参数扫描分析功能来分析腔体的谐振频率和介质圆柱高度之间的关系。

1. 创建介质圆柱体

创建一个底面圆心位于坐标原点,底面半径为 5 mm,高度用变量 Height 表示的圆柱体模型,作为介质圆柱,并设置其材质为 Rogers RO3010,命名为 DielRes。

(1) 从主菜单栏选择【Draw】→【Cylinder】命令,或者在工具栏单击 🔲 按钮,进入创建圆柱体模型的状态。在任一位置单击鼠标左键确定一个点;然后在 xOy 面上移动鼠标光标,在绘制出一个圆形后,单击鼠标左键确定第二个点;最后沿着 z 轴方向移动鼠标光标,在绘制出一个圆柱体后,单击鼠标左键确定第三个点。此时,弹出圆柱体"属性"对话框。

(2) 单击对话框的 Command 选项卡,在 Center Position 项对应的 Value 值处输入圆柱体的底面圆心坐标(0,0,0),在 Radius 项对应的 Value 值处输入圆柱体的半径 5,在 Height 项对应的 Value 值处输入圆柱体的高度,此处使用变量 Height,如图 7-81 (a)所示。

（3）单击对话框的 Attribute 选项卡,在 Name 项对应的 Value 值处输入圆柱体的名称 Cylinder1,设置 Material 项对应的材料属性为 Rogers R03010,设置 Transparent 项对应的模型透明度为 0.4,其他项保持默认设置不变,如图 7-81(b)所示。

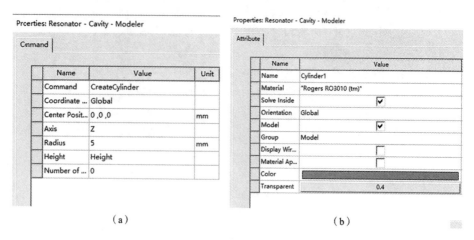

（a）　　　　　　　　　　　　　　　（b）

图 7-81　"属性"对话框

（a）属性值设置;（b）材料属性设置

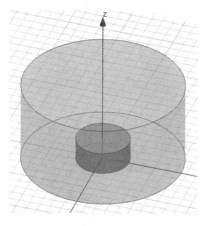

图 7-82　腔体内创建一个细圆柱体

（4）单击"属性"对话框的 确定 按钮,完成设置,退出对话框。

（5）按下快捷键 Ctrl+D,适合窗口大小全屏显示创建的所有物体模型,如图 7-82 所示。

2. 添加参数扫描分析设置

进行参数扫描分析设置,添加变量 Height 为扫描变量,其扫描变化范围为 0~15 mm,变化步进值为 1 mm。

（1）右击工程树下的 Optimetrics 节点,从弹出菜单中选择【Add】→【Parametric】,打开如图 7-83 所示的 Setup Sweep Analysis 对话框。

（2）单击 Setup Sweep Analysis 对话框中的

Add... 按钮,打开 Add/Edit Sweep 对话框,添加变量 Height 为扫描变量。

（3）在 Add/Edit Sweep 对话框中,Variable 项选择变量 Height,选中 LinearStep 单选按钮,Start、Stop 和 Step 项分别输入 0 mm、15 mm 和 1 mm,然后单击 Add >> 按钮;上述操作完成后,单击 OK 按钮,关闭 Add/Edit Sweep 对话框。

（4）单击 Setup Sweep Analysis 对话框中的 确定 按钮,添加 Height 为扫描变量,完成添加参数扫描分析设置。操作过程如图 7-83 所示。完成后,参数扫描分析项会添加到工程树的 Optimetrics 节点下,默认的名称为 ParametricSetup1。

3. 运行参数扫描分析

添加参数扫描分析设置后,首先单击工具栏 按钮,检查设计的完整性和正确性。检查确认设计正确无误后,展开工程树下的 Optimetrics 节点,右击 Optimetrics 节点下的 ParametricSetup1 项,从弹出菜单中选择【Analyze】命令,运行参数扫描分析。

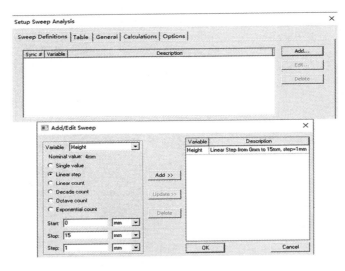

图 7-83 添加扫描变量

4. 参数扫描分析结果

参数扫描分析计算完成后,从分析结果中可以查看模式 1 和模式 2 的谐振频率与介质圆柱体高度之间的变化关系。

(1) 右击工程树下的 Results 节点,从弹出菜单中选择【Create Eigenmode Parameters Report】→【Rectangular Plot】命令,打开报告设置对话框,如图 7-84 所示。

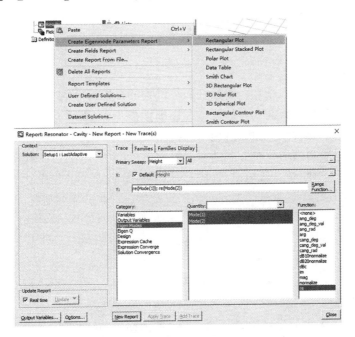

图 7-84 查看参数扫描结果操作

(2) 在该对话框中,确认 X 项对应的是变量 Height,Category 栏选择 Eigen Modes,Quantity 栏在按住 Ctrl 键的同时选择 Mode(1) 和 Mode(2),Function 栏选择 re。然后单击 New Report 按钮,模式 1 和模式 2 的谐振频率随高度 Height 的变化曲线如图 7-85 所示。

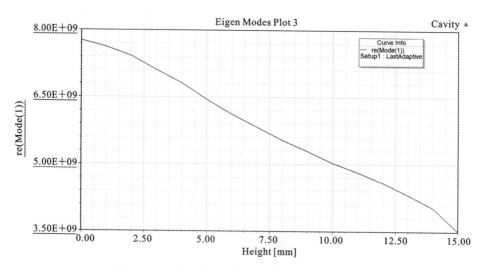

图 7-85　模式 1 和模式 2 的频率随变量 Height 的变化曲线

从图 7-85 所示的结果可以看出,随着介质圆柱的逐渐升高,模式 1 和模式 2 的谐振频率逐渐降低,通过改变介质圆柱的高度即可以改变圆形腔体内部的谐振频率。

7.3.10　保存并退出 HFSS

至此,我们完成了圆形谐振腔的设计分析。单击工具栏的 ▮ 按钮,保存设计;然后,从主菜单栏选择【File】→【Exit】,退出 HFSS。

7.4　本章小结

本章通过一个倒 F 天线和一个圆柱腔体结构的性能分析与优化设计实例,详细讲解使用 HFSS 分析设计天线的具体流程和详细操作步骤,着重介绍了变量的定义和使用,参数扫描分析的设计应用和优化设计的设计流程,以及如何查看品质因数,如何查看不同模式的电场和磁场分布。通过本章的学习,可以对电磁仿真软件 HFSS 有所了解,旨在培养学生不断学习新知识、新技术,能够对电磁理论工程设计中的复杂问题进行分析,并运用现代工具对复杂工程问题进行预测、模拟、分析与研究。

本章建议学时为 6 学时,教师可根据本专业具体学时要求、科研方向、实验条件、学生掌握情况自行调整。

习　　题

7-1　熟练掌握全局坐标系、相对坐标系、面坐标系,并在 HFSS 中练习建立三种坐标系,掌握和理解 HFSS 中的边界条件和激励端口的含义以及使用规则。

7-2　使用 HFSS 仿真一个矩形波导,其长、宽、高的尺寸为 22.86 mm、10.16 mm、75 mm,并查看其电场分布图。

7-3　使用 HFSS 设计一个工作在 3.5 GHz～3.6 GHz 频段的单极子天线。

7-4　使用 HFSS 设计一个中心频率为 4 GHz 的环形定向耦合器。

参 考 文 献

[1] 包家善. 微波原理[M]. 北京：高等教育出版社，1985.

[2] 廖承恩. 微波技术基础[M]. 西安：西安电子科技大学出版社，1994.

[3] 吴万春，梁昌洪. 微波网络及其应用[M]. 北京：清华大学出版社，1989.

[4] 周朝栋，王元坤，周良明. 线天线理论与工程[M]. 西安：西安电子科技大学出版社，1988.

[5] 王元坤. 电波传播概论[M]. 北京：国防工业出版社，1984.

[6] R. E. 柯林. 微波工程基础[M]. 吕继尧，译. 北京：人民邮电出版社，1981.

[7] R. E. 柯林. 微波工程基础[M]. 王百锁，译. 大连：大连海运学院出版社，1988.

[8] David M. Pozar. Microwave Engineering[M]. Addison-Wesley Publishing Company，Inc. ，1990.

[9] R. S. Elliott. Antenna Theory and Design[M]. Prentice-Hill，Inc. ，1981.

[10] 杨恩耀，杜加聪. 天线[M]. 北京：电子工业出版社，1984.

[11] 赵瑞锋，谈振辉，蒋海林. 天线系统中的智能天线[J]. 电子学报，2000(12).

[12] Klaus Finkenzeller. 射频识别(REID)技术[M]. 北京：电子工业出版社，2001.

[13] Kai Chang. RF and Microwave Wireless System[M]. Newyork：John Wiley&Sons Inc. ，2000.

[14] 李宗谦，佘京兆，高葆新. 微波工程基础[M]. 北京：清华大学出版社，2004.

[15] Gupta K C，Garg R，I. J. Bahl[M]. Microstrip Lines and Slotlines. Artech House Inc. ，1979.

[16] 钟顺时. 天线理论与技术[M]. 北京：电子工业出版社，2011.

[17] 刘学观，郭辉萍. 微波技术与天线[M]. 西安：西安电子科技大学出版社，2012.

[18] 丁荣林，李媛. 微波技术与天线[M]. 北京：机械工业出版社，2007.

[19] 盛振华. 电磁场微波技术与天线[M]. 西安：西安电子科技大学出版社，1995.

[20] 闫润卿，李英惠. 微波技术基础[M]. 北京：北京理工大学出版社，2011.

[21] 梁昌洪. 简明微波[M]. 北京：高等教育出版社，2011.

[22] 谢处方，饶克谨. 电磁场与电磁波[M]. 4 版. 北京：高等教育出版社，2006.

[23] 王新稳，李萍，李延平. 微波技术与天线[M]. 北京：电子工业出版社，2006.

[24] 殷际杰. 微波技术与天线-电磁波导行与辐射工程[M]. 北京：电子工业出版社，2009.

[25] 李明阳，刘敏. HFSS 电磁仿真设计从入门到精通[M]. 北京：人民邮电出版社，2013.

[26] 曹善勇. Ansoft HFSS 磁场分析与应用实例[M]. 北京：中国水利水电出版社，2010.

致　　谢

　　本书是由作者在河北工业大学工作期间的讲义改编而成，这里需要特别说明的是，本书参考了国内外许多优秀教材的相关章节。本书在编写过程中，得到了河北工业大学电子信息工程学院电磁场与微波课程组田学民、王莉、张志伟和鲍健慧老师的大力支持与帮助，他们对书稿中的公式、图表和文字做了大量的订正工作，在此表示衷心感谢。特别是通过国际工程教育认证这一重要环节对本书内容的充实和质量的提高起到重要作用，在此对参与工程教育认证的河北工业大学电子信息工程学院全体同事表示衷心感谢。